ML Mathematik für die Lehrerausbildung

Buchmann: **Nichteuklidische Elementargeometrie**
Einführung in ein Modell. 126 Seiten. DM 18,80

Freund: **Elemente der Zahlentheorie**
119 Seiten. DM 19,80

Freund/Sorger: **Aussagenlogik und Beweisverfahren**
136 Seiten. DM 17,80

Freund/Sorger: **Logik, Mengen, Relationen**
Praxis des mathematischen Beweisens. 191 Seiten. DM 17,80

Kinder/Spengler: **Die Bewegungsgruppe einer euklidischen Ebene**
Ein axiomatischer Aufbau ohne Anordnungsbegriff
157 Seiten. DM 22,80

Kreutzkamp/Neunzig: **Lineare Algebra**
136 Seiten. DM 17,80

Löthe/Müller: **Taschenrechner**
168 Seiten. DM 18,80

Menzel: **Elemente der Informatik**
Algorithmen in der Sekundarstufe I. 224 Seiten. DM 22,80

Messerle: **Zahlbereichserweiterungen**
119 Seiten. DM 16,80

Müller/Wölpert: **Anschauliche Topologie**
Eine Einführung in die elementare Topologie und Graphentheorie
168 Seiten. DM 18,80

Simm/Gonska: **Algebraische Strukturen**
208 Seiten. DM 24,80

Walser: **Wahrscheinlichkeitsrechnung**
164 Seiten. DM 17,80

Preisänderungen vorbehalten

Springer Fachmedien Wiesbaden GmbH

Mathematik für die Lehrerausbildung

H. Kinder / U. Spengler
Die Bewegungsgruppe
einer euklidischen Ebene

Mathematik für die Lehrerausbildung

Herausgegeben von

Prof. Dr. G. Buchmann, Flensburg, Prof. Dr. H. Freund, Kiel
Prof. Dr. P. Sorger, Münster, Prof. Dr. U. Spengler, Kiel
Dr. W. Walser, Baden/Schweiz

Die Reihe Mathematik für die Lehrerausbildung behandelt studiumsgerecht in Form einzelner aufeinander abgestimmter Bausteine grundlegende und weiterführende Themen aus dem gesamten Ausbildungsbereich der Mathematik für Lehrerstudenten. Die einzelnen Bände umfassen den Stoff, der in einer einsemestrigen Vorlesung dargeboten wird. Die Erfordernisse der Lehrerausbildung berücksichtigt in besonderer Weise der dreiteilige Aufbau der einzelnen Kapitel jedes Bandes: Der erste Teil hat motivierenden Charakter. Der Motivationsteil bereitet den zweiten, theoretisch-systematischen Teil vor. Der dritte, auf die Schulpraxis bezogene Teil zeigt die Anwendung der Theorie im Unterricht. Aufgrund dieser Konzeption eignet sich die Reihe besonders zum Gebrauch neben Vorlesungen, zur Prüfungsvorbereitung sowie zur Fortbildung von Lehrern an Grund-, Haupt- und Realschulen.

Die Bewegungsgruppe einer euklidischen Ebene

Ein axiomatischer Aufbau ohne Anordnungsbegriff

Von Dr. rer. nat. Henner Kinder, Kiel

und Dr. rer. nat. Ulrich Spengler
Professor an der Pädagogischen Hochschule Kiel

Mit 118 Figuren und 171 Aufgaben

Springer Fachmedien Wiesbaden GmbH 1980

Dr. rer. nat. Henner Kinder

Geboren 1938 in Jena. Von 1957 bis 1962 Studium der Mathematik, Physik und Philosophie in Kiel. 1966 Promotion bei F. Bachmann. 1966 Visiting Assistant Prof. an der Michigan State University. Von 1966 bis 1974 Assistent am Mathematischen Seminar der Universität Kiel. Seit 1975 Lehrer am Helene-Lange-Gymnasium in Rendsburg und Lehrbeauftragter der Pädagogischen Hochschule Kiel.

Prof. Dr. rer. nat. Ulrich Spengler

Geboren 1944 in Thüringen. Von 1964 bis 1971 Studium der Mathematik, Physik und Logik in Kiel. 1971 Promotion bei F. Bachmann. Assistent am Mathematischen Seminar der Universität Kiel, dann von 1972 bis 1974 Assistent an der Pädagogischen Hochschule in Heidelberg. Seit 1975 Professor an der Pädagogischen Hochschule in Kiel.

CIP-Kurztitelaufnahme der Deutschen Bibliothek

Kinder, Henner:
Die Bewegungsgruppe einer euklidischen Ebene : e. axiomat. Aufbau ohne Anordnungsbegriff / von Henner Kinder u. Ulrich Spengler. – Stuttgart : Teubner, 1980.
(Mathematik für die Lehrerausbildung)
ISBN 978-3-519-02710-2 ISBN 978-3-663-10473-5 (eBook)
DOI 10.1007/978-3-663-10473-5
NE: Spengler, Ulrich:

Ursprünglich erschienen bei B. G. Teubner, Stuttgart 1980.

Binderei: C. Maier KG, Leinfelden-Echterdingen
Umschlaggestaltung: W. Koch, Sindelfingen

Vorwort

Es mag sein, daß die Geometrie an Bedeutung für die Mathematik und für unsere Kultur überhaupt verloren hat. Hieraus ließe sich eine geringere Verpflichtung zu einem Geometrieunterricht ableiten.

Jedoch sind sich alle Mathematik-Didaktiker einig, daß die Geometrie eine C h a n c e für den Mathematikunterricht ist. Anschaulichkeit, leichter Zugang, Handwerklichkeit, Anwendungsbezug, eine unermeßliche Problemfülle, Flexibilität der Probleme, ein immanenter Zwang zu einer begrifflichen Klärung der Phänomene – all dies macht die Geometrie zu einem Unterrichtsgegenstand, an dem sich anerkannte didaktische Wertvorstellungen hervorragend verwirklichen lassen.

Warum aber geht trotz dieser Einsicht der Anteil der Geometrie am Mathematikunterricht eher zurück, und warum drängen Inhalte wie z. B. „Boolesche Algebra" ganz unabhängig von ihrer didaktischen Eignung in die Schule? Ist es der „Zug der Zeit"? Wir meinen, eine Antwort ist jedenfalls auch an den Lehrer ausbildenden Hochschulen zu suchen. Zwar ist es diesen Hochschulen wenig gelungen, den Unterricht darin zu verbessern, w i e mathematische Inhalte in der Schule behandelt werden, jedoch beeinflussen sie durch ihr Angebot ganz erheblich, w e l c h e Inhalte dies sind.

Im Angebot der Hochschulen für Lehrerstudenten sind klar abgegrenzte, mathematisch korrekte und (in den Anfängen) leicht lehrbare Theorien bevorzugt, – wie z. B. Boolesche Algebra, Gruppentheorie u. a. Für die Geometrie gibt es eine solche „Hintergrundtheorie" nicht.

Die mathematisch korrekten Hintergrundtheorien zur Geometrie der Zeichenebene sind teils zu schwer, zu schwerfällig, oder bleiben anderenteils im affinen Vorfeld der euklidischen Geometrie. Sie sind in jedem Fall von geringem praktischen Nutzen für die Ausbildung von Studenten und für die Schule. Hiervon abgeschreckt haben viele Didaktiker die Geometrie sozusagen aus der Mathematik ausgebürgert und vertreten eine „phänomenologische Geometrie". Abgesehen davon, daß dieser Standpunkt beklagenswert ist (– ausgerechnet die Geometrie, einst der Inbegriff von Mathematik –), wird er auch nicht weit tragen. „Anschauungen ohne Begriffe sind blind", Phänomene lassen sich nicht lehren.

(Außerdem gibt es noch eine Reihe von Geometriewerken, die phänomenologischer Natur sind, sich aber den Anschein mathematischer Korrektheit geben. Sie verwenden z. B. „Axiome", ohne jedoch ein Axiomensystem zu definieren oder einen axiomatischen Aufbau durchzuhalten.)

Dieses Buch ist im engeren Sinne ein – in Kiel und Münster mehrfach erprobter – Vorschlag für eine mathematische Veranstaltung zur Geometrie der Zeichenebene für Lehrerstudenten. (Der Deutlichkeit halber: Es ist also kein Schulbuch.) Ein lückenloser axiomatischer Aufbau einer Theorie wird vorgeführt, in der übliche Inhalte aus der Schulgeometrie wiederzufinden sind. Neben Punkt, Gerade, Inzidenz und Senkrechtsein ist auch Bewegung (oder Kongruenzabbildung) ein Grundbegriff. Dieser Grundbegriff führt in Verbindung mit starken, jedoch einfachen Axiomen ohne Künstlichkeiten direkt zu geometrischen Inhalten, insbesondere zur Bewegungsgruppe, die Hauptgegenstand der Untersuchungen ist. Auf die einer Mathematisierung schwer zugänglichen und damit für die Lehre so hinderlichen Anordnungs- und Stetigkeitsprobleme der Zeichenebene wird nicht eingegangen. Das heißt natürlich nicht, daß wir Anordnungsaussagen aus dem Geometrieunterricht verbannen wollen, jedoch bleiben die Begriffe und die Beweise anordnungsfrei. Erstaunlicherweise ist für die Behandlung der Bewegungen und eines großen Teils der Elementargeometrie keine Anordnung erforderlich.

Der Zielsetzung entsprechend gibt es viele motivierende und erklärende Texte (nach den Gepflogenheiten der Reihe mit einem A markiert; mathematische Texte erkennt man an einem B), viele Figuren und Aufgaben und einige Anregungen für die Unterrichtspraxis (mit einem C markiert). An keiner Stelle wird zum Beweis einer Aussage auf andere Quellen verwiesen.

Die vorgestellte Theorie hat mehrere, auch endliche Modelle. Ein Modell mit 9 Punkten wird ausführlich behandelt. Die Darstellung dieses 9-Punkte-Modells wird mancher Leser vielleicht als uneffektiv empfinden. Wir haben uns aber bewußt dafür entschieden, da wir uns hiervon eine bessere Klärung der Begriffe synthetische Geometrie, analytische Geometrie, Modell einer Geometrie und Algebraisierung einer Geometrie versprechen.

Ein wesentliches Anliegen unseres Konzeptes ist es, neben den geometrischen Strukturen auch algebraische Strukturen „wachsen" zu lassen. Gruppen kommen in diesem Buch reichlich vor, im letzten Kapitel auch Körper. In Vorbereitung ist ein Folgeband „Von der euklidischen Geometrie zur linearen Algebra", in dem die Dualität von Geometrie und Algebra zu voller Entfaltung kommen wird. Außerdem kann man in diesem Folgeband etwas erfahren über Winkel, Ähnlichkeitsabbildungen, Kreise, Anordnung, Längen und Trigonometrie.

Anordnungsfreiheit und systematischer Gebrauch der Bewegungen sind tragende Elemente in F. Bachmanns „Aufbau der Geometrie aus dem Spiegelungsbegriff". Wir sehen unser Buch als „Seitentrieb" dieses Werkes an, unterschieden von ihm dadurch, daß unser Axiomensystem „gegenständlich" bleibt und von vornherein euklidisch ist. Eine sinnvolle Fortsetzung für interessierte Leser unseres Buches ist es daher, das o. a. Buch von F. Bachmann zu lesen. (Dort findet sich auch ein umfangreiches Verzeichnis über weiterführende Fachliteratur.)

Wir sind F. Bachmann in besonderer Weise verpflichtet.

Wir danken allen, die an der Entstehung dieses Buches Anteil haben, insbesondere R. Schnabel (ständiger Gesprächspartner), P. Sorger (Erprobung des Konzepts), R. Scholz und M. Kabel (Examensarbeiten zu den Aufgaben), B. Spengler (Ornamente), Frau Schmidt (Schreibmaschinenarbeiten) und dem Teubner Verlag (Risiko).

Nortorf und Kiel, im Frühjahr 1980 H. Kinder, U. Spengler

Inhalt

1 Einführung

1.1 Allgemeine Bemerkungen zur Klärung des Standpunktes

A

Im Geometrieunterricht der Schule behandelt man üblicherweise Raumlehre (Stichwort: Pyramide), ebene euklidische Geometrie oder Geometrie der Zeichenebene (Stichwort: Dreiecke) und analytische Geometrie (Stichwort: Koordinatensystem).

Einfach zu beschreiben ist das Vorgehen in der analytischen Geometrie: Man geht aus von Zahlen, beschreibt mit den Zahlen die Objekte der Geometrie (z. B.: ein Punkt ist ein Paar von Zahlen) und beweist Sätze durch Rechnen mit den Zahlen. Auch wenn bei der Begründung der analytischen Methode einige Probleme ausgeklammert bleiben, gelingt so mit Hilfe der reellen Zahlen eine vollständige Beschreibung der Zeichenebene.

Die in der Schule üblichen Methoden der Raumlehre und der Geometrie der Zeichenebene sind schwerer zu beschreiben. Einige Aussagen werden der Anschauung entnommen, andere werden abgeleitet oder „bewiesen", oft werden diese beiden Möglichkeiten noch untrennbar gemischt. Sätze gelten als wahr, wenn sie durch Anschauung und Überlegungen, sehr häufig auch durch Gewöhnung vertraut geworden sind. So gibt es auch kaum eine Rangfolge unter den Sätzen in bezug auf die Frage: wird der eine Satz beim Beweis des anderen gebraucht? Im positiven Sinne kann man dieses Vorgehen vielleicht beschreiben als „naturwissenschaftlichen Zugang zur Geometrie". Die Figuren auf einem Blatt Papier sind nicht Veranschaulichung von etwas Abstraktem, sondern sie selbst werden betrachtet und untersucht.

Im Geometrieunterricht der Primarstufe und – zu Teilen – der Sekundarstufe I ist der naturwissenschaftliche Zugang die einzige Möglichkeit. Dennoch, Mathematik ist nach heutigem Verständnis eben keine Naturwissenschaft, und die Frage, was man eigentlich im Geometrieunterricht betrachtet und beweist, und wie man etwas beweist, wird für einen mathematisch denkenden Lehrer (und Schüler) immer drückender werden.

Mit einer gewissen Berechtigung bezeichnet man die Mathematik oft als „Lehre von Strukturen". Unter diese Überschrift läßt sich auch die Geometrie setzen. Irgendwann (vielleicht schon in der Sekundarstufe II) müssen die Schüler so weit vorbereitet sein, auch Geometrie als eine Beschäftigung mit mathematischen Strukturen zu akzeptieren. Was ist für diese Vorbereitung erforderlich?

1. Der Lehrer muß das Ziel kennen. D. h., er muß sich während seiner Ausbildung eine axiomatische Geometrie (die etwas zu tun hat mit der Zeichenebene) erarbeitet haben.

Leider sind die bisher vorgeschlagenen axiomatischen Geometrien meist zu schwer (Hilbert, Bachmann, usw.) oder – verglichen mit der Zeichenebene – zu dürftig (affine Inzidenzebene usw.)

2. Im Sinne eines zunächst „lokalen Ordnens" müssen im Unterricht über die Zeichenebene mathematische Beweisketten mehr und mehr empirische und auf der Anschauung fußende Begründungen ablösen (das hat nichts zu tun mit der Anschaulichkeit der Beweisketten!), so daß im Idealfall nur noch einige „Grundbeobachtungen" übrig bleiben, die man dann zu Axiomen machen könnte.

Aber wie soll 2. funktionieren ohne eine befriedigende Klärung von 1.? Wie soll der Lehrer wissen, welche „Grundbeobachtungen" wirklich tragend sind? Genau darüber denken doch viele Mathematiker seit beinahe hundert Jahren nach. (Auch dieses Buch wird nicht der Weisheit letzter Schluß sein; es ist ein Vorschlag.)

In diesem Buch soll für ein Kernstück dessen, was in der Schule ebene euklidische Geometrie, oder Geometrie der Zeichenebene genannt wird, ein axiomatischer Aufbau vorgestellt werden (ohne Benutzung der Zahlen) als fachsystematischer Hintergrund für den Lehrer, und zwar auf einem für Lehramts-Studenten auch wirklich erreichbaren Niveau. Z. B. wollen wir damit beginnen, zu klären, was ein axiomatischer Aufbau überhaupt ist.

Zunächst ist es klar, daß wir eine Sprache benötigen, um geometrische Sachverhalte ausdrücken zu können. Nehmen wir als Beispiel den Begriff: rechtwinkliges Dreieck; man kann diesen Begriff sicherlich definieren aus dem Begriff Dreieck und dem Begriff rechter Winkel; Dreieck könnte man definieren als Tripel von Punkten, wenn man den Begriff Punkt schon hat usw. Um irgendwann festen Boden zu erreichen, werden wir mit fünf undefinierten Begriffen (dazu gehört Punkt, Gerade, rechter Winkel) beginnen und alle weiteren Begriffe aus diesen definieren.

Über die Grundbegriffe werden wir einige Aussagen (Axiome) an den Anfang stellen, aus denen dann alle weiteren Aussagen im Rahmen der mathematischen Sprache gefolgert werden sollen.

So einleuchtend dieser Plan vielleicht ist, ist es nicht etwas sonderbar, z. B. „Punkt" einen undefinierten Grundbegriff zu nennen? Sind die Punkte nicht die Punkte der Zeichenebene und damit eben vorhanden? Hierzu einige grundsätzliche Bemerkungen.

Naturwissenschaftler untersuchen Objekte, die sie in unserer Umwelt vorfinden. Mathematiker machen sich die Objekte, die sie untersuchen, selbst. Eine mathematische Theorie fängt immer an mit: „Gegeben sei . . .". Das ist es, was die Ergebnisse der Mathematik selbst bei einer sich ändernden Umwelt zeitlos wahr macht, was sie unabhängig macht von Interpretationen, unabhängig zum Beispiel auch von der Frage: Was ist ein Punkt der Zeichenebene wirklich? Wie spitz muß der Bleistift sein, um einen solchen Punkt genau markieren zu können? Wir beginnen nicht mit den fragwürdigen Punkten der Zeichenebene sondern: „Gegeben sei eine Menge, deren Elemente wir Punkte n e n n e n", und in diesem Sinn ist Punkt dann ein undefinierter Grundbegriff. Auch die Axiome sind nicht „unbeweisbare Sätze über die Zeichenebene" o. ä., sondern Aussagen über die Grundbegriffe, die wir als Voraussetzung für weitere Schlüsse einfach als gegeben ansehen. Ein Zahlensystem kommt in unserem Axiomensystem nicht vor. Unser Vorgehen ist einzuordnen unter dem, was man heutzutage mit dem Begriff synthetische Geometrie meint.

Da man sich verschiedenste Axiomensysteme ausdenken kann, gibt es auch die verschiedensten geometrischen Strukturen, auch Geometrien genannt (z. B. affine Inzidenz-Geometrie, absolute Geometrie, elliptische Geometrie, hyperbolische Geometrie usw.). Dabei ist eine Geometrie also zu verstehen als das Gebäude der Begriffe und Sätze, die man aus dem jeweiligen Axiomensystem ableiten kann. Dieses Verständnis von Geometrie hat sich etwa um 1900 durchgesetzt. Ein Pionier war der Mathematiker Hilbert.

Was charakterisiert unter so vielen Geometrien nun eine euklidische? Wir können auch anders fragen: Wo bleibt denn nun die „wirkliche Zeichenebene" bei unseren Überlegungen? Dazu müssen wir klären, was man unter einem *Modell* einer Geometrie versteht.

Ein Modell einer Geometrie erhält man, wenn man für alle im Axiomensystem dieser Geometrie vorkommenden Mengen (die die Grundbegriffe repräsentieren) konkrete Mengen angibt, so daß bezüglich dieser konkreten Mengen alle Axiome erfüllt sind. Solche konkreten Mengen können aus Bauklötzchen, Buchstaben, Zahlen (analytische Modelle) o. ä. bestehen, und eben auch aus den wirklichen Punkten, Geraden usw. der (irgendwie idealisierten) Zeichenebene. (Dies gilt allgemein. Die Wirklichkeit erscheint in den Modellen mathematischer Theorien, und die Sätze der Theorie liefern dann auch Aussagen über die Wirklichkeit. Darin liegt die Bedeutung der Mathematik für unsere Umwelt.)

Jetzt können wir die Frage nach der Charakterisierung einer euklidischen unter den Geometrien teilweise beantworten: Wir wollen eine solche Geometrie aufbauen, für die die Zeichenebene ein Modell ist, und dies ist sicher eine notwendige Voraussetzung, um eine Geometrie euklidisch nennen zu können. Eine hinreichende Bedingung ist nicht so leicht anzugeben; jedenfalls soll unsere Theorie „Wesentliches" der Zeichenebene erfassen.

Bemerkenswert ist, daß unsere Theorie auch andere Modelle als die Zeichenebene haben wird, sogar endliche Modelle.

Auf die in diesem Abschnitt angeschnittenen Fragen werden wir immer wieder zu sprechen kommen und dann bereits mehr an Inhalt haben; z. B. auch in Abschn. 1.3, wo der Gruppenbegriff erklärt werden wird.

1.2 Abbildungen

Abbildungen sind ein zentraler Gegenstand dieses Buches; mehr im Sinne einer Wiederholung soll einiges über Abbildungen in diesem Paragraphen zusammengestellt werden.

Seien X, Y Mengen; von einer *Abbildung* f von X in Y, in Zeichen $f: X \to Y$, B
spricht man dann, wenn jedem $x \in X$ durch f genau ein $y \in Y$ zugeordnet wird[1)]. Das zu einem $x \in X$ durch f eindeutig bestimmte $y \in Y$ bezeichnen wir auch mit xf. Üblicher ist es, f(x) statt xf zu schreiben. Wir werden aber bald sehen, daß es große Vorteile hat, Abbildungen rechts zu schreiben. Symbolisiert man sich die Elemente der Mengen X, Y durch Punkte und die Zuordnung f durch Pfeile, so liegt in dieser Veranschaulichung eine Abbildung von X in Y genau dann vor, wenn von jedem Punkt von X genau ein Pfeil zu einem Punkt von Y abführt (s. Fig. 1.1).

Zwei Abbildungen $f_1: X_1 \to Y_1$ und $f_2: X_2 \to Y_2$ heißen gleich, wenn $X_1 = X_2$ und $Y_1 = Y_2$ ist und wenn für alle $x \in X_1$ $(= X_2)$ gilt $xf_1 = xf_2$.

[1)] Begrifflich klar ist es, Abbildungen von X in Y als spezielle Relationen von X nach Y zu definieren, also als Mengen. (Siehe z. B. den nächsten Abschnitt über die Gleichheit von Abbildungen.) Dennoch ist es vielleicht hilfreicher, sich Abbildungen „dynamisch" vorzustellen, und wir hoffen, daß daraus keine Irrtümer erwachsen.

Eine Abbildung f: $X \to Y$ heißt injektiv, wenn für alle $x_1, x_2 \in X$ mit $x_1 \neq x_2$ gilt $x_1 f \neq x_2 f$, oder kontraponiert: wenn aus $x_1 f = x_2 f$ stets folgt $x_1 = x_2$. In der Veranschaulichung bedeutet dies, daß bei einem Punkt von Y niemals mehr als ein Pfeil auftrifft (Fig. 1.1b).

Eine Abbildung f: $X \to Y$ heißt surjektiv, wenn es für alle $y \in Y$ ein $x \in X$ gibt mit $xf = y$; veranschaulicht: jedes $y \in Y$ wird von einem Pfeil getroffen (Fig. 1.1c).

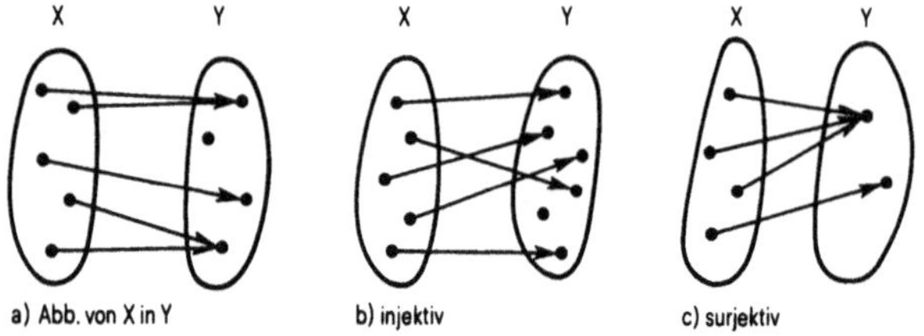

Fig. 1.1

Eine Abbildung heißt bijektiv, wenn sie injektiv und surjektiv ist.

Sei f: $X \to Y$ bijektiv. Dreht man in der Veranschaulichung von f alle Pfeile herum, so erhält man die Veranschaulichung einer bijektiven Abbildung von Y in X, die Umkehrabbildung von f genannt und mit f^{-1}: $Y \to X$ bezeichnet werden soll. (Da jedes Element von Y bei f getroffen wird, geht nun umgekehrt von jedem Element von Y mindestens ein Pfeil ab; da niemals bei f zwei Pfeile bei einem Element von Y ankommen, gehen nun umgekehrt niemals zwei Pfeile von einem Element von Y ab; ebenso überlegt man die Bijektivität von f^{-1}.) f^{-1}: $Y \to X$ wird also definiert als die (bijektive) Abbildung von Y in X mit der Zuordnungsvorschrift yf^{-1} := „das Element $x \in X$ mit $xf = y$".

Statt f: $X \to Y$ schreiben wir auch kurz nur f, wenn es klar ist, welche Mengen X, Y dazugehören. Gelegentlich werden wir auch eine Abbildung in der Form $x \overset{f}{\mapsto} y$ angeben. Für $A \subseteq X$ sei $Af := \{af \mid a \in A\}$.

Ein Spezialfall liegt vor, wenn man eine Abbildung f von X in sich betrachtet (der Fall $X = Y$ ist nach der Definition einer Abbildung nicht ausgeschlossen). Eine Bijektion von X in sich heißt auch eine Permutation von X. Es ist üblich, Permutationen einer endlichen Menge X wie folgt aufzuschreiben: In einer Zeile werden die Elemente von X in irgendeiner Reihenfolge aufgeschrieben, in einer Zeile darunter die jeweiligen Bilder bei der Permutation, also wieder genau die Elemente von X. Dies entspricht ziemlich gut der o. a. Veranschaulichung einer Abbildung, nur sind die Zuordnungspfeile überflüssig, da sie alle einfach nach unten führen.

Beispiel: Sei $X = \{A, B, C, D\}$. Dann ist

$$\begin{pmatrix} A & B & C & D \\ B & C & D & A \end{pmatrix}$$

die Permutation f von X mit $Af = B$, $Bf = C$, $Cf = D$, $Df = A$.

Leicht anzugeben ist nun auch die Permutation f^{-1} von X:

$$f^{-1} = \begin{pmatrix} B & C & D & A \\ A & B & C & D \end{pmatrix} \quad \text{oder anders geordnet} \quad = \begin{pmatrix} A & B & C & D \\ D & A & B & C \end{pmatrix}.$$

Für jede Menge gibt es die triviale Permutation, bei der jedes Element sich selbst zugeordnet wird. Sie soll immer mit ι bezeichnet werden. Die Menge aller Permutationen einer Menge M wird mit $\mathbf{S}_M$ bezeichnet.

Für spätere Zwecke wollen wir acht besondere Permutationen der Menge {A, B, C, D} hervorheben (insgesamt gibt es 24). Um leicht merkbare Bezeichnungen zu haben, zeichnen wir das Quadrat in Fig. 1.2.

Die Zuordnungsvorschrift von $\begin{pmatrix} A & B & C & D \\ B & C & D & A \end{pmatrix}$ kann dann beschrieben werden als: Man drehe das Quadrat links herum um seinen Mittelpunkt bis A auf B kommt. Damit soll späteren Inhalten (Abschn. 3.9, Satz 6) nicht vorgegriffen werden, man kann auch einfach die folgenden 8 Bezeichnungen zur Kenntnis nehmen.

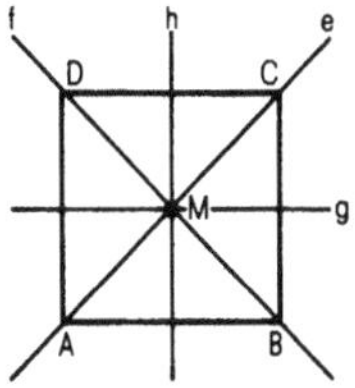

Fig. 1.2

„Spiegelung an e“

$$\iota := \begin{pmatrix} A & B & C & D \\ A & B & C & D \end{pmatrix} \qquad \sigma_e := \begin{pmatrix} A & B & C & D \\ A & D & C & B \end{pmatrix}$$

$$\sigma_f := \begin{pmatrix} A & B & C & D \\ C & B & A & D \end{pmatrix} \qquad \sigma_g := \begin{pmatrix} A & B & C & D \\ D & C & B & A \end{pmatrix}$$

„Spiegelung an M“

$$\sigma_h := \begin{pmatrix} A & B & C & D \\ B & A & D & C \end{pmatrix} \qquad \sigma_M := \begin{pmatrix} A & B & C & D \\ C & D & A & B \end{pmatrix}$$

„Drehung um M“

$$\delta := \begin{pmatrix} A & B & C & D \\ B & C & D & A \end{pmatrix} \qquad \epsilon := \begin{pmatrix} A & B & C & D \\ D & A & B & C \end{pmatrix}$$

Die Menge dieser 8 Permutationen soll mit $\mathbf{D}_4$ bezeichnet werden. Es ist

$\delta^{-1} = \begin{pmatrix} A & B & C & D \\ D & A & B & C \end{pmatrix} = \epsilon$. (Also auch $\epsilon^{-1} = \delta$.) Für alle Permutationen σ_* gilt $\sigma_*^{-1} = \sigma_*$.

Zu klären ist nun noch ein Begriff, der erfahrungsgemäß Anfängern oft Schwierigkeiten macht: Das Hintereinanderausführen von Abbildungen. Vielleicht liegen diese Schwierigkeiten daran, daß der Blick verstellt ist für das Ergebnis des Hintereinanderausführens, nämlich eine neue Abbildung, die die Hintereinanderausführung heißt. (Vergleiche etwa Summieren und Summe.)

Gegeben sei $f: X \to Y$ und $g: Y \to Z$ wie in Fig. 1.3 (die Menge Y brauchen wir nur einmal zu zeichnen).

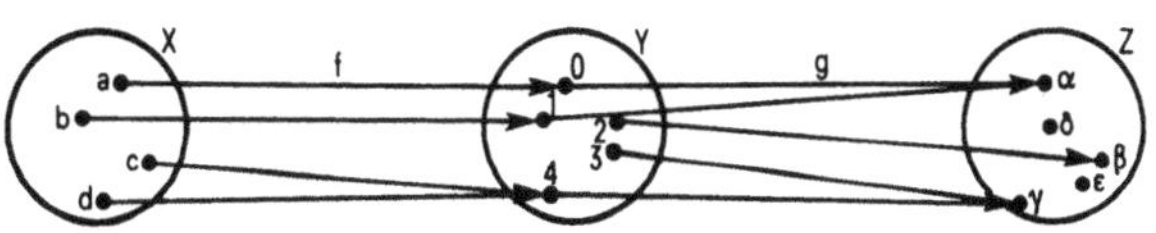

Fig. 1.3

Zeichnet man in naheliegender Weise Pfeile von X nach Z „ohne Zwischenlandung bei Y" durch, so ergibt sich die Veranschaulichung einer Abbildung von X in Z (Fig. 1.4).

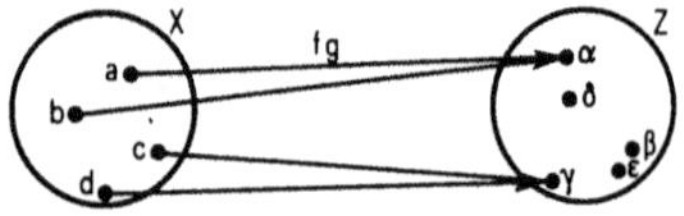

Fig. 1.4

Die Zuordnungsvorschrift dieser Abbildung von X in Z können wir leicht mit Hilfe derer von f und von g beschreiben: Jedem Element $x \in X$ wird zugeordnet das Element aus Z, das man erhält, wenn man zunächst $xf \in Y$ bestimmt und dann dazu das durch g zugeordnete $(xf)g$ bestimmt, also bei jedem $x \in X$ die Abbildungen f und g hintereinander ausführt. Daher heißt diese neue Abbildung die Hintereinanderausführung der Abbildungen f und g, in Zeichen fg (lies: erst f dann g). Also:

Seien $f: X \to Y$ und $g: Y \to Z$ Abbildungen, dann ist die H i n t e r e i n a n d e r a u s - f ü h r u n g von f und g die Abbildung $fg: X \to Z$ mit der Zuordnungsvorschrift $x(fg) := (xf)g$.

Insbesondere gibt es immer die Hintereinanderausführung zweier Abbildungen einer Menge in sich, die wieder eine Abbildung dieser Menge in sich ist.

Die Hintereinanderausführung von zwei surjektiven Abbildungen ergibt stets wieder eine surjektive Abbildung. Entsprechendes gilt für injektive Abbildungen. Diesen Sachverhalt kann man sich an Hand der Pfeilbilder klar machen. Wir wollen ihn auch formal beweisen:

Satz Seien $f: X \to Y$ und $g: Y \to Z$ bijektiv, dann ist $fg: X \to Z$ bijektiv.

Sonderfall: Die Hintereinanderausführung von zwei Permutationen einer Menge M ist wieder eine Permutation von M.

B e w e i s. Zur Injektivität. Sei $x_1(fg) = x_2(fg)$, also $(x_1 f)g = (x_2 f)g$. Da g injektiv ist, folgt $x_1 f = x_2 f$ und, da f injektiv ist, $x_1 = x_2$. Zur Surjektivität. Sei $z \in Z$. Da g surjektiv ist, gibt es ein $y \in Y$ mit $yg = z$. Da f surjektiv ist, gibt es ein $x \in X$ mit $xf = y$. Dann ist $x(fg) = (xf)g = yg = z$.

Ist f eine Permutation einer Menge M (ι die identische Permutation von M), so gilt $f\iota = \iota f = f$ und $ff^{-1} = \iota$.

Für die $\mathfrak{D}_4$, die Menge der 8 speziell gewählten Permutationen von {A, B, C, D}, können wir die Hintereinanderausführung von je zwei dieser Permutationen bestimmen, z. B.

$$\delta\sigma_g = \begin{pmatrix} A & B & C & D \\ B & C & D & A \end{pmatrix} \begin{pmatrix} A & B & C & D \\ D & C & B & A \end{pmatrix} = \begin{pmatrix} A & B & C & D \\ C & B & A & D \end{pmatrix} = \sigma_f.$$

Wir ordnen die Ergebnisse in Tab 1.1 an. (Erst Permutation vor der Zeile dann Permutation über der Spalte ergibt Permutation im Kreuzungsfeld von Zeile und Spalte.)

Das Hintereinanderausführen von mehreren Abbildungen läßt sich auf das Hintereinanderausführen von zwei Abbildungen reduzieren. Seien $f: X \to Y$, $g: Y \to Z$, $h: Z \to W$

Tab. 1.1

	ι	δ	σ_M	ϵ	σ_e	σ_f	σ_g	σ_h
ι	ι	δ	σ_M	ϵ	σ_e	σ_f	σ_g	σ_h
δ	δ	σ_M	ϵ	ι	σ_g	σ_h	σ_f	σ_e
σ_M	σ_M	ϵ	ι	δ	σ_f	σ_e	σ_h	σ_g
ϵ	ϵ	ι	δ	σ_M	σ_h	σ_g	σ_e	σ_f
σ_e	σ_e	σ_h	σ_f	σ_g	ι	σ_M	ϵ	δ
σ_f	σ_f	σ_g	σ_e	σ_h	σ_M	ι	δ	ϵ
σ_g	σ_g	σ_e	σ_h	σ_f	δ	ϵ	ι	σ_M
σ_h	σ_h	σ_f	σ_g	σ_e	ϵ	δ	σ_M	ι

Abbildungen. Dann gibt es die Hintereinanderausführung fg: $X \to Z$ und die Hintereinanderausführung (fg)h: $X \to W$. Man könnte es allerdings auch anders machen und erst gh: $Y \to W$ und dann f(gh): $X \to W$ betrachten. Stimmen diese beiden Abbildungen von X in W überein? Das ist zwar so, aber es ist nicht so ganz selbstverständlich. Betrachten wir in der $\mathfrak{D}_4$ einerseits $\sigma_e(\sigma_h\delta)$, so ist das $\sigma_e\sigma_f$; andererseits ist $(\sigma_e\sigma_h)\delta = \delta\delta$. Überraschenderweise ist aber $\sigma_e\sigma_f = \sigma_M = \delta\delta$. Um die Gleichheit von (fg)h: $X \to W$ und f(gh): $X \to W$ zu zeigen, genügt es zu überlegen, daß beide Abbildungen jedes $x \in X$ gleich abbilden. Nach Definition der Hintereinanderausführung zweier Abbildungen ist

$$x((fg)h) = (x(fg))h = ((xf)g)h$$

und $$x(f(gh)) = (xf)(gh) = ((xf)g)h.$$

In beiden Fällen wird der Reihe nach auf x erst f dann g dann h angewandt, was natürlich zu demselben Bild führt. Es ist egal, wie man beim Hintereinanderausführen mehrerer Abbildungen jeweils zwei benachbarte „assoziiert". Man sagt:

Satz Das Hintereinanderausführen von Abbildungen ist assoziativ.

Bei der Hintereinanderausführung mehrerer Abbildungen braucht man also keine Klammern zu setzen, und da wir Abbildungen rechts schreiben, bestimmt man das Bild eines Elements bei einer Hintereinanderausführung von Abbildungen, indem man in gewohnter Weise von links nach rechts lesend der Reihe nach alle beteiligten Abbildungen anwendet.

B e i s p i e l aus der $\mathfrak{D}_4$: $A\sigma_e\delta\sigma_h\epsilon\iota\sigma_e = A\delta\sigma_h\epsilon\iota\sigma_e = B\sigma_h \ldots = B$.

Aufgaben zu Abschn. 1.2

1. Wie lautet die zweite Zeile für die Permutation $\begin{pmatrix} E & G & H & I & N & R \\ E & H & R & I & G & N \end{pmatrix}$ der Menge {E, G, H, I, N, R}, wenn die erste Zeile in der Reihenfolge G E H I R N geschrieben wird?

Warum kann man aus den Wörtern OTTER, TORTE, ROTTE kein entsprechendes Beispiel bilden?

2. Man bestimme alle Permutationen der Menge {A, B, C} und trage alle Hintereinanderausführungen von je 2 dieser Permutationen in einer Tafel ein. (Für gute Bezeichnungen betrachte man ein gleichseitiges Dreieck mit den Ecken A, B, C.)

3. Seien $a, b \in \mathbf{Z}$ fest gewählt. Sei $f_a: \mathbf{Z} \to \mathbf{Z}, z \mapsto z + a$ und sei $g_b: \mathbf{Z} \to \mathbf{Z}, z \mapsto b \cdot z$. Man untersuche f_a, g_b auf Surjektivität und Injektivität. Für welche a, b ist $f_a g_b = g_b f_a$?

4. a) Gibt es eine Abbildung $f: \mathbf{N} \to \mathbf{N}$, die surjektiv und nicht injektiv ist?

b) Gibt es eine Abbildung $f: \mathbf{N} \to \mathbf{N}$, die injektiv und nicht surjektiv ist?

5. a) Seien $f: X \to Y$ und $g: Y \to X$ Abbildungen, so daß $xfg = x$ und $ygf = y$ für alle $x \in X$ und alle $y \in Y$ gilt. Dann sind f und g bijektiv, und es gilt $f^{-1} = g$ und $g^{-1} = f$.

b) Sei $f: X \to X$ Abbildung und $xff = x$ für alle $x \in X$. Dann ist f eine Permutation von X, die mit ihrer Umkehrabbildung übereinstimmt.

6. X, Y seien endliche Mengen mit m bzw. n Elementen. Wie viele verschiedene Abbildungen von X in Y gibt es? Wie viele davon sind injektiv? surjektiv? bijektiv? (Als Sonderfall ergibt sich hierbei die Anzahl der Permutationen einer endlichen Menge.)

7. Zu jeder Abbildung $h: X \to Z$ gibt es eine Menge Y, eine surjektive Abbildung $f: X \to Y$ und eine injektive Abbildung $g: Y \to Z$ mit $fg = h$.

1.3 Gruppen

A Das Rechnen mit Zahlen ist jedem vertraut. Was tut man, wenn man z. B. ganze Zahlen addiert? Zu jedem Paar ganzer Zahlen (a, b) gibt man die durch + eindeutig bestimmte Zahl a + b an. Man kann die Addition in der Menge $\mathbf{Z}$ der ganzen Zahlen auffassen als Abbildung der Menge aller Paare ganzer Zahlen in die Menge $\mathbf{Z}$, also $+ : \mathbf{Z} \times \mathbf{Z} \to \mathbf{Z}$. Statt (a, b) + schreibt man lieber a + b.

In dieser Beschreibung können wir das „Rechnen" gut verallgemeinern. „Rechnen" ist möglich in einem „Rechengebilde", d. h. in einer Menge M, zu der eine Abbildung $*$ von $M \times M$ in M, d. h. eine „Rechenvorschrift", gegeben ist.

Ein triviales B e i s p i e l. Sei M = {a, b, c} und $*$ die Abbildung, die jedem Paar aus $M \times M$ das Element a zuordnet. Diese Abbildung kann man auch durch eine Tabelle angeben. In diesem Rechengebilde sind Rechnungen sehr einfach: Auf jede Rechenaufgabe ist a die richtige Antwort.

*	a	b	c
a	a	a	a
b	a	a	a
c	a	a	a

Ein anderes Beispiel. Sei E = {0, 1, 2, 3, 4, 5, 6, 7, 8, 9} und ⊕ sei die folgende Abbildung: jedem Paar von Elementen aus E wird die letzte Ziffer (der Einer) der Summe zugeordnet.

⊕	0	1	2	3	4	5	6	7	8	9
0	0	1	2	3	4	5	6	7	8	9
1	1	2	3	4	5	6	7	8	9	0
2	2	3	4	5	6	7	8	9	0	1
3	3	4	5	6	7	8	9	0	1	2
4	4	5	6	7	8	9	0	1	2	3
5	5	6	7	8	9	0	1	2	3	4
6	6	7	8	9	0	1	2	3	4	5
7	7	8	9	0	1	2	3	4	5	6
8	8	9	0	1	2	3	4	5	6	7
9	9	0	1	2	3	4	5	6	7	8

Diese „Rechentafeln" sind im Prinzip nichts anderes als die Tafel, bei der wir zu je zwei Elementen der $\mathfrak{D}_4$ die Hintereinanderausführung eingetragen haben, mit anderen Worten: *Mit Abbildungen kann man rechnen,* indem man sie hintereinanderausführt. (Als Rechenzeichen werden wir dabei gelegentlich die Abkürzung HEA verwenden. Im allgemeinen schreiben wir die Abbildungen wie zuvor einfach nebeneinander und reden auch – weil es einfacher ist – von einem Produkt von Abbildungen).

Rechengebilde können die verschiedensten zusätzlichen Eigenschaften haben. Für das Rechnen mit Permutationen einer Menge M, für das Rechnen insbesondere in der Menge $\mathfrak{D}_4$, für die Addition ganzer Zahlen und für das Rechnen in der Menge E mit ⊕ gelten einige Eigenschaften gemeinsam. Jeweils gibt es ein „neutrales" Element (ι bzw. 0), das man zu jedem anderen Element hinzurechnen kann, ohne daß sich etwas ändert. Und zu jedem Element x gibt es ein „inverses" Element y, so daß dem Paar (x, y) durch die Rechenvorschrift das neutrale Element zugeordnet wird.

Z. B. $\quad 3 + (-3) = 0, \qquad ff^{-1} = \iota, \qquad \sigma_h \sigma_h = \iota, \qquad 6 \oplus 4 = 0.$

Nicht so auffällig ist eine weitere Eigenschaft: die Rechenvorschriften sind assoziativ, d. h., man kann „Kettenrechnungen“ durch Ausrechnen nebeneinanderstehender Elemente auf beliebige Weise „abarbeiten“; man braucht keine Klammern zu setzen. Z. B. ist $2 + 3 + (-1) + 4 = 5 + 3 = 8$ oder $= 2 + 2 + 4 = 4 + 4 = 8$ oder $= 2 + 2 + 4 = 2 + 6 = 8$. Anders ist dies etwa bei der Subtraktion; es ist $(2-3)-4 = -5 \neq 3 = 2-(3-4)$. Für das Rechnen mit Abbildungen haben wir diese Eigenschaft in Abschn. 1.2 festgestellt. Für $(E, \oplus)$ vgl. Aufgabe 1. Rechengebilde mit diesen Eigenschaften nennt man Gruppen.

Definition Eine G r u p p e ist ein Paar $(G, \circ)$. Dabei ist G eine Menge und $\circ$ eine Abbildung von $G \times G$ in G. Und es gelten folgende Axiome:

1. $a \circ (b \circ c) = (a \circ b) \circ c$ für alle $a, b, c \in G$ (Assoziativität von $\circ$)[1].
2. Es existiert ein $e \in G$ mit $a \circ e = a = e \circ a$ für alle $a \in G$ (Neutrales Element). – Dieses e ist dann eindeutig bestimmt, denn ist e' ein zweites Neutralelement, so gilt $e' = e \circ e' = e$. – Der Buchstabe e bedeute von jetzt an immer dieses Neutralelement.
3. Zu jedem $a \in G$ gibt es ein $b \in G$ mit $a \circ b = e$ (zu a inverses Element).

Die Rechengebilde $(\mathbf{Z}, +)$, $(E, \oplus)$, $(\mathbf{D}_4, \mathrm{HEA})$, $(\mathbf{S}_M, \mathrm{HEA})$ sind also Gruppen. Gruppentheorie ist das Gebäude von Sätzen und abgeleiteten Begriffen, das man über diesem Axiomensystem errichten kann. Gruppen begegnen einem in der Geometrie ständig; mit Hilfe der Sprache der Gruppentheorie kann man häufig geometrische Sachverhalte kurz und prägnant ausdrücken. Darüber hinaus ist Gruppentheorie ein besonders einfaches Muster einer axiomatischen Theorie (d. h. nicht, daß Gruppentheorie einfach ist!).

Wir greifen unsere ersten Überlegungen aus Abschn. 1.1 wieder auf und reflektieren unser Vorgehen in diesem Abschnitt, da wir ganz genau so in der Geometrie vorgehen werden.

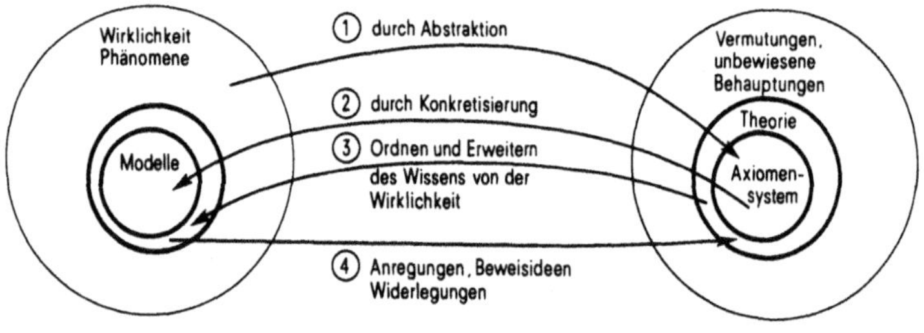

① Aus dem Betrachten der (mathematischen) Umwelt, hier: Permutationen, Zahlenrechnungen usw., gewinnt man durch Abstraktion einen durch ein Axiomensystem, d. h. durch undefinierte Grundbegriffe und Axiome, gegebenen Kern einer mathematischen Theorie. Hier: Gruppe $(G, \circ)$; undefinierte Grundbegriffe sind die Menge G und die Abbildung $\circ$.

---

1) Hieraus folgt bereits, daß Klammern auch bei längeren Ausdrücken überflüssig sind. Wir appellieren an die Intuition, denn ein Beweis ist lästig.

② Jede Ausfüllung der undefinierten Grundbegriffe durch konkrete Objekte, so daß alle Axiome bezüglich dieser Objekte erfüllt sind, liefert ein Modell dieser Theorie. Modelle der Gruppentheorie sind z. B. $(\mathbb{Z}, +)$, $(\mathfrak{D}_4, \text{HEA})$, $(\mathbb{Q}\setminus\{0\}, \cdot)$, $(E, \oplus)$, $(\mathfrak{S}_M, \text{HEA})$.

③ Alle Sätze, die man in der Theorie beweist, sind in jedem Modell wahre Aussagen. Z. B.:

S a t z . Ist $(G, \circ)$ eine Gruppe, so ist für alle $a, c \in G$ die Gleichung $a \circ x = c$ lösbar.

B e w e i s. Zu a existiert ein $b \in G$ mit $a \circ b = e$; dann ist $b \circ c$ eine Lösung der Gleichung $a \circ x = c$, denn $a \circ (b \circ c) = (a \circ b) \circ c = e \circ c = c$.

Damit gibt es z. B. in $\mathfrak{D}_4$ zu jedem Element α und zu σ_h ein Element β mit $\sigma_h\beta = \alpha$, d. h., jedes Element der $\mathfrak{D}_4$ kann man als Produkt von zwei Elementen schreiben, bei dem der erste Faktor σ_h ist. So wird durch die Theorie das Wissen über die Wirklichkeit in den Modellen erweitert und geordnet.

④ Umgekehrt liefern die Modelle Anregungen für Begriffsbildungen, Vermutungen und Beweisideen in der Theorie. In unserem Beispiel: Die Menge aller Permutationen der Menge $\{A, B, C, D\}$ ist mit dem Hintereinanderausführen als Rechenvorschrift eine Gruppe, $\mathfrak{D}_4$ besteht aus speziellen Permutationen dieser Menge und ist bei „gleicher Rechenvorschrift" selbst wieder eine Gruppe – dies führt zum Begriff der Untergruppe. In $\mathfrak{D}_4$ gibt es viele Elemente, die zu sich selbst invers sind – wir werden bald Sätze über Mengen von solchen „involutorischen" Elementen beweisen.

Ein Satz braucht natürlich in der Theorie nicht richtig zu sein, wenn er auch in vielen Modellen der Theorie wahr ist. Aber ein Satz ist in der Theorie mit Sicherheit falsch, wenn es ein Modell gibt, in dem der Satz falsch ist. (Richtige Sätze der Theorie sind ja in allen Modellen wahre Aussagen.) Z. B. in $(\mathbb{Z}, +)$ gilt $a + b = b + a$ für alle $a, b \in \mathbb{Z}$. Der Satz: „Ist $(G, \circ)$ eine Gruppe, so ist $a \circ b = b \circ a$ für alle $a, b \in G$" ist jedoch falsch, denn es gibt das Modell $(\mathfrak{D}_4, \text{HEA})$, in dem $\sigma_h\, \sigma_e \neq \sigma_e\, \sigma_h$ ist. Durch diese Beispiele wird man angeregt zu folgender

Definition Eine Gruppe $(G, \circ)$ heißt k o m m u t a t i v, wenn $a \circ b = b \circ a$ für alle $a, b \in G$ ist.

$(\mathfrak{D}_4, \text{HEA})$ ist keine kommutative Gruppe; *es kommt im allgemeinen auf die Reihenfolge an, in der man Abbildungen nacheinander ausführt.*

Nach diesen grundsätzlichen Bemerkungen sollen einige elementare Aussagen über Gruppen bewiesen – ein Stückchen Gruppentheorie getrieben werden. Übungsaufgaben und die Geometrie werden die Inhalte lebendiger machen.

Gegeben sei eine Gruppe $(G, \circ)$ (vgl. Abschn. 1.1). B

Satz Für $(G, \circ)$ gelten

(i) die Kürzungsregeln: Aus $a \circ c = b \circ c$ folgt $a = b$ und aus $c \circ a = c \circ b$ folgt $a = b$ für alle $a, b, c \in G$.

(ii) Aus $a \circ b = e$ folgt $b \circ a = e$ für alle $a, b \in G$.

(iii) Das zu einem $a \in G$ existierende inverse Element ist eindeutig bestimmt; es sei mit a^{-1} bezeichnet.

(iv) $a \circ a^{-1} = e = a^{-1} \circ a$; $\quad (a^{-1})^{-1} = a$; $\quad (a \circ b)^{-1} = b^{-1} \circ a^{-1}$.

B e w e i s. (Wegen der Assoziativität von $\circ$ sind Klammern oft unnötig; wir haben sie aber gesetzt, wenn dadurch der Beweisgedanke deutlicher wird.)

(i): Sei $a \circ c = b \circ c$. Zu c gibt es nach Axiom 3 ein $d \in G$ mit $c \circ d = e$. Dann folgt $a = a \circ e = a \circ (c \circ d) = (a \circ c) \circ d = (b \circ c) \circ d = b \circ (c \circ d) = b \circ e = b$.
Vor der anderen Kürzungsregel beweisen wir

(ii): Aus $a \circ b = e$ folgt $b \circ a \circ b = b \circ e = b = e \circ b$, mit der schon bewiesenen Kürzungsregel also $b \circ a = e$.

(i) Fortsetzung: Sei $c \circ a = c \circ b$ und $c \circ d = e$. Dann ist nach (ii) auch $d \circ c = e$ und daher $a = e \circ a = (d \circ c) \circ a = d \circ (c \circ a) = d \circ (c \circ b) = (d \circ c) \circ b = e \circ b = b$.

(iii): Sei $a \circ b = e$ und $a \circ b' = e$, also $a \circ b = a \circ b'$. Mit der Kürzungsregel folgt $b = b'$.

(iv): Die erste Aussage ist eine Wiederholung von (ii) mit der neuen Bezeichnung. Nach Definition ist $(a^{-1}) \circ (a^{-1})^{-1} = e$; andererseits ist auch $a^{-1} \circ a = e$, und mit der Kürzungsregel folgt die zweite Behauptung.
Schließlich ist $(a \circ b) \circ (b^{-1} \circ a^{-1}) = a \circ (b \circ b^{-1}) \circ a^{-1} = a \circ e \circ a^{-1} = a \circ a^{-1} = e$, also $b^{-1} \circ a^{-1}$ das zu $a \circ b$ eindeutig bestimmte inverse Element $(a \circ b)^{-1}$.

Ist $(G, \circ)$ eine Gruppe und $a \in G$, so gibt es in G auch die Elemente

$$\ldots, a^{-1} \circ a^{-1} \circ a^{-1}, a^{-1} \circ a^{-1}, a^{-1}, e, a, a \circ a, a \circ a \circ a, \ldots$$

Diese Elemente heißen die P o t e n z e n v o n a; eine abkürzende Schreibweise ist üblich:

$$\ldots, a^{-3}, a^{-2}, a^{-1}, (a^0 =)\, e, (a^1 =)\, a, a^2, a^3, \ldots,$$

d. h., man definiert

$$a^0 := e, a^1 := a, a^{n+1} := a^n \circ a \quad \text{und} \quad a^{-n} := (a^{-1})^n \quad \text{für } n \in \mathbf{N}.$$

Damit sind Potenzen a^m mit beliebigen ganzzahligen Exponenten m definiert. Für sie gelten die „Potenz-Rechenregeln“:

$$a^m \circ a^n = a^{m+n} \quad \text{und} \quad (a^m)^n = a^{m \cdot n}$$

für alle $m, n \in \mathbf{Z}$, die man sich „durch Ausschreiben“ klar machen kann. Jedoch gilt nicht stets

$$a^n \circ b^n = (a \circ b)^n \qquad \text{(vgl. Aufgabe 3).}$$

Aus der ersten Potenz-Rechenregel $a^m \circ a^n = a^{m+n}$ liest man ab, daß für beliebige a-Potenzen a^m und a^n ihr „Produkt“ $a^m \circ a^n$ wieder eine a-Potenz ist. Man nennt deshalb die Menge $\{a^m \mid m \in \mathbf{Z}\}$ der a-Potenzen abgeschlossen gegen $\circ$.

Definition Sei $(G, \circ)$ Gruppe und $A \subseteq G$. A heißt a b g e s c h l o s s e n g e g e n $\circ$, wenn für $x, y \in A$ stets auch $x \circ y \in A$ gilt.

Gegen + abgeschlossene Teilmengen von $\mathbf{Z}$ sind z. B. $\{0\}$, $\mathbf{N}$, $\mathbf{N}_0$, die Menge

$$\{\ldots, -4, -2, 0, 2, 4, 6, \ldots\}$$

aller geraden Zahlen, allgemein für jede ganze Zahl m die Menge

$$\{\ldots, -2m, -m, 0, m, 2m, 3m, \ldots\}$$

der durch m teilbaren Zahlen – das sind nämlich die „Potenzen" von m in der Gruppe $(\mathbf{Z}, +)$.

Nicht abgeschlossen gegen + sind z. B. die Menge der ungeraden Zahlen, die Menge der Primzahlen, jede endliche Teilmenge von $\mathbf{Z}$, die mindestens eine ganze Zahl $\neq 0$ enthält.

Wenn $(G, \circ)$ eine Gruppe und $A \subseteq G$ gegen $\circ$ abgeschlossen ist, wird durch

$$\circ_A : A \times A \to A, \quad (x, y) \mapsto x \circ y$$

eine Abbildung definiert, also eine Rechenvorschrift in der Menge A. Für Paare $(x, y) \in A \times A$ liefern die Rechenvorschriften $\circ_A$ und $\circ$ dasselbe Ergebnis: $x \circ_A y = x \circ y$. Deshalb schreiben wir statt $\circ_A$ einfach $\circ$. Das Rechengebilde $(A, \circ)$ ist stets assoziativ, denn $(x \circ y) \circ z = x \circ (y \circ z)$ gilt für alle $x, y, z \in G$, also erst recht für alle $x, y, z \in A$.

Das assoziative Rechengebilde $(A, \circ)$ ist im Fall unserer speziellen abgeschlossenen Menge $A = \{a^m \mid m \in \mathbf{Z}\}$ aller Potenzen eines Elements a sogar eine Gruppe, denn $e = a^0 \in A$ ist neutrales Element von $(A, \circ)$, und zu $a^m \in A$ invers ist $a^{-m} \in A$, wie die erste Potenz-Rechenregel zeigt:

$$a^m \circ a^{-m} = a^{m+(-m)} = a^0 = e.$$

Nicht für jede abgeschlossene Teilmenge A ist das assoziative Rechengebilde $(A, \circ)$ eine Gruppe, wie die Beispiele $\mathbf{N}$ und $\mathbf{N}_0$ in der Gruppe $(\mathbf{Z}, +)$ zeigen.

Definition Sei $(G, \circ)$ eine Gruppe. Eine gegen $\circ$ abgeschlossene Teilmenge U von G wird U n t e r g r u p p e der Gruppe $(G, \circ)$ genannt, wenn $(U, \circ)$ selbst eine Gruppe ist.

Wenn das neutrale Element e einer Gruppe $(G, \circ)$ in einer gegen $\circ$ abgeschlossenen Teilmenge U von G enthalten ist, und wenn mit jedem $a \in U$ auch das in $(G, \circ)$ gebildete inverse Element a^{-1} in U liegt, dann ist U offenbar eine Untergruppe von $(G, \circ)$, ähnlich wie im obigen Beispiel die Menge der Potenzen eines Elements. Daß die genannten hinreichenden Bedingungen für Untergruppen auch notwendig sind, zeigt der folgende Satz.

Satz (U n t e r g r u p p e n k r i t e r i u m) Sei $(G, \circ)$ eine Gruppe und $U \subseteq G$. U ist genau dann Untergruppe von $(G, \circ)$, wenn die folgenden drei Bedingungen erfüllt sind:

(1) U ist gegen $\circ$ abgeschlossen, d. h.

$$a, b \in U \Rightarrow a \circ b \in U.$$

(2) Das neutrale Element e von $(G, \circ)$ liegt in U:

$$e \in U.$$

(3) Zu jedem $a \in U$ liegt auch das in $(G, \circ)$ gebildete inverse Element a^{-1} in U:

$$a \in U \Rightarrow a^{-1} \in U.$$

B e w e i s. Für die noch fehlende Beweisrichtung sei U Untergruppe von $(G, \circ)$, d. h. U gegen $\circ$ abgeschlossen (1) und $(U, \circ)$ Gruppe. Zum Beweis von (2) zeigen wir, daß das neutrale Element e_U der Gruppe $(U, \circ)$ gleich dem neutralen Element e der ganzen Gruppe $(G, \circ)$ ist. (Daß dies nicht ganz so selbstverständlich ist wie es vielleicht scheint, soll durch Aufgabe 2 illustriert werden.) Weil e_U in $(U, \circ)$ neutral ist, gilt $e_U \circ e_U = e_U$. Weil e in $(G, \circ)$ neutral ist, gilt $e \circ e_U = e_U$. Daraus folgt $e \circ e_U = e_U = e_U \circ e_U$, mit der in $(G, \circ)$ gültigen Kürzungsregel also $e = e_U$ und damit natürlich $e \in U$ (2). Zum Beweis von (3) sei $a \in U$ und b invers zu a in der Gruppe $(U, \circ)$, also $a \circ a^{-1} = e = e_U = a \circ b$. Mit der Kürzungsregel folgt $a^{-1} = b \in U$.

Das Diagramm in Fig. 1.5 zeigt die Untergruppen der Gruppe $(\mathfrak{D}_4, \text{HEA})$; sind U, V zwei von ihnen, so ist $U \subseteq V$ genau dann, wenn im Diagramm ein aufsteigender Streckenzug von U nach V führt. (Der Streckenzug kann auch die Länge 0 haben.)

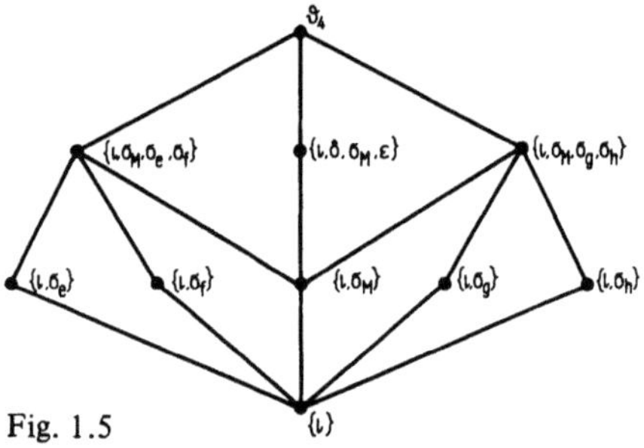

Fig. 1.5

In dem Diagramm erkennt man auch, daß der Durchschnitt von je zwei Untergruppen stets wieder eine Untergruppe ist. Das gilt allgemein.

Satz Sei $(G, \circ)$ eine Gruppe und seien U_1, U_2 Untergruppen von $(G, \circ)$. Dann ist $U_1 \cap U_2$ wieder eine Untergruppe von $(G, \circ)$.

B e w e i s. Wir überprüfen die Bedingungen (1), (2), (3) des Untergruppenkriteriums für $U_1 \cap U_2$.

Zu (1): Seien $a, b \in U_1 \cap U_2$. Dann ist $a, b \in U_1$ und $a, b \in U_2$. Da U_1 und U_2 Untergruppen sind, ist für sie das Untergruppenkriterium erfüllt, also $a \circ b \in U_1$ und $a \circ b \in U_2$, also $a \circ b \in U_1 \cap U_2$.

Zu (2): Da U_1, U_2 Untergruppen sind, ist das Neutralelement von G in U_1 und in U_2, also auch in $U_1 \cap U_2$ enthalten.

Zu (3): Sei $a \in U_1 \cap U_2$, also $a \in U_1$ und $a \in U_2$. Das Inverse zu a in G ist dann auch in U_1 und in U_2, also auch im Durchschnitt.

Die Vereinigung von zwei Untergruppen ergibt im allgemeinen nicht wieder eine Untergruppe. Z. B. gilt in $(\mathfrak{D}_4, \text{HEA})$ für die Untergruppen $\{\iota, \sigma_g\}$ und $\{\iota, \sigma_h\}$, daß ihre Vereinigungsmenge $\{\iota, \sigma_g, \sigma_h\}$ keine Untergruppe ist. Man kann sich aber nach der kleinsten Untergruppe fragen, die $\{\iota, \sigma_g, \sigma_h\}$ enthält. Es ist kaum schwieriger, diese Frage allgemein zu klären.

Sei (G, ○) eine Gruppe und A eine nichtleere Teilmenge von G. Wenn A in einer Untergruppe U von (G, ○) enthalten ist, dann ist das Untergruppenkriterium für U erfüllt, und es liegen die inversen Elemente der Elemente von A ebenfalls in U. Wegen der Abgeschlossenheit liegen dann aber alle Produkte von Elementen aus A oder deren Inversen auch in U.

Betrachtet man andererseits *die Menge aller Produkte von Elementen aus A oder deren Inversen* (Produkte dürfen auch aus einem Faktor bestehen), so ist dies bereits eine Untergruppe von (G, ○). Denn hängt man zwei solche Produkte aneinander, so entsteht wieder ein solches Produkt; $e = a \circ a^{-1}$ mit $a \in A$ ist in dieser Menge enthalten; das Inverse eines solchen Produktes ist wegen $(a \circ b)^{-1} = b^{-1} \circ a^{-1}$ und $(a^{-1})^{-1} = a$ auch wieder ein solches Produkt. Das Untergruppenkriterium ist also für diese Menge erfüllt. Außerdem ist A in ihr als Teilmenge enthalten. Wegen der zuvor gemachten Überlegungen muß diese Untergruppe die kleinste Untergruppe von (G, ○) sein, in der A enthalten ist. Man nennt sie die von A *erzeugte Untergruppe* und bezeichnet sie mit $\langle A \rangle$.

Im Beispiel ($\mathfrak{D}_4$, HEA) war $A = \{\iota, \sigma_g, \sigma_h\}$. Es ist $\sigma_g = \sigma_g^{-1}$, $\sigma_h = \sigma_h^{-1}$ und $\sigma_g\sigma_h = \sigma_h\sigma_g$. Also tritt in $\langle A \rangle$ außer $\iota, \sigma_g, \sigma_h$ nur noch das Produkt $\sigma_g\sigma_h$ auf. $\langle A \rangle = \{\iota, \sigma_g, \sigma_h, \sigma_M\}$.

Besonders leicht läßt sich $\langle A \rangle$ bestimmen, wenn A nur ein Element a enthält. Dann besteht $\langle A \rangle = \langle \{a\} \rangle$ – wir schreiben auch kurz $\langle a \rangle$ – einfach aus allen Potenzen von a.

Beispiele. In $(\mathbf{Z}, +)$ besteht $\langle 2 \rangle$ aus den geraden Zahlen, allgemein $\langle m \rangle$ aus den durch m teilbaren ganzen Zahlen; in ($\mathfrak{D}_4$, HEA) ist $\langle \alpha_* \rangle = \{\iota, \sigma_*\}$, $\langle \delta \rangle = \{\iota, \delta, \sigma_M, \epsilon\} = \langle \epsilon \rangle$.

Die Anzahl der Elemente der Untergruppe $\langle a \rangle$ nennt man auch die *Ordnung* des Elementes a. Die Elemente von $\mathfrak{D}_4$ haben die Ordnung 1, 2 oder 4.

Wir vereinbaren noch abkürzende Schreibweisen, die häufig bequem sind. Sei (G, ○) eine Gruppe, $b \in G$ und $A, B \subseteq G$. Dann bedeuten

$$A \circ B := \{a \circ b \mid a \in A \text{ und } b \in B\};$$

$$A \circ b := \{a \circ b \mid a \in A\}; \text{ entsprechend } b \circ A;$$

$$A^{-1} := \{a^{-1} \mid a \in A\};$$

$$A^2 := A \circ A; \text{ allgemein}$$

$$A^{n+1} := A^n \circ A \text{ für } n \in \mathbf{N}.$$

Beispiele. In ($\mathfrak{D}_4$, HEA) sei $S = \{\sigma_e, \sigma_f, \sigma_g, \sigma_h\}$ und $D = \{\iota, \delta, \sigma_M, \epsilon\}$. Dann ist

$S^2 = D$, $SD = S$, $\sigma_h D = S$, $D^2 = D$, $DD^{-1} = D$, $S^{-1} = S$ usw.

In $(\mathbf{Z}, +)$ sei $A = \{2, 3, 1, -7\}$, $B = \{5, 1, 0\}$. Dann ist

$A + B = \{7, 3, 2, 8, 4, 6, 1, -2, -6, -7\}$; $A + A = \{4, 5, 3, -5, 6, -4, 2, -6, -14\}$;
$-A = \{-2, -3, -1, 7\}$; 1 + Menge der geraden Zahlen = Menge der ungeraden Zahlen.

Die drei Bedingungen des Untergruppenkriteriums kann man mit dieser Schreibweise auch wie folgt angeben:

$$(1)\ U^2 \subseteq U, \qquad (2)\ e \in U, \qquad (3)\ U^{-1} \subseteq U.$$

Die Assoziativität von $\circ$ in G überträgt sich auf das Rechnen mit Teilmengen von G: Für A, B, C $\subseteq$ G ist stets $(A \circ B) \circ C = A \circ (B \circ C)$; man braucht also auch bei „Produkten von Teilmengen" keine Klammern zu setzen.

In ($\mathfrak{D}_4$, HEA) gibt es viele Elemente, die gleich ihrem Inversen sind. Solche Gruppenelemente werden in unseren späteren Überlegungen eine große Rolle spielen.

Definition Sei (G, $\circ$) eine Gruppe. Ein Element $s \in G$ heißt *involutorisch*, wenn $s^2 = e$ und $s \neq e$ ist.

(Die substantivische Form von involutorisch ist Involution.) Äquivalente Beschreibungen sind: $s = s^{-1}$ und $s \neq e$; s hat die Ordnung 2; $\langle s \rangle$ hat 2 Elemente.

In ($\mathbb{Z}$, +) gibt es überhaupt kein involutorisches Element, in (E, $\oplus$) ist 5 involutorisch, in ($\mathfrak{D}_4$, HEA) sind die „Spiegelungen" $\sigma_e, \sigma_f, \sigma_g, \sigma_h, \sigma_M$ involutorisch.

Sind $s_1, \ldots, s_n$ involutorische Elemente einer Gruppe, so ist $(s_1 \circ s_2 \circ \ldots \circ s_n)^{-1} = s_n^{-1} \circ \ldots \circ s_2^{-1} \circ s_1^{-1} = s_n \circ \ldots \circ s_2 \circ s_1$, d. h., man kann ein Produkt von Involutionen invertieren, indem man es umdreht. Ist nun $s_1 \circ s_2 \circ \ldots \circ s_n$ selbst wieder involutorisch, also gleich seinem Inversen, so ist $s_1 \circ s_2 \circ \ldots \circ s_n = s_n \circ \ldots \circ s_2 \circ s_1$:

Hilfssatz Ein involutorisches Produkt von involutorischen Elementen ändert sich nicht, wenn man es umdreht.

Z.B. In ($\mathfrak{D}_4$, HEA) ist $\sigma_e\sigma_h\sigma_g$ involutorisch ($= \sigma_f$), also ist $\sigma_e\sigma_h\sigma_g = \sigma_g\sigma_h\sigma_e$.

Die von einer nichtleeren Menge S involutorischer Gruppenelemente erzeugte Untergruppe $\langle S \rangle$ sieht wegen $S^{-1} = S$ besonders einfach aus: $\langle S \rangle = S \cup S^2 \cup S^3 \cup \ldots$, d. h., $\langle S \rangle$ besteht aus allen Produkten von Elementen aus S. Noch einfacher wird $\langle S \rangle$, wenn S die folgende Eigenschaft hat:

Definition Sei (G, $\circ$) eine Gruppe, S eine nichtleere Teilmenge von G, und alle Elemente von S seien involutorisch. Es gelte $S^3 \subseteq S$ (d. h., jedes Dreierprodukt von Elementen aus S liegt wieder in S). Dann heißt S ein *Involutionenbüschel von* (G, $\circ$).

Satz (*Über Involutionenbüschel*) Sei S ein Involutionenbüschel einer Gruppe (G, $\circ$). Dann ist $\langle S \rangle = S \cup S^2$, also $S \cup S^2$ eine Untergruppe von (G, $\circ$). S^2 ist eine kommutative Untergruppe von (G, $\circ$) und $S \cap S^2 = \emptyset$.

Beweis. Jedes Dreierprodukt kann man ersetzen durch ein Element aus S. Also „schrumpfen" alle Produkte in $\langle S \rangle$ zusammen bis auf einen oder zwei Faktoren.

Für S^2 zeigen wir, daß das Untergruppenkriterium erfüllt ist.

Zu (1): Seien a, $b \in S^2$, etwa $a = s_1 \circ s_2$ und $b = s_3 \circ s_4$ mit $s_1, s_2, s_3, s_4 \in S$. Dann gibt es wegen $s_1 \circ s_2 \circ s_3 \in S^3 \subseteq S$ ein $s \in S$ mit $s_1 \circ s_2 \circ s_3 = s$. Damit ist $a \circ b = = s_1 \circ s_2 \circ s_3 \circ s_4 = s \circ s_4 \in S^2$.

Zu (2): Es gibt ein $s \in S$, und $e = s^2$ ist aus S^2.

Zu (3): Sei $a \in S^2$, etwa $a = s_1 \circ s_2$ mit $s_1, s_2 \in S$; dann ist $a^{-1} = s_2 \circ s_1 \in S^2$.

Zum Beweis der Kommutativität von S^2.

Jedes Dreierprodukt von Elementen aus S liegt wieder in S, ist also selbst wieder involutorisch, man kann es also umdrehen (Hilfssatz). Seien nun a, $b \in S^2$, etwa $a = s_1 \circ s_2$

und $b = s_3 \circ s_4$ mit $s_1, s_2, s_3, s_4 \in S$. Dann ist $a \circ b = (s_1 \circ s_2 \circ s_3) \circ s_4 =$
$= (s_3 \circ s_2 \circ s_1) \circ s_4 = s_3 \circ (s_2 \circ s_1 \circ s_4) = s_3 \circ (s_4 \circ s_1 \circ s_2) = b \circ a$.
Schließlich: Wäre $s \in S \cap S^2$, also $s = s_1 \circ s_2$ mit $s_1, s_2 \in S$, so wäre das neutrale Element $e = s_1 \circ s_2 \circ s \in S^3 \subseteq S$, obwohl es nicht involutorisch ist. Daher muß $S \cap S^2 = \emptyset$ sein.

Die involutorischen Elemente von $(\mathfrak{D}_4, \text{HEA})$ sind $\sigma_e, \sigma_f, \sigma_g, \sigma_h, \sigma_M$. Unter den 2^5 Teilmengen dieser Menge sind 12 Involutionenbüschel; einige wollen wir mit ihren erzeugten Untergruppen $\langle S \rangle$ und den kommutativen Untergruppen S^2 angeben (Tab. 1.2).

Tab 1.2

S	S^2	$S \cup S^2$	Inoffizielle geometrische Veranschaulichung von S
$\{\sigma_g\}$	$\{\iota\}$	$\{\iota, \sigma_g\}$	
$\{\sigma_e\}$	$\{\iota\}$	$\{\iota, \sigma_e\}$	
$\{\sigma_M\}$	$\{\iota\}$	$\{\iota, \sigma_M\}$	
$\{\sigma_e, \sigma_f\}$	$\{\iota, \sigma_M\}$	$\{\iota, \sigma_M, \sigma_e, \sigma_f\}$	
$\{\sigma_g, \sigma_h\}$	$\{\iota, \sigma_M\}$	$\{\iota, \sigma_M, \sigma_g, \sigma_h\}$	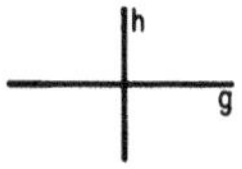
$\{\sigma_g, \sigma_M\}$	$\{\iota, \sigma_h\}$	$\{\iota, \sigma_M, \sigma_g, \sigma_h\}$	
$\{\sigma_e, \sigma_M\}$	$\{\iota, \sigma_f\}$	$\{\iota, \sigma_M, \sigma_e, \sigma_f\}$	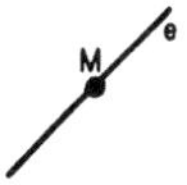
$\{\sigma_e, \sigma_f, \sigma_g, \sigma_h\}$	$\{\iota, \delta, \sigma_M, \epsilon\}$	$\mathfrak{D}_4$	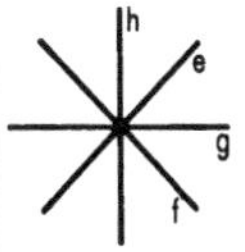

Wie man sieht, treten alle Untergruppen von $(\mathfrak{D}_4, \text{HEA})$ „im Gefolge“ von Involutionenbüscheln auf.

Das Betrachten von Untergruppen (speziell auch das Betrachten von Involutionenbüscheln) kann man auffassen als eine Methode, um aus gegebenen Gruppen neue Gruppen zu gewinnen. Für denselben Zweck gibt es auch eine „externe“ Möglichkeit: durch Paarbildung.

Satz Seien $(G_1, \cdot)$, $(G_2, *)$ Gruppen. Für $a_1, b_1 \in G_1$ und $a_2, b_2 \in G_2$ sei $(a_1, a_2) \circ (b_1, b_2) := (a_1 \cdot b_1, a_2 * b_2)$ („komponentenweise Verknüpfung"). Dann ist $(G_1 \times G_2, \circ)$ eine Gruppe.

Definition Die Gruppe $(G_1 \times G_2, \circ)$ heißt das *direkte Produkt* von $(G_1, \cdot)$ und $(G_2, *)$.

Der Beweis des Satzes ist eine Übungsaufgabe.

Aufgaben zu Abschn. 1.3

1. Man zeige: $\oplus$ ist assoziativ auf $E = \{0, 1, 2, \ldots, 9\}$.

2. Entsprechend der Verknüpfung $\oplus$ werde auf E eine Verknüpfung $\odot$ definiert. $a \odot b :=$ Der Einer des Produktes $a \cdot b$. Ist $(E, \odot)$ eine Gruppe? Man gebe alle Teilmengen von E an, die mit der Verknüpfung $\odot$ eine Gruppe bilden. (Es gibt 8.)

3. a) Man gebe zwei Elemente a, b einer Gruppe $(G, \circ)$ und eine natürliche Zahl n an, so daß $(a \circ b)^n \neq a^n \circ b^n$ ist.
b) Ist $(G, \circ)$ eine kommutative Gruppe, so gilt $(a \circ b)^m = a^m \circ b^m$ für alle $a, b \in G$ und alle $m \in \mathbf{Z}$.

4. Sei $(G, \circ)$ eine Gruppe und $A \subseteq G$. Man könnte die Menge $A^2 = A \circ A$ verwechseln mit der Menge $\{a^2 \mid a \in A\}$ der Quadrate der Elemente von A, die in A^2 enthalten, im allgemeinen aber nicht gleich A^2 ist. Dies zeige man durch ein Beispiel.

5. Seien $(G_1, \cdot)$ und $(G_2, *)$ Gruppen. a) Man beweise, daß $G_1 \times G_2$ mit der komponentenweisen Verknüpfung $\circ$ eine Gruppe ist.
b) Sei S_1 ein Involutionenbüschel von $(G_1, \cdot)$ und S_2 ein Involutionenbüschel von $(G_2, *)$. Dann ist $S_1 \times S_2$ ein Involutionenbüschel von $(G_1 \times G_2, \circ)$.

6. In der Gruppe aller Permutationen der Menge $\{A, B, C\}$ bestimme man alle Involutionenbüschel S und die Untergruppen S^2 und $S \cup S^2$.

7. Für jedes $a \in \mathbf{S}_{\{A,B,C\}}$ bestimme man $\langle a \rangle$.

8. Für jedes Element a einer Gruppe $(G, \circ)$ ist $\rho_a\colon G \to G$, $x \mapsto x \circ a$ eine Permutation von G.

9. Sei S Involutionenbüschel einer Gruppe $(G, \circ)$. Dann gibt es eine bijektive Abbildung von S auf S^2.

10. Sei $(G, \circ)$ eine Gruppe und $a^2 = e$ für alle $a \in G$. Dann ist $(G, \circ)$ kommutativ.

11. In $\mathbf{N}_0$ bedeute $*$ die „übertragsfreie Addition im Zweiersystem".

$$\begin{array}{rl} \text{Beispiel: } 45 = & 101101 \\ 57 = & \underline{111001} \\ 45 * 57 = & 10100 = 20 \end{array}$$

Man zeige: a) $(\mathbf{N}_0, *)$ ist eine kommutative Gruppe mit neutralem Element 0, in der jedes Element zu sich selbst invers ist.

b) $m * n \leqslant m + n$ für alle $m, n \in \mathbf{N}_0$.

c) Für jede Zahl $m \in \mathbf{N}$ ist $S_m := \{n \mid m * n < n\}$ ein Involutionenbüschel der Gruppe $(\mathbf{N}_0, *)$ mit $\langle S_m \rangle = S_m \cup S_m^2 = \mathbf{N}_0$. Man bestimme beispielsweise die Involutionenbüschel S_8 und S_{11}. (Ohne Beweis sei mitgeteilt, daß $*$ die einzige Rechenvorschrift von $\mathbf{N}_0$ mit den unter a) und b) genannten Eigenschaften ist. Sie erlaubt eine besonders elegante Behandlung des Spieles „Nim“, vgl. Hardy; Wright: The Theory of Numbers, S. 197.)

12. Die Menge $\mathfrak{P}(M)$ aller Teilmengen einer Menge M ist eine kommutative Gruppe bzgl. der Rechenvorschrift $*$ mit $A * B = (A \cup B) \setminus (A \cap B)$.

13. In $(\mathfrak{D}_4, \text{HEA})$ sei $E := \{\iota, \sigma_M\}$, $D := \{\delta, \epsilon\}$, $A := \{\sigma_g, \sigma_h\}$, $B := \{\sigma_e, \sigma_f\}$. Man stelle die Rechentafel für $\{A, B, D, E\}$ bezüglich der Hintereinanderausführung der in diesen Mengen enthaltenen Abbildungen auf.

14. Seien U, V Untergruppen einer Gruppe $(G, \circ)$. Ist dann stets $U \circ V$ wieder eine Untergruppe von $(G, \circ)$?

15. Sei $(G, \circ)$ eine Gruppe. Man zeige: $Z := \{a \mid a \circ x = x \circ a \text{ für alle } x \in G\}$ ist eine kommutative Untergruppe von $(G, \circ)$ (Sie heißt das Zentrum von $(G, \circ)$).

16. In $(\mathbf{Q} \setminus \{0\}, \cdot)$ bestimme man die Untergruppe $\langle\{2, 3\}\rangle$.

17. Man zeige: $(\mathbf{Q} \setminus \{1/2\}, *)$ mit $a * b := a + b - 2a \cdot b$ ist eine Gruppe. Man bestimme in ihr die Untergruppe $\langle 1 \rangle$.

18. Sei M eine Menge, $a \in M$ und $T \subseteq M$. Welche der folgenden Teilmengen von $\mathbf{S}_M$ sind stets Untergruppen von $(\mathbf{S}_M, \text{HEA})$?

a) $\{f \mid af = a\}$

b) $\{f \mid \text{es gibt ein } x \in M \text{ mit } xf = x\}$

c) $\{f \mid \text{für alle } x \in M \text{ gilt } xf = x\}$

d) $\{f \mid \text{für alle } x \in T \text{ gilt } xf = x\}$

e) $\{f \mid Tf = T\}$

f) $\{f \mid Tf \subseteq T\}$.

19. Man wähle eine zweielementige Teilmenge T von $\{A, B, C, D\}$ und bestimme in der Gruppe $(\mathfrak{D}_4, \text{HEA})$ die Untergruppen $U := \{\alpha \mid X\alpha = X \text{ für alle } X \in T\}$ und $V := \{\alpha \mid T\alpha = T\}$.

20. Sei $(G, \cdot)$ eine Gruppe und $S \subseteq G$ eine Involutionenmenge. Folgende Aussagen sind paarweise äquivalent:

(1) $(G, \cdot)$ hat eine Untergruppe U und ein Element s mit $U \cdot s = S$.

(2) S ist ein Involutionenbüschel von $(G, \cdot)$.

(3) $(G, \cdot)$ hat eine Untergruppe U und ein Element s mit $s \cdot U = S$.

A
C

1.4 Motivierung des Axiomensystems

In diesem Paragraphen appellieren wir an intuitive Vorstellungen von der Zeichenebene und wollen mit Hilfe spezieller Arbeitsgeräte die späteren Grundbegriffe und Axiome motivieren; man kann es auch umgekehrt sehen und sagen, daß in diesem Paragraphen evident gemacht werden soll, daß die Zeichenebene ein Modell unserer Theorie ist. Die späteren Grundbegriffe und Axiome werden bei ihrem ersten Auftreten g e s p e r r t bzw. *kursiv* gedruckt.

Wir legen ein genügend großes Blatt Papier auf einen Tisch als einen Ausschnitt der nach allen Seiten unbegrenzt gedachten Zeichenebene; an Arbeitsmaterial benutzen wir einen Bleistift, ein genügend großes glattes Stück Pergamentpapier und ein Spiegellineal. Letzteres ist ein breites Lineal ohne Skala oder sonstige Markierungen, das man mittels einer Vorrichtung senkrecht auf das Blatt Papier stellen kann. Es ist aus etwas getöntem durchsichtigen Material, so daß man es einerseits als Spiegel benutzen und gleichzeitig andererseits hindurchsehen kann. (So wie bei einer etwas im Dunklen liegenden Schaufensterscheibe, in der man gleichzeitig sich und die Auslagen betrachten kann.)[1)]

Auf dem Zeichenblatt können wir P u n k t e und mit der geraden Kante des Spiegellineals G e r a d e n mit dem Bleistift markieren. Dabei kann es sein, daß eine Gerade durch einen Punkt geht, wir werden auch sagen, daß Punkt und Gerade i n z i d i e r e n. Und es ist für die Punkte und Geraden klar, welche Punkte mit welchen Geraden inzidieren.

Zwei Geraden können eine besondere Lage zueinander haben, es kann die eine s e n k - r e c h t oder wie man auch sagt o r t h o g o n a l zu der anderen sein. Von je zwei Geraden ist es klar, ob die eine auf der anderen senkrecht ist oder nicht. Man kann dies z. B. mit dem Spiegellineal prüfen. Stellt man das Spiegellineal auf die eine Gerade, so decken sich von der anderen Gerade das reflektierte Geradenstück und das Geradenstück, das man durch das Spiegellineal hindurch sieht, genau dann, wenn die Geraden senkrecht sind (Fig 1.6).

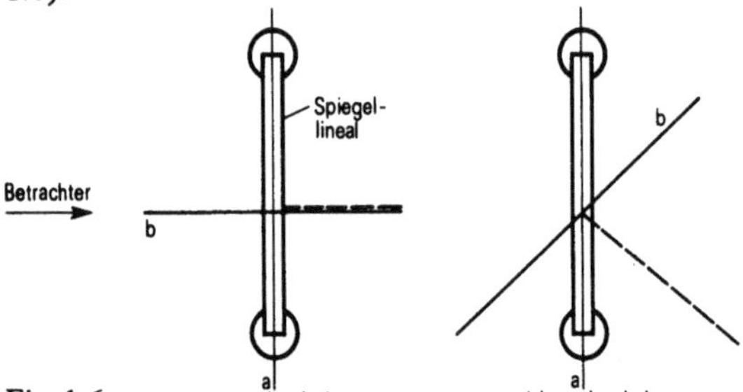

Fig. 1.6 a senkrecht b a nicht senkrecht b

---

1) Das Spiegellineal sollte zwar stabil genug, aber doch so dünn sein, daß die Parallelverschiebung durch die Brechung möglichst nicht stört, und so stark getönt, daß das zweite Spiegelbild an der Linealrückwand nicht sichtbar wird. Nützlich ist eine Abschrägung an der Schreibkante, damit der Bleistiftstrich genau in die spiegelnde Ebene kommt. Empfohlene Abmessungen: 20 cm × 8 cm.

Setzt man das Spiegellineal nun auf die andere Gerade, so macht man dieselben Beobachtungen, d. h., das *Senkrechtstehen ist symmetrisch.* man kann sagen, die Geraden sind zueinander senkrecht. (*Keine Gerade ist zu sich selbst senkrecht.*)

Zu je zwei verschiedenen Punkten gibt es genau eine Verbindungsgerade.

Zeichnen wir jetzt eine Gerade und einen Punkt. Dann stellen wir das Spiegellineal auf den Punkt und drehen es um diesen Punkt solange, bis von der Geraden das reflektierte Teilstück und das durchscheinende Teilstück sich decken. Ziehen wir an der Kante des Spiegellineals die Gerade nach, so geht diese durch den Punkt und steht auf der Geraden senkrecht. Eine solche Gerade heißt ein Lot von dem Punkt auf die Gerade (Fig. 1.7). Offenbar ist dieses Lot immer eindeutig bestimmt, d. h., *zu jedem Punkt und jeder Geraden gibt es genau ein Lot von dem Punkt auf die Gerade.* (Dabei darf natürlich auch der Punkt auf der Geraden liegen.)

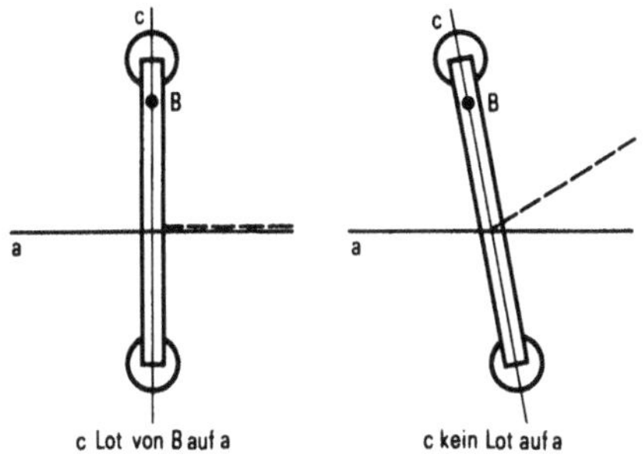

Fig. 1.7

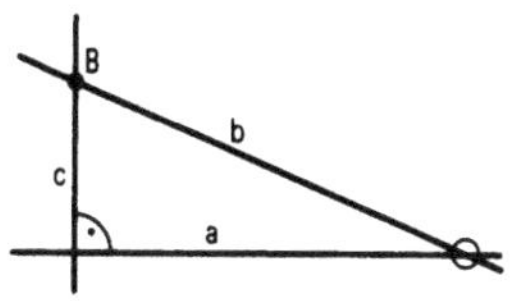

Fig. 1.8

Ist a eine Gerade und B ein Punkt, dann können wir mit dem Spiegellineal das Lot von B auf a fällen; sei c dieses Lot (Fig. 1.8). Zeichnen wir eine Gerade b durch B, die nicht senkrecht auf c ist, so schneidet die Gerade b die Gerade a. Ganz problemlos ist diese Feststellung nicht, denn wenn b und c fast senkrecht sind, so liegt der Schnittpunkt von a und b „sehr weit weg". Aber jedenfalls widerspricht es unserer Vorstellung nicht, wenn wir nochmals feststellen: *Ist von zwei Geraden die eine auf einer dritten Gerade senkrecht, die andere aber nicht, so schneiden sich diese beiden Geraden.*

Mit Hilfe des Pergamentpapiers kann man die Zeichenebene „bewegen". Wir legen das Pergamentpapier auf die Zeichenebene und denken uns alle Punkte und Geraden übertragen auf das Pergamentpapier – exemplarisch tun wir dies für einige Figuren. Dann wird das Pergamentpapier irgendwie bewegt, z. B. hochgenommen und wieder beliebig auf das Zeichenblatt gelegt, und die Punkte und Geraden – exemplarisch natürlich nur wieder die ausgewählten Figuren – werden vom Pergamentpapier auf das Zeichenblatt durchgedrückt. (Sehr gut eignet sich zu Demonstrationszwecken hierfür auch ein Tageslicht-Projektor; aber mit dem Pergamentpapier können alle Schüler selbständig arbeiten.) Durch eine „Bewegung" wird so jedem Punkt eindeutig ein Punkt und jeder Geraden eindeutig eine Gerade zugeordnet, also: *Bewegungen sind spezielle Abbildungen der Punkte und der Geraden.*

Diese Auffassung einer Bewegung als Abbildung hat zwei Konsequenzen, auf die wir nachdrücklich hinweisen wollen.

1) Zwei Bewegungen sind gleich, wenn sie jedem Punkt und jeder Geraden denselben Bildpunkt und dieselbe Bildgerade zuordnen, unabhängig davon wie das Pergamentpapier durch die Luft geflattert ist. Z. B. ist Nichtstun dieselbe Bewegung wie das Hochheben und Zurücklegen des Pergamentpapiers an die alte Stelle.

2) Wenn wir den Sachverhalt, daß eine Bewegung γ einem Punkt A einen Punkt B zuordnet, durch Redeweisen umschreiben wie „γ bewegt, spiegelt, dreht . . . A in B", so möchten wir die Zuordnungsvorschrift von γ in der Anschauung verankern. Genau genommen rührt sich der Punkt A nicht von der Stelle.

Besondere Bewegungen erhält man, wenn man z. B. das Pergamentpapier einfach nur in einer Richtung verschiebt; oder eine Stecknadel einsticht und das Pergamentpapier um diese Nadel dreht; oder eine Gerade auszeichnet, das Pergamentpapier umwendet und so hinlegt, daß die markierte Gerade von Zeichenblatt und Pergamentpapier sich wieder decken. Die Theorie wird zeigen, daß jede noch so kunstvolle oder komplizierte Handlung mit dem Pergamentpapier doch nur eine von diesen Bewegungen ergibt!

Oft beobachtet man, daß Schüler zwar die Fertigkeit erlangt haben, zu vorgegebener Bewegung und vorgegebenem Punkt den Bildpunkt konstruieren zu können (z. B. bei einer Geradenspiegelung), aber unklar bleibt ihnen, daß es sich dabei um eine Abbildung der ganzen Ebene handelt, und dadurch wird ein tiefergehendes Verständnis blockiert. Untauglich sind für eine Einführung der Bewegungen auch richtige Spiegel, Klecksbilder u. a. m.

Bewegungen kann man hintereinanderausführen und erhält wieder eine Bewegung. Das Hintereinanderausführen von Bewegungen ist assoziativ. Jede Bewegung ist umkehrbar, da ja die Handlungen umkehrbar sind. Die Hintereinanderausführung von Bewegung und Umkehrbewegung ergibt die identische Bewegung, die man auch realisieren kann, indem man mit dem Pergamentpapier nichts tut. Mit einem Satz: *Die Bewegungen bilden mit dem Hintereinanderausführen eine Gruppe.*

Bewegungen haben folgende leicht zu sehende Eigenschaften: Liegt ein Punkt auf einer Geraden, so liegt auch der Bildpunkt auf der Bildgeraden, und umgekehrt; man sagt *Bewegungen sind inzidenztreu;* sind zwei Geraden senkrecht, so sind auch ihre Bildgeraden senkrecht, und umgekehrt; *Bewegungen sind orthogonalitätstreu.*

Bewegungen bilden auch Strecken auf gleichlange Strecken ab, d. h. insbesondere, wenn eine Bewegung einen Punkt C fest läßt (nicht bewegt, zum Fixpunkt hat) und einen Punkt A auf einen Punkt B abbildet, dann ist A, B, C ein gleichschenkliges

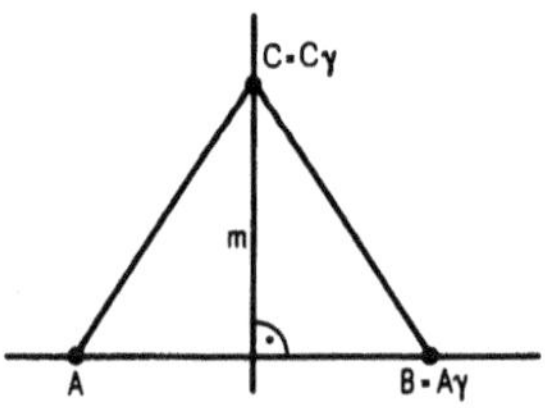

Fig. 1.9

Dreieck mit Spitze bei C (Fig. 1.9). (Es dürfen dabei einige Punkte zusammenfallen, z. B. auch 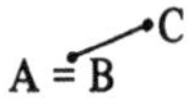 nennen wir ein gleichschenkliges Dreieck.)

Ist A ≠ B, so sei m das Lot von C auf die Verbindungsgerade von A und B; ist A = B, so sei m eine Gerade durch A = B und C. Wir stellen nun fest, daß wir das Pergamentpapier so umwenden können, daß jeder Punkt von m auf sich selbst zu liegen kommt, und daß dabei der Punkt A auf den Punkt B abgebildet wird. Dieses Umwenden um m, so daß m Punkt für Punkt auf sich kommt, ist eine involutorische Bewegung („zweimal machen ist so viel wie nichts machen"). Also: *Wenn eine Bewegung γ einen Punkt C festläßt und einen Punkt A auf einen Punkt B abbildet, so gibt es eine Gerade durch C und eine involutorische Bewegung, die alle Punkte dieser Geraden festläßt und auch A auf B abbildet.* (Leichter merkt sich dieses Phänomen in Kurzfassung: Jedes gleichschenklige Dreieck hat eine Symmetrieachse.)

Nur der Vollständigkeit halber wollen wir noch bemerken: *Es gibt zwei senkrechte Geraden und einen Punkt, der auf keiner der beiden Geraden liegt.*

Um noch einmal allen Mißverständnissen vorzubeugen: Wir sind nicht der Meinung, daß die nachfolgende Theorie auf irgendeiner Schulstufe Schritt für Schritt nachvollzogen werden soll. Das ist weder wünschenswert noch überhaupt möglich. Dem Lehrerstudenten soll ein lückenloser Aufbau einer Geometrie vorgestellt werden, durch den er ihm bereits bekannte Phänomene der Zeichenebene einordnen und das eine oder andere neue kennenlernen kann. Vor diesem Hintergrund (vgl. Abschn. 1.1) kann er als Lehrer versuchen, Teile des Geometrie-Schulstoffes „lokal zu ordnen", in der Gewißheit, daß sich die „lokalen Stücke" zu einer totalen Ordnung zusammenfügen lassen. Unsystematische Anregungen für einen solchen Unterricht finden sich in den C-Teilen.

Neben allgemeinen innermathematischen Lernzielen soll insbesondere auch eine Vertrautheit mit dem Gruppenbegriff erreicht werden, der in der Geometrie in sinnvoller und natürlicher Weise auftritt.

2 Spiegelungen

2.1 Das Axiomensystem

B

Unter einer e u k l i d i s c h e n E b e n e verstehen wir ein Fünf-Tupel (P, G, I, ⊥, B). Dabei ist

P eine Menge, deren Elemente wir P u n k t e nennen und mit großen lateinischen Buchstaben wie A, B, C bezeichnen und

G eine Menge, deren Elemente wir G e r a d e n nennen und mit kleinen lateinischen Buchstaben bezeichnen.

I ist eine Teilmenge von P x G, also eine Relation zwischen Punkten und Geraden, die wir die I n z i d e n z nennen; statt $(A, a) \in I$ schreiben wir $A\,I\,a$ und sagen auch : A liegt auf a; a geht durch A; A inzident a o. ä.; statt $(A, a) \notin I$ schreiben wir $A \not I a$.

$\perp$ ist eine Teilmenge von G x G, also eine Relation auf G, die wir die O r t h o g o n a l i t ä t nennen; statt $(a, b) \in \perp$ schreiben wir $a \perp b$ und sagen auch: a ist senkrecht zu b; a ist orthogonal zu b; a ist Lot auf b o. ä.; statt $(a, b) \notin \perp$ schreiben wir $a \not\perp b$.

A, B . . . I a, b . . . ist eine Kurzschreibweise und bedeutet, daß jeder der Punkte A, B, . . . mit jeder der Geraden a, b, . . . inzidiert; entsprechendes gilt für die anderen Relationszeichen. Ein Punkt A mit A I a, b heißt auch ein Schnittpunkt der Geraden a, b. Eine Gerade c mit A I c und $b \perp c$ heißt ein Lot von A auf b.

B ist eine Menge, deren Elemente wir B e w e g u n g e n nennen und mit kleinen griechischen Buchstaben bezeichnen. Eine Bewegung α ist ein Paar $(\alpha^{\cdot}, \alpha')$, wobei $\alpha^{\cdot}$ eine Permutation der Punktmenge P und α' eine Permutation der Geradenmenge G ist. Bewegungen erhalten die Inzidenz und die Orthogonalität, d. h. für jede Bewegung $\alpha = (\alpha^{\cdot}, \alpha')$ gilt stets: Aus A I a folgt $A\alpha^{\cdot}\, I\, a\alpha'$ und umgekehrt, und aus $a \perp b$ folgt $a\alpha' \perp b\alpha'$ und umgekehrt. Bezüglich des (komponentenweisen) Hintereinanderausführens bilden die Bewegungen eine Gruppe.[1] Ihr Neutralelement wird mit ι bezeichnet. Wenn Mißverständnisse nicht zu befürchten sind, schreiben wir statt $\alpha^{\cdot}$ bzw. α' auch einfach α.

Für diese Objekte gelten die folgenden Axiome: (Wir geben – soweit sinnvoll möglich – jeweils eine verbale Fassung, eine formale Fassung und eine Veranschaulichung an; der Quantor $\overset{!}{\bigvee}$ bedeutet: es gibt genau ein)

Verbindungsgerade Zu je zwei verschiedenen Punkten gibt es genau eine Verbindungsgerade (Fig. 2.1a).

$$\mathbf{V}: \bigwedge A \bigwedge B: A \neq B \Rightarrow \overset{!}{\bigvee} c: A, B\, I\, c.$$

Eine Fig. 2.1b ist nicht möglich[2].

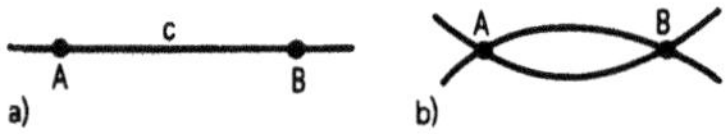

Fig. 2.1

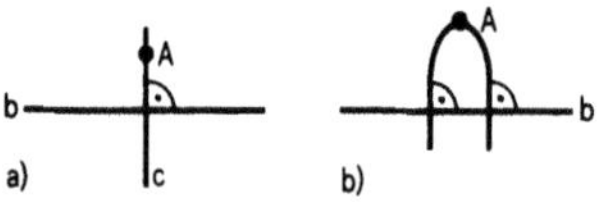

Fig. 2.2

Orthogonalitätsaxiom Das Senkrecht-Sein von Geraden ist symmetrisch. Keine Gerade ist zu sich selbst senkrecht.

$$\mathbf{O}: \bigwedge a \bigwedge b: a \perp b \Rightarrow a \neq b \wedge b \perp a.$$

Gefälltes Lot Zu jedem Punkt und zu jeder Geraden gibt es genau ein Lot von dem Punkt auf die Gerade (Fig. 2.2a).

$$\mathbf{L}: \bigwedge A \bigwedge b \overset{!}{\bigvee} c: A\, I\, c \wedge b \perp c.$$

Eine Fig. 2.2b ist nicht möglich[2].

---

[1]) Für Kenner: B ist Untergruppe der Automorphismengruppe von (P, G, I, $\perp$).

[2]) „weil, so schließt er messerscharf, nicht sein kann, was nicht sein darf.“

Euklidisches Parallelenaxiom Zwei Geraden schneiden sich jedenfalls dann, wenn es eine Gerade gibt, die auf der einen senkrecht steht, auf der anderen aber nicht (Fig. 2.3).

$$\mathbf{E}\colon \bigwedge a \bigwedge b \bigwedge c\colon a \perp c \wedge b \not\perp c \Rightarrow \bigvee C\colon C \mathrel{I} a, b.$$

Fig. 2.3

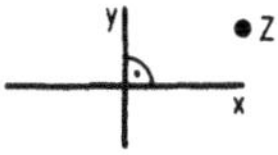

Fig. 2.4

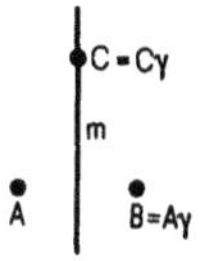

Fig. 2.5

Mindestexistenz Es gibt mindestens zwei Geraden x, y und einen Punkt Z, so daß x senkrecht y ist und Z weder auf x noch auf y liegt (Fig. 2.4).

$$\mathbf{M}\colon \bigvee x \bigvee y \bigvee Z\colon x \perp y \wedge Z \not\mathrel{I} x, y.$$

Bewegungsaxiom

B: Zu jedem Punkttripel (A, B, C), zu dem eine Bewegung γ existiert mit $C\gamma = C$ und $A\gamma = B$, gibt es eine Gerade m durch C und eine involutorische Bewegung σ mit $A\sigma = B$ und $X\sigma = X$ für alle X I m (Fig. 2.5).

N a c h t r a g z u m A x i o m e n s y s t e m. Um das Axiom **B** übersichtlicher formulieren zu können, definieren wir einige Begriffe.

Ein Punkttripel (A, B, C) heißt ein D r e i e c k. Ein Dreieck (A, B, C), zu dem es eine Bewegung γ mit $C\gamma = C$ und $A\gamma = B$ gibt, heißt ein g l e i c h s c h e n k l i g e s D r e i e c k m i t S p i t z e C. Ist (A, B, C) ein Dreieck und m eine Gerade durch C und gibt es eine involutorische Bewegung σ, die jeden Punkt von m festläßt und A auf B abbildet, so heißt m S y m m e t r i e a c h s e v o n (A, B, C) d u r c h C. Mit diesen Begriffen läßt sich das Bewegungsaxiom kurz aussprechen:

B: *Jedes gleichschenklige Dreieck hat eine Symmetrieachse durch seine Spitze.*

Wir schreiben das Axiomensystem noch einmal in „Stenographie" auf:

Fünf Grundbegriffe: Punkt, Gerade, inzident, orthogonal, Bewegung (= Element einer Gruppe spezieller Abbildungspaare).

Axiome: Existenz und Eindeutigkeit der Verbindungsgeraden, triviales Orthogonalitätsaxiom, Existenz und Eindeutigkeit des gefällten Lotes, euklidisches Parallelenaxiom , Mindestexistenz 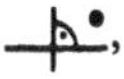, Symmetrieachse im gleichschenkligen Dreieck als Bewegungsaxiom.

2.2 Ein endliches Modell

A Wenn wir ein Modell einer euklidischen Ebene angeben wollen, so müssen wir konkrete Mengen P, G, I, ⊥, B angeben, die alle Axiome erfüllen (vgl. Abschn. 1.3).

Zum B e i s p i e l: Sei

P := Menge der Punkte der Zeichenebene,
G:= Menge der Geraden der Zeichenebene,
I := {(A, a) | A ∈ P, a ∈ G und A liegt auf a},
⊥ := {(a, b) | a, b ∈ G und a ist senkrecht zu b},
B := Menge der Bewegungen der Zeichenebene, die durch das Hantieren mit dem Pergamentpapier gewonnen wurden.

Nach Abschn. 1.4 sehen wir bezüglich dieser Objekte alle Axiome einer euklidischen Ebene als erfüllt an.

Die Zeichenebene ist ein Modell einer euklidischen Ebene.

Damit sind alle Sätze, die wir aus dem Axiomensystem ableiten werden, wahre Aussagen über die Zeichenebene.

Achtung! Es erfordert mathematische Sorgfalt und Selbstdisziplin, nicht umgekehrt „Selbstverständlichkeiten" über die Zeichenebene unbewiesen in die Theorie zu übernehmen! Dies ist eine Wurzel für Denkfehler und Verständnisschwierigkeiten.

Zwei Fragen: Gegeben sei eine euklidische Ebene. Haben je zwei Punkte einen Mittelpunkt? Wie viele Punkte liegen auf einer beliebig gewählten Geraden?

Die erste Frage ist – zu diesem Zeitpunkt! – so sinnvoll wie die Frage: Haben je zwei Punkte einen Klinkel? Mittelpunkt und Klinkel sind keine Grundbegriffe und bisher auch nicht definiert, also kann man die Frage überhaupt noch nicht verstehen.

Die zweite Frage ist sinnvoll und die Antwort n i c h t offensichtlich. Daß auf jeder Geraden einer euklidischen Ebene unendlich viele Punkte liegen, ist eine V e r m u t u n g, gewonnen aus dem Betrachten des Modells „Zeichenebene". Es zeigt sich hier, wie notwendig es ist, Vermutungen zu beweisen: Im folgenden Modell einer euklidischen Ebene gibt es überhaupt nur neun Punkte, auf jeder Geraden genau drei.

B Aus roten, blauen und gelben Bausteinen bauen wir folgende neun Zweiertürmchen[1]:

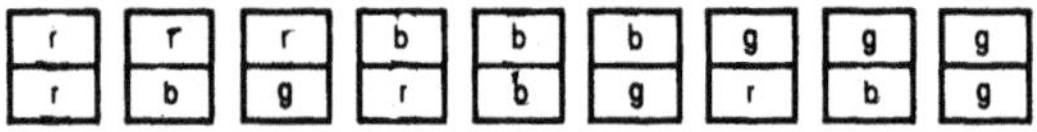

Diese neun Türmchen nehmen wir als P u n k t m e n g e des Modells.

P := 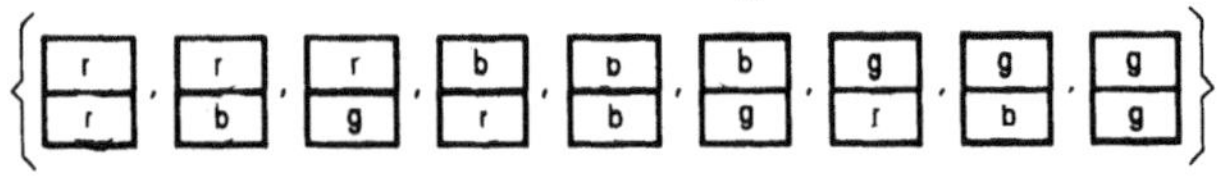

[1]) Für einen besseren optischen Eindruck empfehlen wir, die Abbildungen passend zu färben.

Als G e r a d e n wählen wir 3-elementige Teilmengen der Punktmenge:

or := 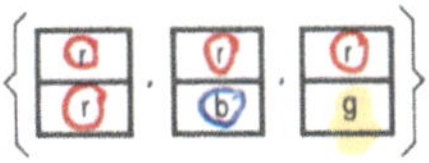 („oben rot“),

ob := 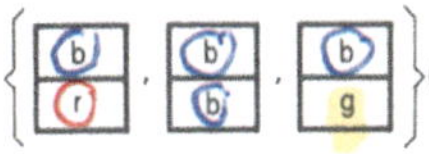 („oben blau“),

og := 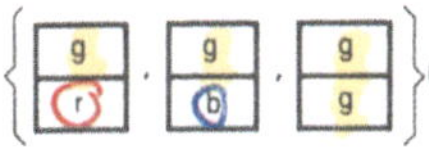 („oben gelb“),

ur := 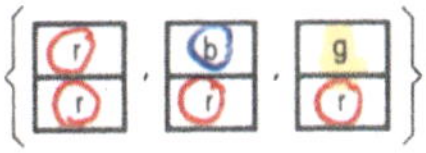 („unten rot“),

ub := 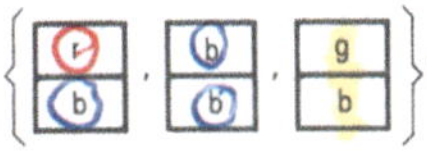 („unten blau“),

ug := 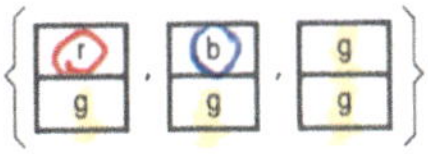 („unten gelb“),

p := 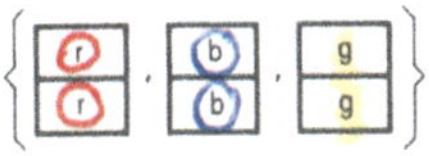 („pasch“, einfarbige Türmchen),

rbg := 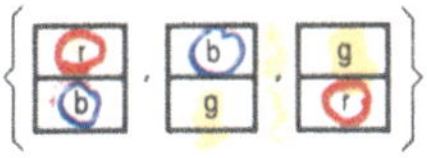 („rot – blau – gelb“, Farbwechsel r → b → g → r),

rgb := 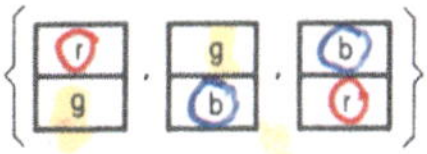 („rot – gelb – blau“, Farbwechsel r → g → b → r),

rg := 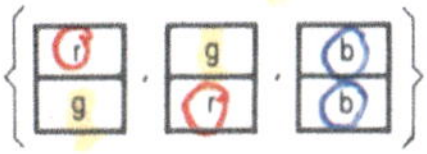 („rot – gelb“, Farbwechsel r ⇄ g, Doppelturm in dritter Farbe),

bg := 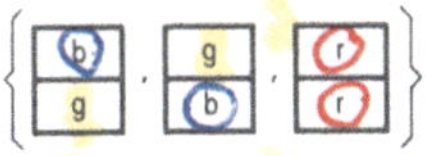 („blau – gelb“, Farbwechsel b ⇄ g, Doppelturm in dritter Farbe),

rb := 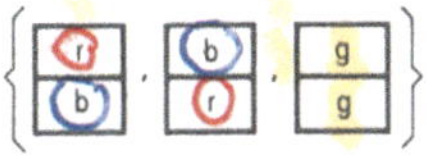 („rot – blau“, Farbwechsel r ⇄ b, Doppelturm in dritter Farbe).

G := {or, ob, og, ur, ub, ug, p, rbg, rgb, rg, bg, rb}.

Da die Geraden Punktmengen sind, definieren wir die I n z i d e n z natürlicherweise mit Hilfe von ∈:

$$I := \{(A, a) \mid A \in a\}.$$

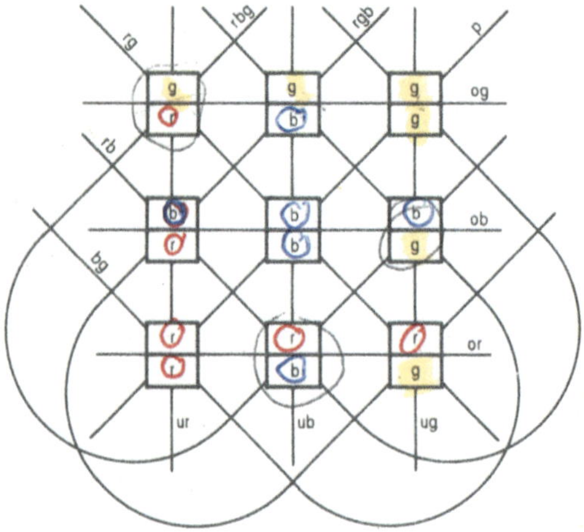

Fig. 2.6 Das 9-Punkte-Modell

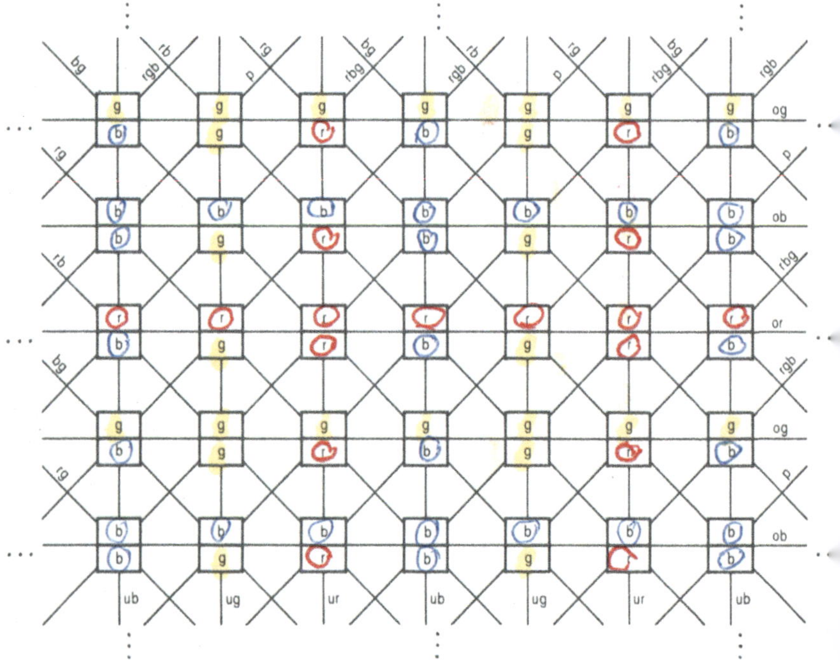

Fig. 2.7 Das 9-Punkte-Modell als Gitter

In einer gegenständlichen Repräsentation des Modells kann man die Geraden mit Hilfe von farbigen Bändern, durch die die Punkte gebündelt werden, sichtbar machen. Wir veranschaulichen die Geraden durch Striche (s. Fig. 2.6).

Eine weitere Veranschaulichung besteht darin, die 9 Punkte und 12 Geraden sich periodisch wiederholend zu zeichnen, so daß das Gitter in Fig. 2.7 entsteht. Die Endlichkeit des Modells geht bei dieser Veranschaulichung optisch verloren. Dafür sind aber alle Geraden „gerade" und man sieht – das ist besonders wichtig – die volle „Symmetrie" des Modells, bei dem der Punkt 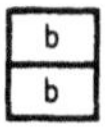

z. B. in keiner Weise ausgezeichnet ist.

Die Relation ⊥ auf der Menge der zwölf Geraden definieren wir mit Hilfe von Tab. 2.1. Eine Gerade a soll genau dann s e n k r e c h t zu einer Geraden b sein, wenn im Kreuzungsfeld der Zeile von a mit der Spalte von b das Zeichen ⊥ steht. Die angegebenen Veranschaulichungen des Modells enthalten auch eine Veranschaulichung der Orthogonalität.

Tab. 2.1

⊥	or	ob	og	ur	ub	ug	p	rbg	rgb	rg	bg	rb
or				⊥	⊥	⊥						
ob				⊥	⊥	⊥						
og				⊥	⊥	⊥						
ur	⊥	⊥	⊥									
ub	⊥	⊥	⊥									
ug	⊥	⊥	⊥									
p										⊥	⊥	⊥
rbg										⊥	⊥	⊥
rgb										⊥	⊥	⊥
rg							⊥	⊥	⊥			
bg							⊥	⊥	⊥			
rb							⊥	⊥	⊥			

Zur Definition der Bewegungen des Modells ist etwas Mühe erforderlich. Zunächst ist klar, daß alle Permutationen der 9 Punkte eine Gruppe bilden (362880 Elemente!). Da die Geraden Punktmengen sind, werden durch eine Permutation der Punkte auch die Geraden abgebildet. Im allgemeinen ist aber dabei das Bild einer Geraden nicht wieder eine Gerade. Z. B. ist bei der Permutation

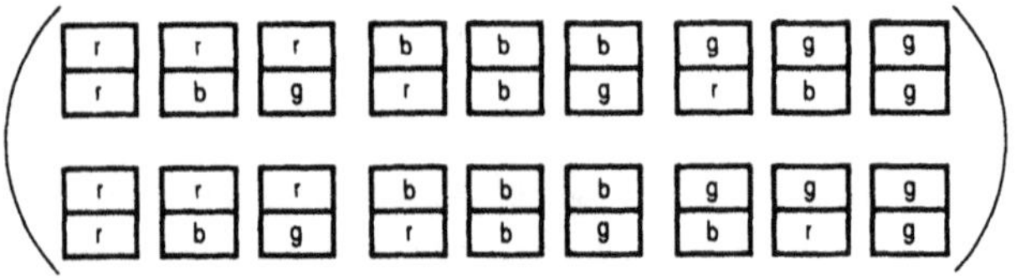

das Bild von ur die Menge 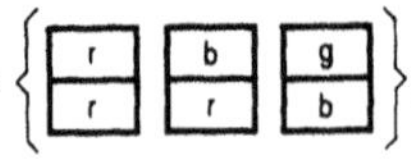, und das ist keine Gerade. Es gibt aber Permutationen $\kappa^{\cdot}$ der 9 Punkte, durch die eine Permutation κ' der Geradenmenge induziert wird; ι tut dies trivialerweise; aber z. B. wird auch durch

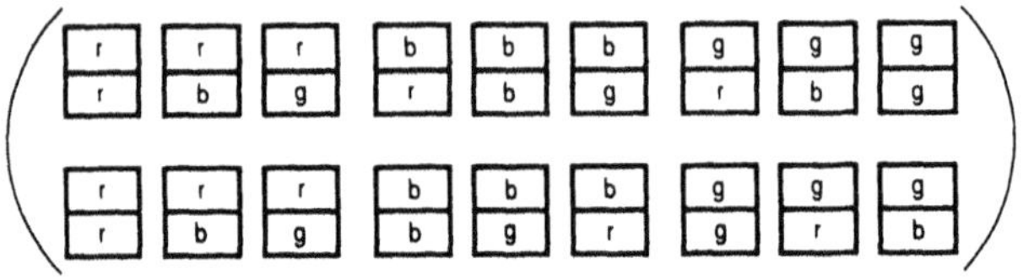

die Permutation

$$\begin{pmatrix} \text{or} & \text{ob} & \text{og} & \text{ur} & \text{ub} & \text{ug} & \text{p} & \text{rbg} & \text{rgb} & \text{rg} & \text{bg} & \text{rb} \\ \text{or} & \text{ob} & \text{og} & \text{p} & \text{rbg} & \text{rgb} & \text{bg} & \text{rb} & \text{rg} & \text{ug} & \text{ur} & \text{ub} \end{pmatrix}$$

der Geradenmenge induziert. $\kappa^{\cdot -1}$ hat dann auch diese Eigenschaft, denn $\kappa^{\cdot -1}$ erhält man aus $\kappa^{\cdot}$, indem man Eingangs- und Ausgangszeile vertauscht. Ist $\lambda^{\cdot}$ eine weitere Permutation der 9 Punkte, die eine Permutation der Geradenmenge induziert, so induziert auch $\kappa^{\cdot}\lambda^{\cdot}$ nach Definition des Hintereinanderausführens eine Permutation der Geradenmenge. Mit dem Untergruppenkriterium folgt: Die Permutationen der Punktmenge, die eine Permutation der Geradenmenge induzieren, bilden eine Gruppe, eine Untergruppe der Gruppe aller Permutationen der 9 Punkte.

Da wir als **Bewegungen** Paare von Permutationen der Punktmenge und der Geradenmenge benötigen, fügen wir die induzierte Permutation der Geradenmenge durch Paarbildung an. Damit ist

$\mathsf{B}' := \{(\kappa^{\cdot}, \kappa') \mid \kappa^{\cdot}$ ist eine Permutation der 9 Punkte, die die Permutation κ' der 12 Geraden induziert.$\}$

eine Gruppe bezüglich des komponentenweisen Hintereinanderausführens.

Die Abbildungen der Gruppe B' sind nach Konstruktion inzidenztreu Aus $A \in a$ folgt $A\kappa^{\cdot} \in a\kappa'$ und umgekehrt, denn $a\kappa'$ ist ja genau die Menge der $\kappa^{\cdot}$-Bilder der Punkte von a.

Die Abbildungen der Gruppe B' sind jedoch im allgemeinen nicht orthogonalitätstreu; so haben die orthogonalen Geraden ur, og bei dem oben als Beispiel angegebenen Permutationenpaar die Bilder p, og, die nicht aufeinander senkrecht stehen. Sei

$$B'' := \{(\varphi^{\cdot}, \varphi') \mid (\varphi^{\cdot}, \varphi') \in B' \text{ und } \varphi' \text{ ist orthogonalitätstreu}\}.$$

Dann ist B'' eine Untergruppe von B'.

Wir prüfen wieder mit dem Untergruppenkriterium: ι ist orthogonalitätstreu. Ist φ' orthogonalitätstreu, dann auch φ'^{-1}, denn $a\varphi'^{-1} \perp b\varphi'^{-1}$ ist wegen der Orthogonalitätstreue von φ' gleichwertig mit $(a\varphi'^{-1})\varphi' \perp (b\varphi'^{-1})\varphi'$, dies ist gleichwertig mit $a(\varphi'^{-1}\varphi') \perp b(\varphi'^{-1}\varphi')$, also mit $a \perp b$. Schließlich: Sind φ', ψ' orthogonalitätstreu, so ist auch $\varphi'\psi'$ orthogonalitätstreu, denn $a \perp b$ ist wegen der Orthogonalitätstreue von φ' gleichwertig mit $a\varphi' \perp b\varphi'$, und dies ist wegen der Orthogonalitätstreue von ψ' gleichwertig mit $(a\varphi')\psi' \perp (b\varphi')\psi'$, und dies ist gleichwertig mit $a(\varphi'\psi') \perp b(\varphi'\psi')$.

B'' ist also eine Gruppe von Paaren von Permutationen der Punkte und der Geraden, die inzidenz- und orthogonalitätstreu sind – genau wie die Bewegungen des Axiomensystems[1]. Ein Problem ist jedoch immer noch offen: Die Bewegungen einer euklidischen Ebene müssen das Bewegungsaxiom **B** erfüllen, und tatsächlich erfüllen die Abbildungen der Gruppe B'' das Bewegungsaxiom nicht (Beweis später in Abschn. 2.5, Aufgabe 1).

Als Bewegungsgruppe B unseres Modells definieren wir daher eine Untergruppe von B'', und zwar die Untergruppe der Permutationenpaare $(\gamma^{\cdot}, \gamma')$, bei denen γ' die beiden Geradenmengen {or, ob, og, ur, ub, ug} und {p, rbg, rgb, rg, bg, rb} nicht „mischt", d. h. je auf sich abbildet. Mit Hilfe des Untergruppenkriteriums zeigt man leicht, daß B eine Untergruppe von B'' ist.

Wir tragen noch einmal alle definierenden Eigenschaften zusammen[2]: Die Menge der B e w e g u n g e n des Modells wird definiert als

$B := \{(\gamma^{\cdot}, \gamma') \mid \gamma^{\cdot}$ ist eine Permutation der 9 Punkte, die die Permutation γ' der 12 Geraden induziert, γ' ist orthogonalitätstreu, γ' bildet die beiden Geradenmengen {or, ob, og, ur, ub, ug} und {p, rbg, rgb, rg, bg, rb} je auf sich ab.$\}$.

Gibt es bei so vielen einschränkenden Bedingungen überhaupt noch eine Bewegung $\neq \iota$? Das ist der Fall. Wir wählen die Gerade ub und definieren eine Permutation $\sigma^{\cdot}_{ub}$ wie folgt: Die Punkte von ub werden auf sich abgebildet, und die beiden übrigen Punkte auf jeder zu ub senkrechten Geraden werden vertauscht:

---

[1]) B'' ist die Gruppe aller Automorphismen von (P, G, I, ⊥).

[2]) Die Forderung der Orthogonalitätstreue ist durch die letzte Bedingung überflüssig geworden, vgl. Aufgabe 10, Abschn. 2.3.

$$\sigma^{\cdot}_{ub} = \begin{pmatrix} \boxed{\begin{smallmatrix}r\\ r\end{smallmatrix}} & \boxed{\begin{smallmatrix}r\\ b\end{smallmatrix}} & \boxed{\begin{smallmatrix}r\\ g\end{smallmatrix}} & \boxed{\begin{smallmatrix}b\\ r\end{smallmatrix}} & \boxed{\begin{smallmatrix}b\\ b\end{smallmatrix}} & \boxed{\begin{smallmatrix}b\\ g\end{smallmatrix}} & \boxed{\begin{smallmatrix}g\\ r\end{smallmatrix}} & \boxed{\begin{smallmatrix}g\\ b\end{smallmatrix}} & \boxed{\begin{smallmatrix}g\\ g\end{smallmatrix}} \\ \boxed{\begin{smallmatrix}r\\ g\end{smallmatrix}} & \boxed{\begin{smallmatrix}r\\ b\end{smallmatrix}} & \boxed{\begin{smallmatrix}r\\ r\end{smallmatrix}} & \boxed{\begin{smallmatrix}b\\ g\end{smallmatrix}} & \boxed{\begin{smallmatrix}b\\ b\end{smallmatrix}} & \boxed{\begin{smallmatrix}b\\ r\end{smallmatrix}} & \boxed{\begin{smallmatrix}g\\ g\end{smallmatrix}} & \boxed{\begin{smallmatrix}g\\ b\end{smallmatrix}} & \boxed{\begin{smallmatrix}g\\ r\end{smallmatrix}} \end{pmatrix}$$

$$\sigma'_{ub} = \begin{pmatrix} \text{or} & \text{ob} & \text{og} & \text{ur} & \text{ub} & \text{ug} & \text{p} & \text{rbg} & \text{rgb} & \text{rg} & \text{bg} & \text{rb} \\ \text{or} & \text{ob} & \text{og} & \text{ug} & \text{ub} & \text{ur} & \text{rg} & \text{rb} & \text{bg} & \text{p} & \text{rgb} & \text{rbg} \end{pmatrix}.$$

Man überprüft, daß σ_{ub} alle Bedingungen für die Menge B erfüllt. σ_{ub} ist außerdem involutorisch. Für jede der zwölf Geraden können wir eine entsprechende Bewegung definieren; wir wollen noch eine davon angeben und überlassen die weiteren dem Leser als Übungsaufgabe.

$$\sigma^{\cdot}_{rbg} = \begin{pmatrix} \boxed{\begin{smallmatrix}r\\ r\end{smallmatrix}} & \boxed{\begin{smallmatrix}r\\ b\end{smallmatrix}} & \boxed{\begin{smallmatrix}r\\ g\end{smallmatrix}} & \boxed{\begin{smallmatrix}b\\ r\end{smallmatrix}} & \boxed{\begin{smallmatrix}b\\ b\end{smallmatrix}} & \boxed{\begin{smallmatrix}b\\ g\end{smallmatrix}} & \boxed{\begin{smallmatrix}g\\ r\end{smallmatrix}} & \boxed{\begin{smallmatrix}g\\ b\end{smallmatrix}} & \boxed{\begin{smallmatrix}g\\ g\end{smallmatrix}} \\ \boxed{\begin{smallmatrix}g\\ b\end{smallmatrix}} & \boxed{\begin{smallmatrix}r\\ b\end{smallmatrix}} & \boxed{\begin{smallmatrix}b\\ b\end{smallmatrix}} & \boxed{\begin{smallmatrix}g\\ g\end{smallmatrix}} & \boxed{\begin{smallmatrix}r\\ g\end{smallmatrix}} & \boxed{\begin{smallmatrix}b\\ g\end{smallmatrix}} & \boxed{\begin{smallmatrix}g\\ r\end{smallmatrix}} & \boxed{\begin{smallmatrix}r\\ r\end{smallmatrix}} & \boxed{\begin{smallmatrix}b\\ r\end{smallmatrix}} \end{pmatrix}$$

$$\sigma'_{rbg} = \begin{pmatrix} \text{or} & \text{ob} & \text{og} & \text{ur} & \text{ub} & \text{ug} & \text{p} & \text{rbg} & \text{rgb} & \text{rg} & \text{bg} & \text{rb} \\ \text{ub} & \text{ug} & \text{ur} & \text{og} & \text{or} & \text{ob} & \text{rgb} & \text{rbg} & \text{p} & \text{rg} & \text{bg} & \text{rb} \end{pmatrix}.$$

Die Grundbegriffe des Modells sind angegeben. Wir müssen noch zeigen, daß die Axiome für diese Grundbegriffe erfüllt sind; dabei ist die Überprüfung eines jeden Axioms ein endliches Problem.

Die Erfülltheit des Axioms von der Verbindungsgeraden, des Axioms vom gefällten Lot und des Parallelenaxioms zeigt man am besten durch das Ausfüllen entsprechender Tabellen. Von diesen Tabellen geben wir nur die ersten Zeilen an und überlassen wieder die restliche Ausfüllung dem Leser; solche Übungen sind auch nützlich, um mit dem Modell vertraut zu werden.

Verbindungsgerade

		Punkt B								
	Verbindungsgerade von A, B	$\boxed{\begin{smallmatrix}r\\ r\end{smallmatrix}}$	$\boxed{\begin{smallmatrix}r\\ b\end{smallmatrix}}$	$\boxed{\begin{smallmatrix}r\\ g\end{smallmatrix}}$	$\boxed{\begin{smallmatrix}b\\ r\end{smallmatrix}}$	$\boxed{\begin{smallmatrix}b\\ b\end{smallmatrix}}$	$\boxed{\begin{smallmatrix}b\\ g\end{smallmatrix}}$	$\boxed{\begin{smallmatrix}g\\ r\end{smallmatrix}}$	$\boxed{\begin{smallmatrix}g\\ b\end{smallmatrix}}$	$\boxed{\begin{smallmatrix}g\\ g\end{smallmatrix}}$
Punkt A	$\boxed{\begin{smallmatrix}r\\ r\end{smallmatrix}}$	*	or	or	ur	p	bg	ur	bg	p
	$\boxed{\begin{smallmatrix}r\\ b\end{smallmatrix}}$	or	*	or	rb	ub	rbg	rbg	ub	rb
	⋮									

Gefälltes Lot

Gefälltes Lot von A auf b	Punkt A: r/r	r/b	r/g	b/r	b/b	b/g	g/r	g/b	g/g
Gerade b: or	ur	ub	ug	ur	ub	ug	ur	ub	ug
ob	ur	ub	ug	ur	ub	ug	ur	ub	ug
⋮									

Euklidisches Parallelenaxiom

Schnittpunkt von a, b falls c existiert mit a ⊥ c und b ⊥ c.

Gerade a \ Gerade b	or	ob	og	ur	ub	ug	p	rbg	rgb	rg	bg	rb
or	*	*	*	r/r	r/b	r/g	r/r	r/b	r/g	r/g	r/r	r/b
ob	*	*	*	b/r	b/b	b/g	b/b	b/g	b/r	b/b	b/g	b/r
og	*	*	*	g/r	g/b	g/g	g/g	g/r	g/b	g/r	g/b	g/g
ur	r/r	b/r	g/r	*	*	*	r/r	g/r	b/r	g/r	r/r	b/r
⋮												

Axiom M ist erfüllt. Die Relation ⊥ erfüllt das Orthogonalitätsaxiom, wie aus der ⊥ definierenden Tabelle ersichtlich ist.

Zum Bewegungsaxiom

Sei (A, B, C) ein gleichschenkliges Dreieck mit Spitze C, d. h., es gebe eine Bewegung γ mit $A\gamma = B$ und $C\gamma = C$. Im Sonderfall A = C ist auch $B = A\gamma = C\gamma = C = A$, und jede Gerade m durch diesen Punkt ist Symmetrieachse des gegebenen Dreiecks, wie man mit Hilfe der involutorischen Bewegung σ_m erkennt. Sei jetzt $A \neq C$, also auch $B = A\gamma \neq C\gamma = C$. Im Gitter von Fig. 2.7 findet man Bilder von A, B und C so, daß A und B unmittelbar neben C liegen (Fig. 2.8).

Wenn A einer der vier Punkte ⧈ ist, ist die Verbindungsgerade von A, C eine Gerade aus {or, ob, og, ur, ub, ug}. Nach Definition der Bewegungsgruppe liegt ihr γ-Bild in derselben Geradenmenge und ist Verbindungsgerade von $A\gamma$, $C\gamma$, also von B, C. Daher ist auch

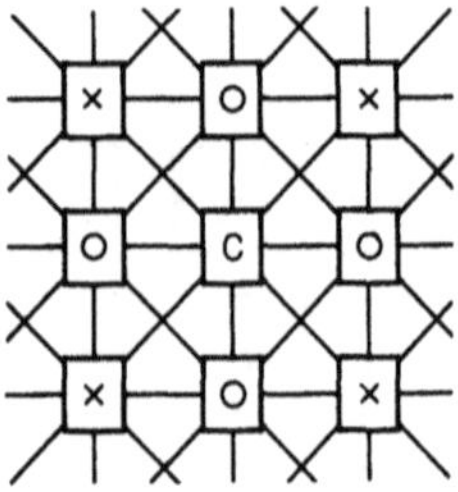

Fig. 2.8

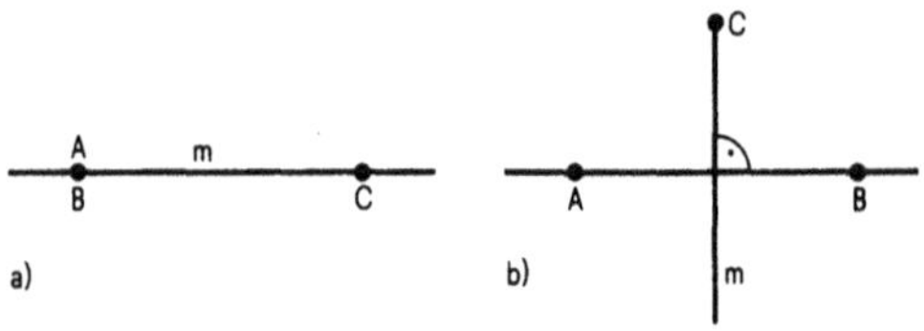

Fig. 2.9

B einer der vier Punkte ⧇. Für je zwei ⧇-Punkte A, B ist die Symmetrieachse m des Dreiecks (A, B, C) leicht erkennbar: Bei A = B ist m die Verbindungsgerade von A, C (Fig. 2.9 a), bei A ≠ B ist m das Lot von C auf die Verbindungsgerade von A, B (Fig. 2.9 b). Für die vier Punkte ⊠ verläuft der Beweis entsprechend mit der Geradenmenge {p, rbg, rgb, rb, bg, rg}.

A Das vorgestellte endliche Modell soll im folgenden 9-Punkte-Modell genannt werden. Einerseits ist in dem 9-Punkte-Modell vieles ganz anders als in der Zeichenebene, und dies ist gut, um ein schleichendes Übernehmen von „Selbstverständlichkeiten" der Zeichenebene in die Theorie zu verhindern. Andererseits sind das 9-Punkte-Modell und die Zeichenebene Modelle unserer Theorie und haben daher sehr viel gemeinsam. Mindestens gelten alle Sätze unserer Theorie in beiden Modellen. Es erscheinen dabei gewohnte Aussagen über die Zeichenebene in dem 9-Punkte-Modell in einer reizvollen Verfremdung und zugleich durch die Endlichkeit in einer greifbaren Klarheit. Beweisen oder Widerlegen von Vermutungen ist im 9-Punkte-Modell stets ein endliches Problem d. h., durch Überprüfen aller Möglichkeiten (siehe die Überprüfung der Axiome) zu leisten. Nicht zuletzt soll das 9-Punkte-Modell unsere grundsätzlichen Überlegungen über eine axiomatische Geometrie verdeutlichen.

In Abschn. 1.3 lernten wir für das Axiomensystem der Gruppentheorie mehrere Modelle kennen, z. B. die Gruppen $(\mathbb{Z}, +)$, $(E, \oplus)$, $(\mathbf{S}_M, \text{HEA})$, $(\mathfrak{D}_4, \text{HEA})$ usw. Auch für unser Axiomensystem der euklidischen Geometrie gibt es außer der Zeichenebene und dem 9-Punkte-Modell weitere Modelle, auch endliche. In Abschn. 4 wird mit Methoden der analytischen Geometrie eine ganze Klasse von Modellen vorgeführt. Im Folgeband „Von der euklidischen Geometrie zur linearen Algebra" wird sich dann zeigen, daß diese Klasse in dem Sinne komplett ist, daß sie zu jeder euklidischen Ebene $(P, G, I, \perp, \mathsf{B})$ ein Modell „gleicher Struktur" enthält.

Aufgaben zu Abschn. 2.2 (9-Punkte-Modell)

1. Man vervollständige die im Text angefangenen Tabellen zur Überprüfung der Axiome.

2. Im 9-Punkte-Modell gibt es genau 297 gleichschenklige Dreiecke (A, B, C) mit Spitze C.

3. Man zeige, daß $S = \{\sigma_{or}, \sigma_{ob}, \sigma_{og}\}$ ein Involutionenbüschel ist und bestimme die Gruppe S^2.

4. a) Für jede involutorische Bewegung ist die Anzahl der Punkte, die auf sich abgebildet werden, ungerade.

b) Man bestimme alle involutorischen Bewegungen, die von allen Punkten genau den Punkt $\boxed{\frac{b}{b}}$ festlassen.

5. a) In der Gruppe B'' gibt es zwei Elemente, die den Punkt $\boxed{\frac{g}{b}}$ festlassen und $\boxed{\frac{r}{b}}$ auf $\boxed{\frac{r}{g}}$ abbilden.

b) Es gibt keine Gerade x durch $\boxed{\frac{g}{b}}$ mit $\boxed{\frac{r}{b}}\,\sigma_x = \boxed{\frac{r}{g}}$

6. Man wähle 3 Punkte des Modells, die nicht auf einer Geraden liegen, und fälle von jedem Punkt das Lot auf die Verbindungsgerade der beiden anderen Punkte („die Höhen"). Die drei Lote gehen durch einen Punkt.

7. Als Namen für die Geraden des Modells wähle man 12 verschiedene Buchstaben, als Namen für die Punkte 9 Wörter aus diesen 12 Buchstaben, so daß die Inzidenz genau die Relation „ist ein Wort mit" ist. Ein Beispiel zeigt Fig. 2.10.

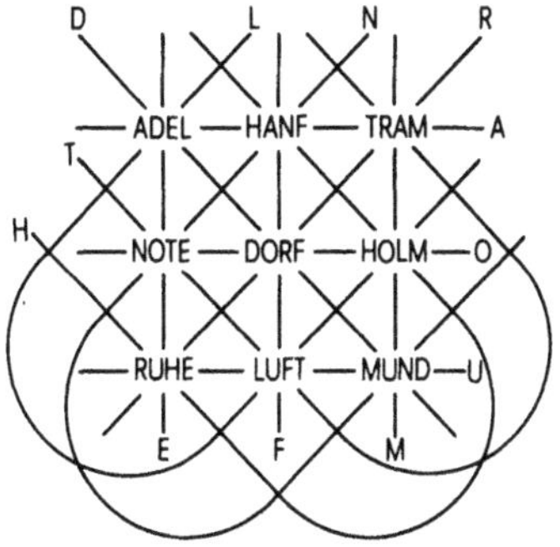

Fig. 2.10

2.3 Parallelität und Orthogonalität

„Parallel" tauchte bereits in dem Namen eines Axioms auf; wir wollen in diesem A
Abschnitt den Begriff „parallel" definieren und erste Folgerungen aus dem euklidischen C
Parallelenaxiom ziehen.

Das Phänomen „parallele Geraden", das man in der Zeichenebene beobachten kann, wird am nächstliegenden beschrieben durch: „Parallele Geraden haben keinen Punkt gemeinsam." (Manchmal hört man auch: „Parallele Geraden schneiden sich im Unendlichen"; aber wenn dies überhaupt einen Sinn hat, so meint es wohl dasselbe.) Diese Aussage können wir in der Sprache unserer Theorie als Definition aussprechen. Jedoch ist noch folgendes zu bedenken. Es entspricht unserer Vorstellung, daß parallel auf der Menge der Geraden eine symmetrische und transitive Relation sein soll, d. h., wenn a parallel zu b ist, dann ist auch b parallel zu a, und wenn a parallel zu b und b parallel zu c ist, dann ist auch a parallel zu c. Zu jeder Geraden a wird es wohl eine Parallele b geben; dann ist a parallel zu b und b parallel zu a, und mit der Transitivität folgt a parallel a. Wenn wir nicht ständig auf diesen Sonderfall achten wollen, so ist es zweckmäßig, die Definition von parallel so zu erweitern, daß jede Gerade zu sich selbst parallel ist:

Zwei Geraden a, b heißen parallel, wenn $a = b$ ist oder wenn a und b keinen gemeinsamen Punkt haben.

Abgesehen von der unschönen Oder-Ausage hat diese Definition noch einen weiteren Nachteil; man sieht nicht sofort, daß die definierte Relation eine Äquivalenzrelation ist. (Unklar ist die Transitivität.) Äquivalenzrelationen sind genau die Gleichheiten in irgendeiner Hinsicht. In welcher Hinsicht sind parallele Geraden gleich? Richtungen, Abstände o. ä. haben wir in unserer Theorie nicht zur Verfügung. Jedoch können wir Lote fällen und feststellen, daß parallele Geraden gleiche Lote haben (lotgleich sind). Dazu folgt in einer euklidischen Ebene die Lotgleichheit von zwei Geraden bereits aus der Existenz eines einzigen gemeinsamen Lotes. Damit haben wir eine „runde" Charakterisierung der Parallelität zweier Geraden und z. B. auch für die Schule eine Anregung, wie man mit Hilfe des Spiegellineals zwei gegebene Geraden auf Parallelität überprüfen, bzw. parallele Geraden (durch doppeltes Loten) konstruieren kann.

B **Definition** Geraden a, b heißen *parallel*, wenn $a = b$ ist, oder wenn es kein C gibt mit C I a, b. Wir schreiben $a \parallel b$ für a parallel b, bzw. $a \nparallel b$ für a nicht parallel b.

Satz 1 (*Äquivalente Beschreibungen von parallel*) Für je zwei Geraden a, b sind die folgenden drei Aussagen paarweise gleichwertig.

(i) a, b sind parallel.

(ii) a, b sind lotgleich, d. h., für alle c gilt $a \perp c$ genau dann wenn $b \perp c$.

(iii) a, b haben ein gemeinsames Lot, d. h., es existiert ein c mit $a, b \perp c$.

Beweis. (i) ⇒ (ii). Sei c eine Gerade mit $a \perp c$. Wäre nun $b \not\perp c$, so wären a, b verschieden und hätten nach dem euklidischen Parallelenaxiom einen gemeinsamen Punkt, was der Voraussetzung $a \parallel b$ widerspricht.

(ii) ⇒ (iii). Dies ist einfach, man braucht nur vom Punkt Z aus dem Axiom von der Mindestexistenz ein Lot c auf a zu fällen (nach dem Axiom vom gefällten Lot).

(iii) ⇒ (i). Wir zeigen die logisch äquivalente Aussage: Aus $a, b \perp c$ und C I a, b folgt $a = b$. Dies ist aber genau die Eindeutigkeitsaussage des Axioms vom gefällten Lot.

Aus Satz 1(ii) erkennt man sofort, daß $\parallel$ eine Äquivalenzrelation auf der Menge der Geraden ist.

Definition Die Äquivalenzklassen bezüglich $\parallel$ heißen *Parallelbüschel*.

Wegen des Zusammenhanges zwischen Parallelität und Orthogonalität kann man die Parallelbüschel auch als „Lotbüschel" ansehen:

Definition Die Menge der zu einer Geraden a senkrechten Geraden nennen wir *Lotbüschel* von a.

Aus Satz 1 folgt für Geraden a, b mit $a \perp b$: Das Parallelbüschel von a ist gleich dem Lotbüschel von b. (Beweis als Aufgabe.)

Bewegungen erhalten die Orthogonalität (Aus $a \perp b$ folgt $a\gamma \perp b\gamma$ für jede Bewegung γ). Nach Satz 1(iii) gilt damit auch

Satz 2 (*Bewegungen erhalten die Parallelität*) Aus $a \parallel b$ folgt $a\gamma \parallel b\gamma$ für jede Bewegung γ.

Denn aus $a, b \perp c$ folgt $a\gamma, b\gamma \perp c\gamma$ und damit $a\gamma \parallel b\gamma$.

Eine „Grundkonstruktion" im Geometrieunterricht der Schule ist die Konstruktion einer Parallelen zu einer Geraden durch einen Punkt. Wir beweisen, daß es in einer euklidischen Ebene immer genau eine solche Parallele gibt[1]:

Satz 3 (*Parallele zu Gerade durch Punkt*) Für jeden Punkt A und jede Gerade b gibt es genau eine Parallele zu b durch A (Fig. 2.11a). Fig. 2.11b ist nicht möglich.

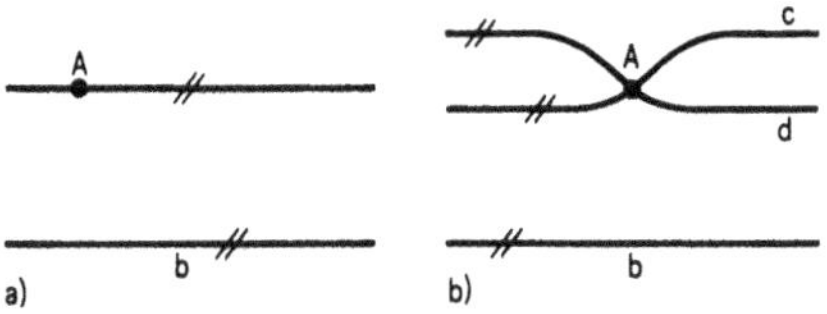

Fig. 2.11

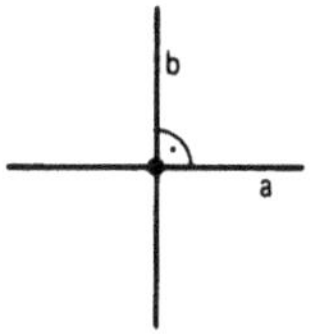

Fig. 2.12

Beweis. Zunächst die Existenz. Nach dem Axiom vom gefällten Lot gibt es eine Gerade a mit A I a und $a \perp b$ (Lot von A auf b). Nach demselben Axiom gibt es dann auch eine Gerade c mit A I c und $a \perp c$ (Lot von A auf a). Dann ist A I c und $b \parallel c$ (denn $a \perp b, c$; Satz 1(iii)).

Zur Eindeutigkeit. Sei A I c, d und $b \parallel c, d$. Da $\parallel$ eine Äquivalenzrelation ist, folgt $c \parallel b$ und $b \parallel d$ und damit $c \parallel d$. Da außerdem A I c, d, sind c, d parallele Geraden mit einem gemeinsamen Punkt, nach Definition von $\parallel$ also gleich.

Zum Abschluß dieses Abschnitts einige „Selbstverständlichkeiten", – unsere Einstellung hierzu ist geklärt (vgl. die Anmerkungen am Anfang von Abschn. 2.2).

Satz 4 (*Orthogonalenschnitt*) Senkrechte Geraden schneiden sich (Fig. 2.12).

Beweis. Sei $a \perp b$. Da nach dem Orthogonalitätsaxiom $b \not\perp b$ ist, gibt es nach dem Sonderfall b = c des euklidischen Parallelenaxioms einen Schnittpunkt von a und b.

Korollar zu Satz 4 Senkrechte Geraden sind nicht parallel, parallele Geraden nicht senkrecht.

---

[1]) Diese Aussage hat auch eine historische Bedeutung, da Fragen zu den Grundlagen der Geometrie mit ihr verbunden waren („Unabhängigkeit des Parallelenaxioms"). Beantwortet werden diese Fragen durch das heutige Verständnis von einer Geometrie (vgl. Abschn. 1.1).

Satz 5 (M i n d e s t e x i s t e n z e n)[1]

(i) Jedes Parallelbüschel enthält mindestens zwei verschiedene Geraden (Fig. 2.13a).

(ii) Es gibt mindestens zwei verschiedene Parallelbüschel (Fig. 2.13b).

(iii) Durch jeden Punkt gehen mindestens zwei verschiedene Geraden (Fig. 2.13c).

(iv) Auf jeder Geraden liegen mindestens zwei verschiedene Punkte (Fig. 2.13d).

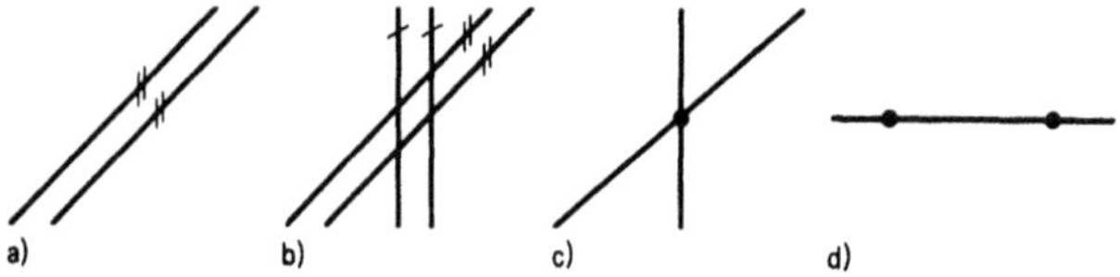

Fig. 2.13

B e w e i s e. Wir betrachten die Figur aus dem Axiom von der Mindestexistenz (Fig. 2.14).

Zu (i): Sei z das Lot von Z auf x (Axiom vom gefällten Lot) und X der Schnittpunkt von z und x (Satz 4, Orthogonalenschnitt). Sei nun ein beliebiges Parallelbüschel gegeben und a eine Gerade dieses Parallelbüschels. Nach Satz 3 (Parallele zu Gerade durch

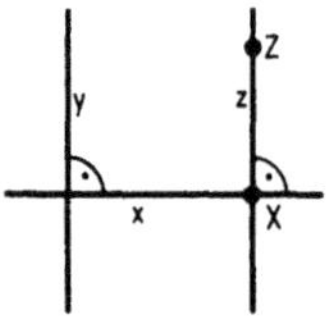

Fig. 2.14

Punkt) gibt es die Parallelen zu a durch X und durch Z. Sind diese Parallelen verschieden, so sind wir fertig. Sind diese Parallelen gleich, so sind sie gleich z, denn Z und X sind verschieden ($X \mathrel{I} x$ und $Z \mathrel{\not{I}} x$) und die Verbindungsgerade ist nach Axiom V eindeutig. Dann gehören aber zu dem Parallelbüschel mindestens die beiden verschiedenen Geraden y und z; sie sind parallel, da x gemeinsames Lot ist (Satz 1(iii)), und sie sind verschieden, da $Z \mathrel{I} z$ und $Z \mathrel{\not{I}} y$.

Zu (ii): Die Parallelbüschel von x und von y sind verschieden. (Korollar zu Satz 4).

Zu (iii): Nach Satz 3 (Parallele zu Gerade durch Punkt) geht jeweils eine Gerade der beiden verschiedenen Parallelbüschel aus (ii) durch den gewählten Punkt.

Zu (iv): Sei c eine beliebige Gerade. Nach (ii) gibt es ein Parallelbüschel, dem c nicht angehört. In diesem Parallelbüschel gibt es nach (i) zwei verschiedene Geraden, die c schneiden, und zwar in verschiedenen Punkten, denn parallele Geraden mit gemeinsamem Punkt sind gleich.

Satz 5 wird in Aufgabe 7 verschärft.

---

[1]) Wie in der Arche Noah.

Aufgaben zu Abschn. 2.3

1. Ist a ⊥ b, so ist das Parallelbüschel von a gleich dem Lotbüschel von b.

2. Die Negation von parallel kann schön und einfach ausgesprochen werden: a ∦ b ist äquivalent zu a *und* b *haben genau einen Schnittpunkt.* Zu Übungszwecken negiere man auch die Aussagen (ii) und (iii) aus Satz 1.

3. (Satz vom Rechtseit) Ist a ⊥ b und b ⊥ c und c ⊥ d, dann ist auch a ⊥ d (Fig. 2.15a).

4. (Satz vom Polardreiseit) In einer euklidischen Ebene gibt es keine drei Geraden, die paarweise senkrecht sind. Fig. 2.15b (wie sie z. B. auf einer Kugel möglich ist) gibt es nicht.

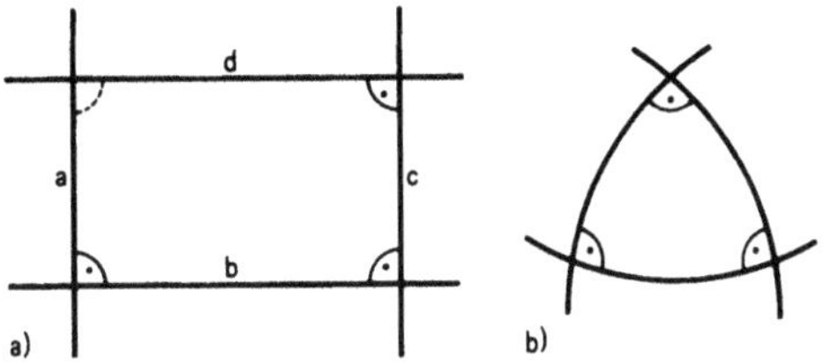

Fig. 2.15

5. a) Man bestimme die Parallelbüschel im 9-Punkte-Modell.

b) Man fertige eine Tabelle an, aus der man für das 9-Punkte-Modell zu jeder Geraden und zu jedem Punkt die Parallele zu der Geraden durch den Punkt ablesen kann.

6. a) Die Geraden durch einen Punkt einer euklidischen Ebene sind ein vollständiges Repräsentantensystem der Parallelbüschel.

b) Durch je zwei Punkte einer euklidischen Ebene gehen gleichviele Geraden.

7. a) Durch jeden Punkt einer euklidischen Ebene gehen wenigstens 4 verschiedene Geraden. (Hinweis: Aufgabe 6b, Axiom von der Mindestexistenz und die Relation ⊥ auf den Geraden durch einen Punkt.)

b) Auf jeder Geraden liegen mindestens 3 verschiedene Punkte.

c) Jedes Parallelbüschel enthält mindestens 3 verschiedene Geraden.

8. Das 9-Punkte-Modell ist das „kleinste" Modell einer euklidischen Ebene.

9. a) „Parallel oder senkrecht" ist eine Äquivalenzrelation auf der Geradenmenge einer euklidischen Ebene.

b) Für das 9-Punkte-Modell gebe man die Äquivalenzklassen an und betrachte noch einmal die Definition der Bewegungen des 9-Punkte-Modells.

10. a) Jedes $(\kappa^{\cdot}, \kappa') \in \mathsf{B}'$ (Abschn. 2.2) ist I-treu und daher ||-treu.

b) In der Definition der Bewegungsgruppe B des 9-Punkte-Modells in Abschn. 2.2 ist die Orthogonalitätstreue von γ' entbehrlich.

2.4 Fixelemente

Daß Punkte oder Geraden bei einer Bewegung auf sich abgebildet werden (oder anders gesagt: fest bleiben, fix sein) können, hat etwas unmittelbar Anschauliches.

Aus der Tatsache, daß gewisse Punkte bzw. Geraden bei einer Bewegung fest bleiben, kann man häufig schließen, daß noch weitere Punkte bzw. Geraden fest bleiben müssen, u. U. sogar, daß alles fest bleiben muß, d. h., daß die Bewegung die Identität ist.

Abgesehen vom logischen Aspekt solcher Schlüsse vertiefen diese auch das Verständnis von den elementaren geometrischen Konstruktionen Verbinden, Schneiden, Lot fällen, Parallelen zeichnen u. ä.

Wie wir noch sehen werden, kann man außerdem die einzelnen Bewegungstypen daran erkennen, wieviele Punkte und Geraden sie fest lassen.

Trotz aller dieser Vorteile werden im Schulunterricht Fixpunkte und Fixgeraden einer Bewegung häufig zu wenig beachtet. Das liegt, wie schon früher erwähnt, vielleicht daran, daß oft nur spezielle Bewegungen in ihrer Wirkung auf spezielle Figuren betrachtet werden (Drehen von Dreiecken o. ä.). Es fehlt der Oberbegriff der Bewegung (gewonnen z. B. aus dem Hantieren mit dem Pergamentpapier) als Abbildung der ganzen Ebene auf sich.

B **Definition** Ein *Fixpunkt* einer Bewegung γ ist ein Punkt F mit $F\gamma = F$. Eine *Fixgerade* einer Bewegung γ ist eine Gerade f mit $f\gamma = f$. Die Fixpunkte und Fixgeraden einer Bewegung γ heißen *Fixelemente* von γ.

Satz 1 (*Fixelementsatz*) Für jede Bewegung γ gilt:

(i) Die *Verbindungsgerade* zweier *verschiedener Fixpunkte* ist eine Fixgerade.

(i′) Jede Gerade, auf der nur Fixpunkte liegen, ist Fixgerade.

(ii) Das von einem *Fixpunkt auf* eine *Fixgerade gefällte Lot* ist eine Fixgerade.

(ii′) Alle Lote einer Geraden, deren sämtliche Punkte Fixpunkte sind, sind Fixgeraden.

(iii) Ein *Schnittpunkt* zweier *verschiedener Fixgeraden* ist ein Fixpunkt.

(iii′) Jeder Punkt, durch den nur Fixgeraden gehen, ist Fixpunkt.

(iv) Der *Fußpunkt* des von einem *Fixpunkt auf* eine *Fixgerade gefällten Lotes* ist ein Fixpunkt.

(v) Die *Parallele zu* einer *Fixgeraden durch* einen *Fixpunkt* ist eine Fixgerade.

Zum *Beweis*. Die Schlüsse sind einfach; wir führen den Beweis von (i) aus und geben zu den weiteren Aussagen nur noch Hinweise.

Zu (i): Seien A, B verschiedene Fixpunkte von γ. Nach dem Axiom von der Verbindungsgerade gibt es genau eine Gerade c mit A, B I c. Aus der Inzidenztreue von γ folgt

$A\gamma, B\gamma \; \mathrm{I} \; c\gamma$; wegen $A\gamma = A$ und $B\gamma = B$ folgt $A, B \; \mathrm{I} \; c, c\gamma$, mit $A \neq B$ und der Eindeutigkeit der Verbindungsgeraden also $c = c\gamma$.

Zu (i′): Abschn. 2.3, Satz 5(iv) (Mindestexistenzen), und (i).

Zu (ii): Axiom vom gefällten Lot, Inzidenz- und Orthogonalitätstreue von γ.

Zu (ii′): Abschn. 2.3, Satz 4 (Orthogonalenschnitt), (i′), (ii).

Zu (iii): Inzidenztreue von γ und Eindeutigkeit der Verbindungsgeraden.

Zu (iii′): Abschn. 2.3, Satz 5(iii) (Mindestexistenzen) und (iii).

Zu (iv): (ii), Abschn. 2.3, Satz 4 (Orthogonalenschnitt), Irreflexivität von $\perp$ und (iii).

Zu (v): Bewegungen erhalten die Parallelität (Abschn. 2.3, Satz 2) und die Inzidenz; Eindeutigkeitsaussage von Satz 3 aus Abschn. 2.3 (Parallele zu Gerade durch Punkt).

Satz 2 (*Schluß auf ι*) Eine Bewegung γ ist bereits dann gleich der identischen Abbildung ι, wenn sie eine der folgenden Bedingungen erfüllt:

(1) Alle Punkte sind Fixpunkte von γ.

(2) Alle Punkte einer Geraden a sind Fixpunkte, und eine Gerade b mit $a \nparallel b$ und $a \not\perp b$ ist Fixgerade von γ.

(3) Alle *Punkte einer Geraden a und* ein *Punkt* A mit $A \not\mathrm{I} \; a$ sind Fixpunkte von γ.

(3′) Alle Punkte von zwei verschiedenen Geraden sind Fixpunkte.

(4) Alle *Punkte einer Geraden* a sind Fixpunkte, *und* eine *Gerade* b mit $a \neq b$ und $a \not\perp b$ ist Fixgerade von γ.

(5) Alle *Geraden durch* einen *Punkt* C *und* wenigstens eine *Gerade* c mit $C \not\mathrm{I} \; c$ sind Fixgeraden von γ.

(6) Alle *Geraden durch* einen *Punkt* C sind Fixgeraden, *und* ein *Punkt* $A \neq C$ ist Fixpunkt von γ.

Beweis. Zu (1): Zu zeigen ist nur noch, daß auch alle Geraden Fixgeraden sind; dies folgt unmittelbar aus Satz 1(i′).

Zu (2): (S. Fig. 2.16). Alle Lote von a sind nach Satz 1(ii′) Fixgeraden von γ. Ist B ein Punkt auf b, so ist also das Lot von B auf a eine Fixgerade, und wegen $b \not\perp a$ ist diese Fixgerade verschieden von b. Nach Satz 1(iii) ist B als Schnittpunkt verschiedener Fixgeraden ein Fixpunkt. Also sind alle Punkte von b Fixpunkte und damit auch wieder alle Lote von b (Satz 1(ii′)).

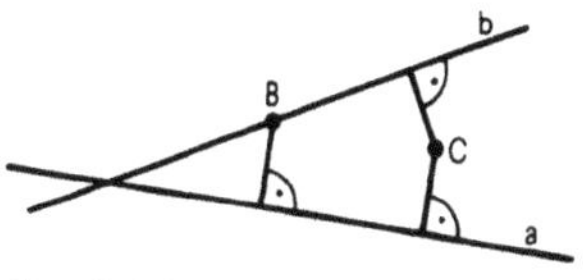

Fig. 2.16

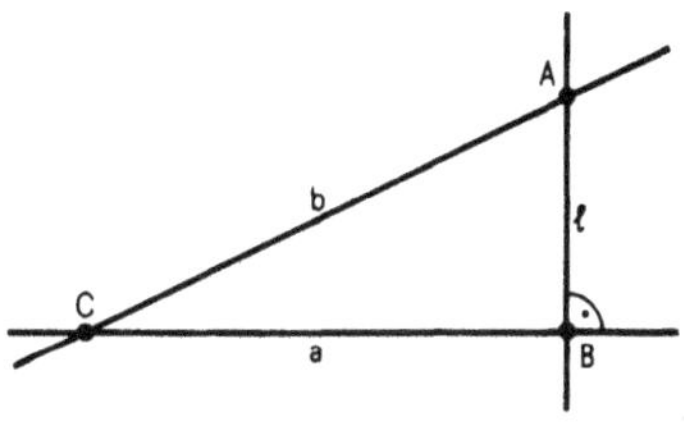

Fig. 2.17

Sei nun C ein beliebiger Punkt. Dann sind die Lote von C auf a und auf b verschieden (denn sonst wäre nach Abschn. 2.3, Satz 1(iii) $a \parallel b$) und sind Fixgeraden. Also ist C als Schnittpunkt von verschiedenen Fixgeraden ein Fixpunkt. Damit ist (1) erfüllt.

Zu (3): Sei B der Fußpunkt des Lotes ℓ von A auf a (Axiom vom gefällten Lot, Orthogonalenschnitt) und $C \neq B$ ein Punkt auf a (Abschn. 2.3, Satz 5(iv) Mindestexistenzen). Sei b Verbindungsgerade von A, C (Fig. 2.17). Dann ist $a \nparallel b$, denn a, b sind verschiedene Geraden ($A \not{I}\, a$; A I b) mit Schnittpunkt C. Weiter ist $a \not\perp b$, denn sonst wäre auch b ein Lot von A auf a, also $b = \ell$ (Eindeutigkeit des gefällten Lotes). Damit bestünden die 4 Inzidenzen B, C I a, ℓ. Mit $B \neq C$ folgte $a = \ell$ (Eindeutigkeit der Verbindungsgeraden) im Widerspruch zu $a \perp \ell$ ($\perp$ irreflexiv). b ist als Verbindungsgerade der verschiedenen Fixpunkte C, A ($A \not{I}\, a$, C I a) eine Fixgerade. Damit hat man (2).

Zu (3'): Zwei verschiedene Geraden haben höchstens einen Punkt gemeinsam (Eindeutigkeit der Verbindungsgeraden). Auf jeder Geraden liegen mindestens zwei verschiedene Punkte. Also kann man mit (3) auf ι schließen.

Zu (4): Wegen (2) ist nur noch der Fall $a \parallel b$ zu betrachten. Sei B I a. Nach Satz 1(iv) ist der Fußpunkt A des Lotes von B auf b ein Fixpunkt, der wegen $b \neq a$ nicht auf a liegt (Fig. 2.18). Mit (3) folgt die Behauptung.

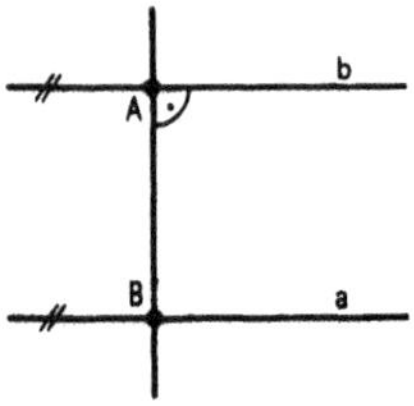

Fig. 2.18

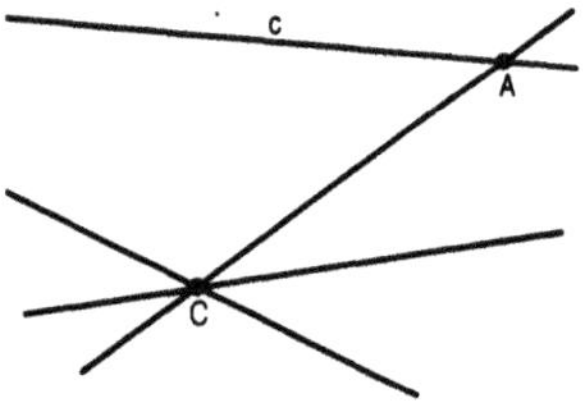

Fig. 2.19

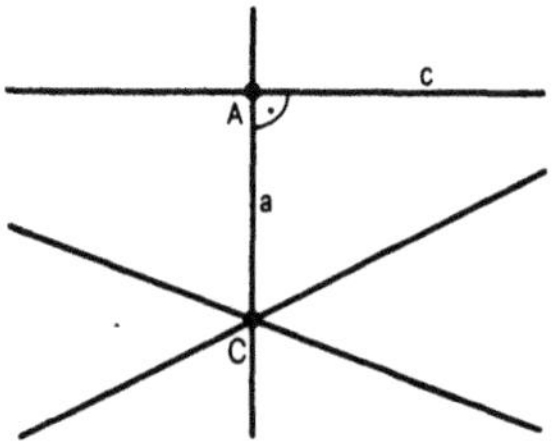

Fig. 2.20

Zu (5): (S. Fig. 2.19). Jeder Punkt A von c ist Fixpunkt; denn er ist Schnittpunkt der Fixgeraden c mit der Verbindungsgeraden von A und C, die nach Voraussetzung ebenfalls Fixgerade und wegen $C \not{I}\, c$ von c verschieden ist (Satz 1(iii)). Auch C ist Fixpunkt (Satz 1(iii')). Mit (3) folgt die Behauptung.

Zu (6): (S. Fig. 2.20). Die Verbindungsgerade a von A und C ist eine Fixgerade. Das im Fixpunkt A auf a errichtete Lot c ist nach Satz 1(ii) eine Fixgerade. Aus $a \perp c$ folgt $a \neq c$. Deshalb kann c nicht durch C gehen, da sonst A, C zwei verschiedene Verbindungsgeraden hätten. Nach (5) ist $\gamma = \iota$.

Hat jede Bewegung eine Fixgerade oder einen Fixpunkt? – Diese Frage werden wir später beantworten. Was wir schon jetzt beweisen können, ist

Satz 3 (Fixgeraden involutorischer Bewegungen) Sei σ eine involutorische Bewegung. Ist A ein Punkt, der bei σ nicht festbleibt, so ist die Verbindungsgerade von A und $A\sigma$ eine Fixgerade von σ – und zwar die einzige Fixgerade durch A.

Ist F ein Fixpunkt von σ, so gehen durch F mindestens zwei Fixgeraden von σ.

B e w e i s. (1) Durch jeden Punkt A, der nicht Fixpunkt von σ ist, geht eine Fixgerade – nämlich die Verbindungsgerade a von A und $A\sigma$. Denn sei $A \neq A\sigma$ und A, $A\sigma$ I a. Aus der Inzidenztreue von σ folgt $A\sigma$, $A\sigma\sigma$ I $a\sigma$. Da σ involutorisch ist, ist $A\sigma\sigma = A$. Also inzidieren die verschiedenen Punkte A und $A\sigma$ mit a und $a\sigma$. Mit der Eindeutigkeit der Verbindungsgeraden folgt $a = a\sigma$. Ginge durch A eine zweite Fixgerade, so wäre A nach Satz 1(iii) ein Fixpunkt.

(2) Weil nach Satz 2(1) $\sigma \neq \iota$ nicht alle Punkte festläßt, hat σ eine Fixgerade f nach (1).

(3) Durch jeden Fixpunkt F von σ gehen mindestens zwei Fixgeraden – nämlich das Lot von F auf f aus (2) und die Parallele zu f durch F (Satz 1(ii) und (v)).

Korollar Zu jeder involutorischen Bewegung gibt es durch jeden Punkt eine Fixgerade.

Seien α, γ Bewegungen. Da die Bewegungen eine Gruppe bilden, ist $\gamma^{-1}\alpha\gamma$ wieder eine Bewegung. Sie sieht kompliziert aus, steht aber in einem anschaulichen Zusammenhang zu den Bewegungen α, γ. Betrachten wir die Paare Punkt – Bildpunkt bezüglich der Bewegung α. Wir wollen sie für den Moment kurz α-Paare nennen; z. B. sei $(A, A\alpha)$ ein solches Paar. Auf die α-Paare wenden wir (komponentenweise) die Bewegung γ an; z. B. erhalten wir $(A\gamma, A\alpha\gamma)$. Sind diese neuen Paare wieder Paare Punkt-Bildpunkt bezüglich einer geeigneten Bewegung? Es sind $\gamma^{-1}\alpha\gamma$-Paare! Durchläuft man das Diagramm in Fig. 2.21 von $A\gamma$ aus links herum – γ rückwärts, dann α, dann γ –, erhält man $(A\gamma)\gamma^{-1}\alpha\gamma = A\gamma\gamma^{-1}\alpha\gamma = A\alpha\gamma$. Daß die γ-Bilder der α-Paare bereits alle $\gamma^{-1}\alpha\gamma$-Paare sind, soll in Aufgabe 5 überlegt werden.

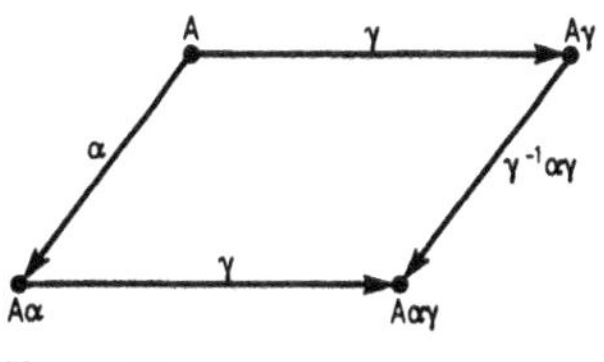

Fig. 2.21

Entsprechendes gilt für die Paare Gerade – Bildgerade. Kurz:

Die γ-Bilder der α-Paare sind die $\gamma^{-1}\alpha\gamma$-Paare.

Dieser Zusammenhang wird noch öfter wiederkehren.

Ist nun A ein Fixpunkt von α, also $A\alpha = A$, dann ist $A\gamma\gamma^{-1}\alpha\gamma = A\gamma$, also $A\gamma$ Fixpunkt von $\gamma^{-1}\alpha\gamma$ (siehe auch das Diagramm!). Wir konzentrieren diese Überlegungen im folgenden

Satz 4 (L e m m a v o n d e n „b e w e g t e n F i x e l e m e n t e n") Die Fixelemente einer Bewegung α werden von einer weiteren Bewegung γ genau auf die Fixelemente der Bewegung $\gamma^{-1}\alpha\gamma$ abgebildet.

B e w e i s. Für alle Punkte A und alle Geraden a gilt:

$$A\alpha = A \iff A\alpha\gamma = A\gamma \iff (A\gamma)\,\gamma^{-1}\alpha\gamma = A\gamma$$

und $$a\alpha = a \iff a\alpha\gamma = a\gamma \iff (a\gamma)\,\gamma^{-1}\alpha\gamma = a\gamma.$$

Aufgaben zu Abschn. 2.4

1. Ist jede Parallele zu einer Fixgeraden wieder eine Fixgerade?

2. Eine Bewegung, die alle Geraden von zwei verschiedenen Parallelbüscheln festläßt, ist $= \iota$.

3. Gibt es zu jeder involutorischen Bewegung auf jeder Geraden einen Fixpunkt? (vgl. Korollar zu Satz 3).

4. a) Im 9-Punkte-Modell wähle man zwei verschiedene Punkte und bestimme alle Bewegungen, die diese Punkte als Fixpunkte haben.
b) Für das 9-Punkte-Modell beweise man: Eine Bewegung, die drei nicht auf einer Geraden liegende Fixpunkte hat, ist die Identität.
(Später werden wir sehen, daß die Ergebnisse der Aufgabe 4 in jeder euklidischen Ebene gelten.)

5. a) Man zeige: Die γ-Bilder der α-Paare sind g e n a u die $\gamma^{-1}\alpha\gamma$-Paare.
b) α ist genau dann involutorisch, wenn $\gamma^{-1}\alpha\gamma$ involutorisch ist.

6. Im 9-Punkte-Modell bestimme man für $\alpha = \sigma_{or}$ und $\gamma = \sigma_{ob}$ die Bewegung $\gamma^{-1}\alpha\gamma$.

7. Ein Beispiel zu Satz 4 aus der Algebra. Gesucht seien die reellen Lösungen der Gleichung

$$9x^2 - 6x - 8 = 0.$$

Gibt man der Gleichung die Gestalt $9x^2 - 5x - 8 = x$, so erkennt man, daß ihre Lösungen die Fixpunkte der Funktion α: $\mathbf{R} \to \mathbf{R}$, $x \mapsto 9x^2 - 5x - 8$ sind. Einfacher zu finden sind die Fixpunkte von $\gamma^{-1}\alpha\gamma$ mit γ: $\mathbf{R} \mapsto \mathbf{R}$, $x \mapsto 18x - 6$. Denn kurze Rechnung zeigt $x\gamma^{-1}\alpha\gamma = \dfrac{x^2 - 324}{2} + x$. $\gamma^{-1}\alpha\gamma$ hat als Fixpunkte die Lösungen der rein quadratischen Gleichung $x^2 = 324$, also 18 und -18. Ihre γ^{-1}-Bilder $\dfrac{4}{3}$ und $-\dfrac{2}{3}$ sind deshalb die gesuchten Fixpunkte von α. Entsprechend löse man $ax^2 + bx + c = 0$ ($a, b, c \in \mathbf{R}$, $a \neq 0$) mit $x\alpha = ax^2 + (b+1)x + c$ und $x\gamma = 2ax + b$.

2.5 Geradenspiegelungen und Punktspiegelungen

A Wir beginnen nun, Typen von Bewegungen zu betrachten. ι kennen wir.

C Bei der Motivierung des Axiomensystems in Abschn. 1.4 war die Rede von einer Umwendung des Pergamentpapiers, so, daß alle Punkte einer Geraden wieder auf sich zu liegen kommen; beim Nachweis der Axiome für das 9-Punkte-Modell wurden Bewegungen betrachtet (σ_{ob} usw.), bei denen alle Punkte einer Geraden fest bleiben und die übrigen beiden Punkte auf den Loten dieser Geraden vertauscht werden. Beides sind involutorische Bewegungen des entsprechenden Modells, bei denen alle Punkte einer Geraden auf sich abgebildet werden. Solche Bewegungen wollen wir nun Geradenspiegelungen nennen.

Vertauscht man bei der Beschreibung einer Geradenspiegelung die Rollen von Punkt und Gerade, so hat man: Eine involutorische Bewegung, bei der alle Geraden durch einen Punkt auf sich abgebildet werden. Solche Bewegungen wollen wir Punktspiegelungen nennen.

Im B-Teil dieses Abschnitts wird u. a. bewiesen, daß es zu jeder Geraden genau eine Spiegelung an dieser Geraden und zu jedem Punkt genau eine Spiegelung an diesem Punkt gibt und daß die Hintereinanderausführung der Spiegelungen an zwei senkrechten Geraden gleich der Spiegelung an ihrem Schnittpunkt ist.

Vielleicht wird es den einen oder anderen Leser stören, daß die Existenz der Spiegelung an einer Geraden aus einem Sonderfall des Bewegungsaxioms abgeleitet wird, wobei man bei der Motivierung des Bewegungsaxioms die Existenz von Geradenspiegelungen eigentlich schon vorausgesetzt hat. Wer in diesem Punkt Natürlichkeit über die Ökonomie des Axiomensystems setzt, der kann auch – nach der Definition des Begriffs „Spiegelung an einer Geraden" – die Liste der Axiome erweitern um: Zu jeder Geraden gibt es eine Spiegelung (wahlweise auch: genau eine Spiegelung) an dieser Geraden.

Geradenspiegelungen lassen sich in der Schule mit Hilfe des Pergamentpapiers (mit Hilfe von Folien auf dem Tageslicht-Projektor) und mit Hilfe des Spiegellineals einführen, wobei die Bezeichnung „Spiegelung" auf keinen Widerstand stößt. Ist das Phänomen Geradenspiegelung verstanden, so kann man auf Grund der entdeckten Eigenschaften mit Zirkel und Geo-Dreieck die Bildpunkte zu vorgegebenen Punkten konstruieren. Weiter kann man geradensymmetrische (oder: achsensymmetrische) Figuren betrachten. Dabei heißt eine Figur geradensymmetrisch, wenn es eine Gerade gibt, so daß die Spiegelung an dieser Geraden die Figur auf sich abbildet. („Klecksbilder" sind geradensymmetrisch. Aber das Herstellen eines Klecksbildes selbst ist keine Veranschaulichung etwa der Spiegelung an der Faltgeraden, da es zum Beispiel nicht einmal involutorisch ist.)

Schwieriger ist die Einführung der Punktspiegelungen. Mit Hilfe des Pergamentpapiers läßt sich die Spiegelung an einem Punkt A realisieren, indem man das Pergamentpapier im Punkt A mit einer Stecknadel auf die Zeichenebene heftet und dann „halb herum" dreht. Deshalb wird diese Bewegung auch oft „Halbdrehung um A" genannt. Diese Bezeichnung ist aber nicht gut:

(1) Es gibt die Bezeichnung Halbdrehung für spezielle Ähnlichkeitsabbildungen, die nichts mit den Punktspiegelungen zu tun haben.

(2) Die Bezeichnung Punkt-Spiegelung zu erfinden oder zu akzeptieren ist eine wünschenswerte und erreichbare Abstraktionsleistung; die charakteristischen Eigenschaften einer Spiegelung werden betont. (Das, woran gespiegelt wird, bleibt fest, alles andere wird in bezug auf dieses fest bleibende vertauscht.) Diese Abstraktion vertieft die Vorstellung von einer Geradenspiegelung und trifft genau den Kern der neu hinzugekommenen Abbildung.

(3) Es ist von systematischem Interesse, Geraden und Geradenspiegelungen, Punkte und Punktspiegelungen gemeinsam zu sehen; z. B. werden wir in Abschn. 2.6 hierzu einiges bemerken.

Nach der Einführung der Punktspiegelungen können wieder Konstruktionsmöglichkeiten für die Bildpunkte gegebener Punkte mit Zirkel und Lineal erarbeitet, punktsymmetrische Figuren betrachtet werden usw.

Die Hintereinanderausführung von Spiegelungen an senkrechten Geraden ist ersetzbar durch die Spiegelung am Schnittpunkt. Jede Punktspiegelung ist ersetzbar durch die Hintereinanderausführung von zwei Geradenspiegelungen, wobei man zwei beliebige senkrechte Geraden durch den Punkt wählen kann. Offenbar ist es dann auch egal, in welcher Reihenfolge man zwei Spiegelungen an senkrechten Geraden nacheinander ausführt. Ist eine Figur zweifach geradensymmetrisch in bezug auf zwei zueinander senkrechte Geraden, dann ist sie auch punktsymmetrisch in bezug auf den Schnittpunkt (z. B. ein Rechteck). Es gibt jedoch punktsymmetrische Figuren, die keine Geradensymmetrie besitzen (z. B. ein Parallelogramm, das kein Rechteck ist). – Durch Hantieren, Konstruieren und Argumentieren können Schüler sich diese elementaren und wichtigen Tatsachen erschließen.

(Im Gegensatz zu den meisten anderen Abschnitten sind von dem nachfolgenden B-Teil für den Unterricht nur die Ergebnisse wichtig; aus den Beweisen, die noch sehr in den Grundlagen wurzeln, wird man nur wenige Anregungen für eine unterrichtliche Bearbeitung bekommen.)

B **Definition** Eine Spiegelung an einer Geraden a ist eine involutorische Bewegung, die alle mit a inzidierenden Punkte festläßt.

Eine Spiegelung an einem Punkt C ist eine involutorische Bewegung, die alle mit C inzidierenden Geraden festläßt.

Satz 1 (Fixelemente einer Geradenspiegelung) Ist σ eine Spiegelung an einer Geraden a, so sind die Fixpunkte von σ die Punkte auf a, und die Fixgeraden von σ sind a und die Lote auf a.

Beweis. Die Punkte auf a sind Fixpunkte nach Voraussetzung. Die Teilaussagen (i′), (ii′) des Fixelementsatzes (Abschn. 2.4, Satz 1) zeigen, daß a und die Lote auf a Fixgeraden von σ sind. Es kann keine weiteren Fixelemente geben, denn sonst wäre der Schluß auf ι möglich (Abschn. 2.4, Satz 2(3) und (4)), und eine involutorische Bewegung ist $\neq \iota$.

Satz 2 (Fixelemente einer Punktspiegelung) Ist σ eine Spiegelung an einem Punkt C, so ist C der einzige Fixpunkt von σ, und die Fixgeraden von σ sind die Geraden durch C.

Beweis. Die Geraden durch C sind Fixgeraden nach Definition. C ist Fixpunkt nach Teil (iii′) des Fixelementsatzes (Abschn. 2.4, Satz 1). Mehr Fixelemente kann es nicht geben, sonst wäre $\sigma = \iota$ (Abschn. 2.4, Satz 2(5) und (6)).

Aus diesen Sätzen 1 und 2 folgt

Satz 3 Keine Bewegung ist zugleich Punktspiegelung und Geradenspiegelung. (Denn die Fixpunktanzahlen sind verschieden.)

Punktspiegelungen haben also genau einen Fixpunkt. Im nächsten Satz werden wir zeigen, daß dies bereits unter den involutorischen Bewegungen die Punktspiegelungen charakterisiert.

Punktspiegelungen haben eine weitere interessante Eigenschaft: Sie bilden jede Gerade a auf eine zu a parallele Gerade ab. (Dies darf man nicht verwechseln mit der in Abschn. 2.3, Satz 2 gezeigten Eigenschaft aller Bewegungen, parallele Geraden auf parallele Geraden abzubilden!) Unter den involutorischen Bewegungen mit Fixpunkt charakterisiert auch diese Eigenschaft die Punktspiegelungen:

Satz 4 (Kennzeichnung der Punktspiegelungen) Für jeden Punkt C und jede involutorische Bewegung σ sind die folgenden Aussagen untereinander äquivalent:

(i) Alle Geraden durch C sind Fixgeraden von σ (d. h., σ ist Spiegelung an C).

(ii) C ist einziger Fixpunkt von σ.

(iii) C ist Fixpunkt von σ, und für alle Geraden a ist $a \parallel a\sigma$.

Beweis. Wir zeigen (i) $\Rightarrow$ (ii) $\Rightarrow$ (iii) $\Rightarrow$ (i).

(i) $\Rightarrow$ (ii) folgt aus dem Satz über die Fixelemente einer Punktspiegelung.

Zu (ii) $\Rightarrow$ (iii). Sei a eine Gerade. Wähle b mit $b \parallel a$ und C $\not\mathrm{I}$ b (Eine solche Gerade b gibt es nach dem Satz über Mindestexistenzen Abschn. 2.3, Satz 5(i)). Wäre $b \nparallel b\sigma$, dann gäbe es einen Punkt A mit A I b, $b\sigma$. Es folgte $A\sigma$ I $b\sigma$, $b\sigma\sigma = b$, also A, $A\sigma$ I b, $b\sigma$ und daraus $A = A\sigma$. Wegen A I b und C $\not\mathrm{I}$ b wäre A ein von C verschiedener Fixpunkt. Also ist $b \parallel b\sigma$. Da Bewegungen die Parallelität erhalten, gilt insgesamt $a \parallel b \parallel b\sigma \parallel a\sigma$.

Zu (iii) $\Rightarrow$ (i): Sei C I c. Dann ist nach Voraussetzung $C\sigma = C$ I c, $c\sigma$ und $c \parallel c\sigma$. Parallele Geraden mit gemeinsamem Punkt sind gleich. Also ist $c\sigma = c$. (Für einen direkten Beweis von (i) $\Rightarrow$ (iii), der auch im Unterricht nachvollzogen werden kann, vgl. Aufgabe 6.)

Satz 5 (Von den Spiegelungen am Kreuz; Vorformulierung) Sei $a \perp b$ und C I a, b (s. Fig. 2.22). Ist ρ eine Spiegelung an a und σ eine Spiegelung an b, so ist $\rho\sigma$ eine Spiegelung an C.

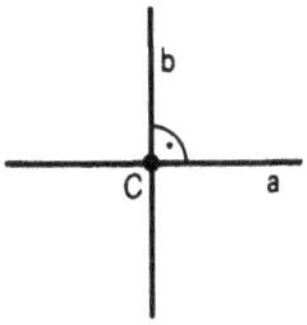

Fig. 2.22

Beweis. Wir zeigen nacheinander

$$(1)\ \rho\sigma \neq \iota; \qquad (2)\ (\rho\sigma)^2 = \iota; \qquad (3)\ \text{C ist der einzige Fixpunkt von } \rho\sigma.$$

Dann folgt die Behauptung mit Satz 4.

Zu (1): Aus $a \perp b$ folgt $a \neq b$. Wäre $\rho\sigma = \iota$, also $\rho = \sigma$, so wären bei ρ ($= \sigma$) alle Punkte von a und von b Fixpunkte, also $\rho = \iota$ (Abschn. 2.4, Satz 2 Schluß auf ι (3')). ρ ist jedoch involutorisch.

Zu (2): Wir zeigen, daß alle Punkte von a und alle Punkte von b bei $\rho\sigma\rho\sigma$ festbleiben; wegen $a \neq b$ kann dann $\rho\sigma\rho\sigma = \iota$ geschlossen werden (Abschn. 2.4, Satz 2 Schluß auf ι (3')).

Sei A I a (s. Fig. 2.23). Wegen $a \perp b$ ist a Fixgerade von σ (Satz 1 Fixelemente einer Geradenspiegelung). Also ist $A\sigma$ I $a\sigma = a$. Damit sind A und $A\sigma$ als Punkte von a Fixpunkte von ρ, d.h., es ist $A\rho = A$ und $A\sigma\rho = A\sigma$. Jetzt brauchen wir nur noch zu „rechnen“:

$$A\rho\sigma\rho\sigma = A\rho \cdot \sigma\rho\sigma = A\sigma\rho\sigma = A\sigma\rho \cdot \sigma = A\sigma\sigma = A.$$

Ganz entsprechend ist für B I b auch $B\sigma = B$ und $B\rho\sigma = B\rho$ und damit

$$B\rho\sigma\rho\sigma = B\rho\sigma \cdot \rho\sigma = B\rho\rho\sigma = B\sigma = B.$$

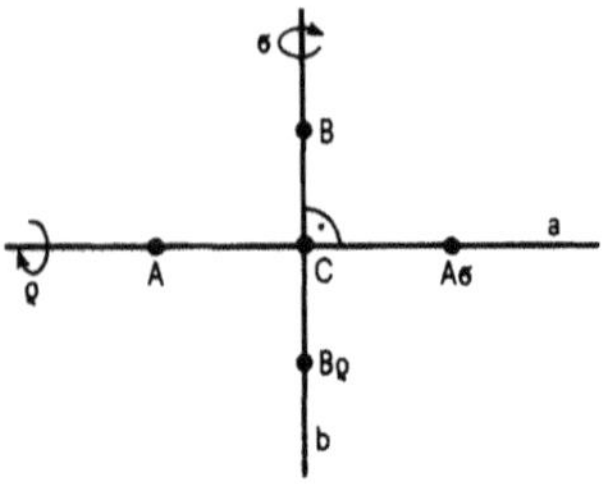

Fig. 2.23

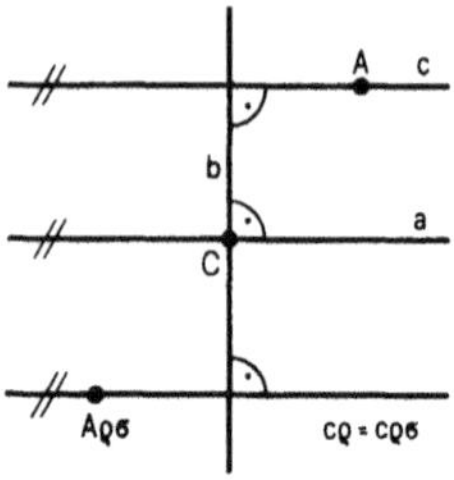

Fig. 2.24

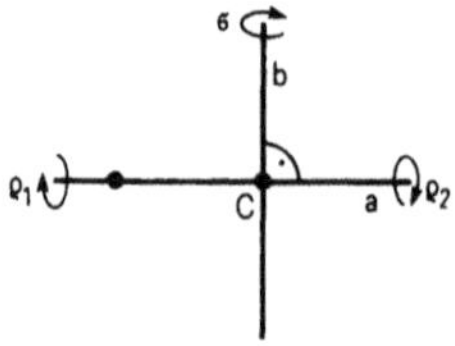

Fig. 2.25

Zu (3): Ein Punkt A $\not\mathrm{I}$ a kann nicht Fixpunkt von $\rho\sigma$ sein. Sei nämlich c das Lot von A auf b (Fig. 2.24). Dann ist $c \parallel a$, also $c \not\perp a$, und $c \neq a$ (A I c; A $\not\mathrm{I}$ a). Daher ist c keine Fixgerade von ρ, d. h. $c \neq c\rho$. Wegen $c \perp b$ ist $c\rho \perp b\rho = b$, also $c \parallel c\rho$ und $c\rho\sigma = c\rho$. Die verschiedenen Parallelen c, $c\rho\sigma$ „trennen“ nun A von $A\rho\sigma$, denn es ist A I c und $A\rho\sigma$ I $c\rho\sigma$. Ebenso kann kein Punkt außerhalb b Fixpunkt von $\rho\sigma$ ($= \sigma\rho$) sein. Damit ist der Schnittpunkt C von a und b als einziger Fixpunkt von $\rho\sigma$ übriggeblieben.

Satz 6 An jeder Geraden a gibt es genau eine Spiegelung.

B e w e i s. I (Existenz): A, C seien verschiedene Punkte auf a. Das Dreieck (A, A, C) ist gleichschenklig mit Spitze C – es gibt die Bewegung ι, die A auf A abbildet und C festläßt. Aus dem Bewegungsaxiom, das hier zum ersten Mal benötigt wird, folgt die Existenz einer Spiegelung σ an einer Geraden m durch C mit $A\sigma = A$. Der Fixpunkt A der Spiegelung σ an m liegt auf m. Daher gilt A, C I a, m, mit $A \neq C$ und der Eindeutigkeit der Verbindungsgeraden also $a = m$, und σ ist eine Spiegelung an a.

II (Eindeutigkeit): ρ_1, ρ_2 seien Spiegelungen an a. Sei C I a, sei b Lot auf a in C (s. Fig. 2.25), und sei σ eine Spiegelung an b (Existenz von σ ist schon bewiesen). Dann sind $\rho_1\sigma$ und $\sigma\rho_2$ nach Satz 5 (von den Spiegelungen am Kreuz) Spiegelungen an C. Daher sind alle Geraden durch C Fixgeraden von $\rho_1\sigma$, von $\sigma\rho_2$ und also auch von der Hintereinanderausführung $\rho_1\sigma\sigma\rho_2 = \rho_1\rho_2$. Außerdem sind alle Punkte A von a bei ρ_1 und bei ρ_2 fest, also auch bei $\rho_1\rho_2$. Bei so vielen Fixelementen kann man auf $\rho_1\rho_2 = \iota$ schließen (Abschn. 2.4, Satz 2(6)). Also ist $\rho_1 = \rho_2$.

Definition D i e S p i e g e l u n g a n a werde mit σ_a bezeichnet. Die Menge aller Geradenspiegelungen bezeichnen wir mit Γ. Also

$$\Gamma := \{\sigma_a \mid a \in G\}.$$

Im Bewegungsaxiom wurde die Existenz gewisser Geradenspiegelungen gefordert. Mit den über Geradenspiegelungen gewonnenen Erkenntnissen (und der neuen Bezeichnung) können wir nun den „Hauptfall" des Bewegungsaxioms neu formulieren:

Satz 7 (Symmetrieachse im echten gleichschenkligen Dreieck) Sei (A, B, C) ein gleichschenkliges Dreieck mit Spitze C (d. h., es sei eine Bewegung γ vorhanden mit $C\gamma = C$ und $A\gamma = B$) und mit $A \neq B$. Sei m das Lot von C auf die Verbindungsgerade c von A und B (s. Fig. 2.26). Dann gilt $A\sigma_m = B$.

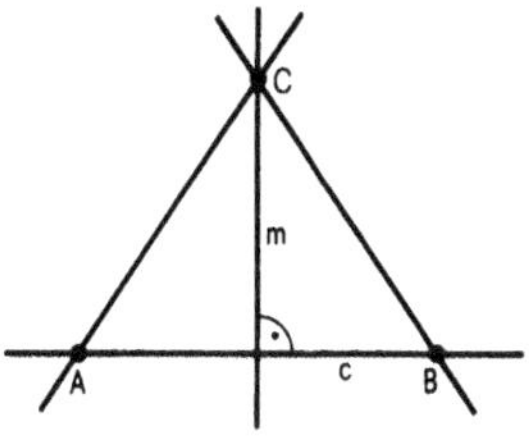

Fig. 2.26

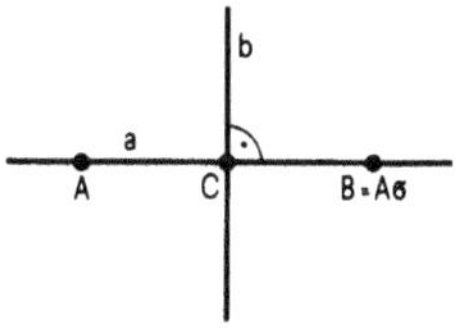

Fig. 2.27

Beweis. Nach dem Bewegungsaxiom gibt es eine Gerade ℓ durch C mit $A\sigma_\ell = B$. Wegen $A \neq B$ ist c nach Abschn. 2.4, Satz 3 (Fixgeraden involutorischer Bewegungen) eine Fixgerade von σ_ℓ. Durch Satz 1 kennen wir die Fixelemente von σ_ℓ. Da $c \neq \ell$ ist ($A\sigma_c = A$ und $A\sigma_\ell = B \neq A$), folgt aus $c\sigma_\ell = c$ also $c \perp \ell$. Damit sind m und ℓ Lote von C auf c. Also ist $m = \ell$ und damit $A\sigma_m = A\sigma_\ell = B$.

Was den Geraden recht ist, ist den Punkten billig:

Satz 8 An jedem Punkt C gibt es genau eine Spiegelung.

Beweis. Sei C ein Punkt und seien a, b orthogonale Geraden durch C. Dann ist $\sigma_a\sigma_b$ nach Satz 5 eine Spiegelung an C.

Zum Beweis der Eindeutigkeit sei σ eine beliebige Spiegelung an C. Wir wollen zeigen, daß $\sigma = \sigma_a\sigma_b$ ist, und betrachten dazu die Fixelemente von $\sigma_a\sigma_b\sigma$. Alle Geraden durch C sind Fixgeraden von $\sigma_a\sigma_b$, von σ, und also auch von $\sigma_a\sigma_b\sigma$. Sei $A \neq C$ ein Punkt von a und $B := A\sigma$ (Fig. 2.27). Dann liegt B auf a ($B = A\sigma$ I $a\sigma = a$) und ist von A verschieden, da C der einzige Fixpunkt von σ ist. Das Dreieck (A, B, C) ist gleichschenklig (durch $\gamma := \sigma$). Mit Satz 7 (Symmetrieachse im echten gleichschenkligen Dreieck) folgt $A\sigma_b = B$. Damit gilt $A\sigma_a\sigma_b\sigma = A\sigma_b\sigma = B\sigma = A$. Nach Abschn. 2.4, Satz 2 (Schluß auf ι (6)) bleibt nur noch $\sigma_a\sigma_b\sigma = \iota$ bzw. $\sigma_a\sigma_b = \sigma$ übrig.

Definition Die Spiegelung an C werde mit σ_C bezeichnet. Die Menge aller Punktspiegelungen bezeichnen wir mit Π. Also

$$\Pi := \{\sigma_C \mid C \in P\}.$$

Satz 5 (von den Spiegelungen am Kreuz, Vorformulierung) lautet mit den neuen Bezeichnungen

Satz 9 (Von den Spiegelungen am Kreuz) Sei $a \perp b$ und C I a, b. Dann ist $\sigma_a\sigma_b = \sigma_C$.

Korollar Sei $a \perp b$ und $C \, I \, a, b$. Dann ist

$$\{\iota, \sigma_a, \sigma_b, \sigma_C\}$$

eine kommutative Untergruppe der Bewegungsgruppe (vgl. Aufgabe 2).

Definition Eine solche Untergruppe wollen wir eine K r e u z g r u p p e nennen.

In Aufgabe 5b von Abschn. 2.4 wurde für beliebige Bewegungen γ, σ nachgerechnet, daß σ genau dann involutorisch ist, wenn $\gamma^{-1}\sigma\gamma$ involutorisch ist. Nach Abschn. 2.4, Satz 4 (Lemma von den bewegten Fixelementen) sind die Fixelemente von $\gamma^{-1}\sigma\gamma$ genau die γ-Bilder der Fixelemente von σ.

Sei nun a eine beliebige Gerade und $\sigma = \sigma_a$. Dann ist $\gamma^{-1}\sigma_a\gamma$ involutorisch. Jeder Punkt von $a\gamma$ ist γ-Bild eines Punktes von a, also γ-Bild eines Fixpunktes von σ_a und damit Fixpunkt von $\gamma^{-1}\sigma_a\gamma$. Nach Definition ist daher $\gamma^{-1}\sigma_a\gamma = \sigma_{a\gamma}$.

Sei C ein beliebiger Punkt und $\sigma = \sigma_C$. Wieder ist $\gamma^{-1}\sigma_C\gamma$ involutorisch. C ist der einzige Fixpunkt von σ_C und daher $C\gamma$ der einzige Fixpunkt von $\gamma^{-1}\sigma_C\gamma$. Nach Satz 4 (Kennzeichnung der Punktspiegelungen) ist daher $\gamma^{-1}\sigma_C\gamma = \sigma_{C\gamma}$. Diese Ergebnisse halten wir fest in

Satz 10 (V o n d e n b e w e g t e n S p i e g e l u n g e n) Für jede Bewegung γ, für jede Gerade a und für jeden Punkt C gilt:

$$\sigma_{a\gamma} = \gamma^{-1}\sigma_a\gamma \quad \text{und} \quad \sigma_{C\gamma} = \gamma^{-1}\sigma_C\gamma.$$

C B e m e r k u n g e n zu einem Problem, das immer wieder – selbst in Schulbüchern – eine Quelle für Verwirrungen ist. In der Zeichenebene sei A ein Punkt, a eine Gerade und $A \not{I} a$ (Fig. 2.28). Für einen Punkt X soll der Bildpunkt bei der Hintereinanderausführung $\sigma_A\sigma_a$ bestimmt werden. Also wird zunächst $Y := X\sigma_A$ konstruiert. Bei σ_A wird a auf eine Gerade a' abgebildet. Jetzt kommt das Problem (?). Soll man Y an der „alten" Geraden a oder an der „neuen" Geraden a' spiegeln? Diese Frage könnte sich stellen, wenn man die Hintereinanderausführung $\sigma_A\sigma_a$ mit Pergamentpapier realisiert.

Man kann nicht fehlgehen, wenn man weiß, daß die Bewegungen Permutationen sind,

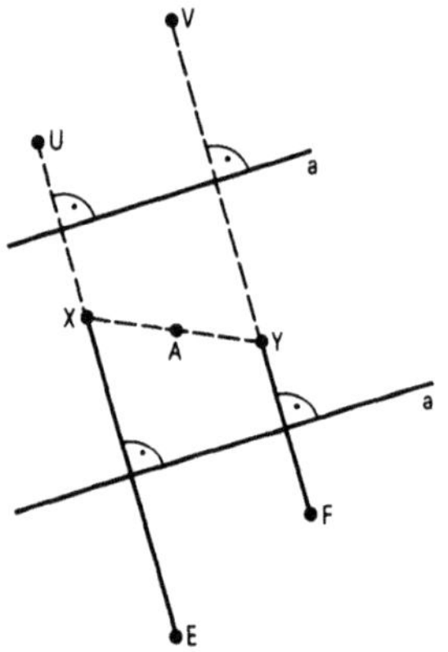

Fig. 2.28

und wenn man sich vorstellt, daß diese Permutationen, wie es im 9-Punkte-Modell möglich ist, in einer „Liste" mit ihren Namen ein für allemal aufgeschrieben sind.
Da steht etwa (s. Fig. 2.28):

$$\dot{\sigma}_a = \begin{pmatrix} \ldots \mathrm{U\,V\,X\,Y} \ldots \\ \ldots \mathrm{X\,Y\,U\,V} \ldots \end{pmatrix}; \qquad \dot{\sigma}_{a'} = \begin{pmatrix} \ldots \mathrm{E\,F\,X\,Y} \ldots \\ \ldots \mathrm{X\,Y\,E\,F} \ldots \end{pmatrix};$$

$$\dot{\sigma}_A = \begin{pmatrix} \ldots \mathrm{A\,U\,V\,X\,Y} \ldots \\ \ldots \mathrm{A\,F\,E\,Y\,X} \ldots \end{pmatrix}.$$

Nun ist nach Definition der Hintereinanderausführung von Abbildungen klar, daß $X\dot{\sigma}_A\dot{\sigma}_a = Y\dot{\sigma}_a = V$ ist.

Wenn man mit dem Pergamentpapier die Bewegungen der Zeichenebene realisiert, *bleibt* also *zuunterst ein Exemplar der Zeichenebene, auf das sich die Namen der Punkte, Geraden und Bewegungen beziehen, liegen* (vgl. Bemerkung 2 über die Bewegungen der Zeichenebene in Abschn. 1.4).

Übrigens, warum ist bei $U\sigma_A$ und bei $Y\sigma_{a'}$ derselbe Buchstabe F eingetragen? Nach Satz 10 ist $Y\sigma_{a'} = X\sigma_A\sigma_{a\sigma_A} = X\sigma_A\sigma_A\sigma_a\sigma_A = X\sigma_a\sigma_A = U\sigma_A$. Entsprechend ist $V\sigma_A = X\sigma_{a'}$.

Aufgaben zu Abschn. 2.5

1. a) Man überprüfe, daß die zu einer Geraden a des 9-Punkte-Modells bereits in Abschn. 2.2 angegebene Bewegung σ_a des Modells tatsächlich die Spiegelung an a – wie in Abschn. 2.5 definiert – ist.

b) Die Gruppe B'' aus Abschn. 2.2 erfüllt das Bewegungsaxiom nicht. (Hinweis: Satz 7, Satz 6 und Abschn. 2.2, Aufgabe 5)

2. (K r e u z g r u p p e) Sei $a \perp b$ und $C \mathrel{I} a, b$. a) Man zeige, daß $\{\iota, \sigma_a, \sigma_b, \sigma_C\}$ eine kommutative Untergruppe der Bewegungsgruppe ist.

b) Man gebe die Gruppentafel und das Untergruppendiagramm dieser Gruppe an.

c) Man bestimme alle Involutionenbüschel der Kreuzgruppe.

3. Man gebe eine Bewegung γ des 9-Punkte-Modells mit $\gamma^2 \neq \iota$ an, dazu ein bezüglich γ gleichschenkliges Dreieck und dessen Symmetrieachse.

4. a) Man definiere die Begriffe gleichseitiges Dreieck und rechtwinkliges Dreieck und zeige: ein Dreieck mit 3 verschiedenen Ecken kann nicht zugleich rechtwinklig und gleichseitig sein.

b) Gibt es im 9-Punkte-Modell gleichseitige Dreiecke mit 3 verschiedenen Ecken?

5. Die Bewegungen γ mit $a\gamma \parallel a$ für alle Geraden a bilden eine Untergruppe der Bewegungsgruppe.

6. Für einen direkten Beweis der Tatsache, daß Punktspiegelungen jede Gerade c auf eine zu c parallele Gerade abbilden, betrachte man das Lot vom Spiegelpunkt auf c (oder die Parallele zu c durch den Spiegelpunkt).

7. a) Man gebe die Punktspiegelung $\sigma_{\boxed{\begin{smallmatrix}b\\ b\end{smallmatrix}}}$ des 9-Punkte-Modells an. (vgl. Aufgabe 4b zu Abschn. 2.2)

b) Man spiegele nacheinander an den Punkten $\boxed{\begin{smallmatrix}b\\ r\end{smallmatrix}}$, $\boxed{\begin{smallmatrix}g\\ b\end{smallmatrix}}$, $\boxed{\begin{smallmatrix}b\\ g\end{smallmatrix}}$, $\boxed{\begin{smallmatrix}r\\ b\end{smallmatrix}}$ des 9-Punkte-Modells. Welche Bewegung ergibt sich?

8. Für alle Punkte A, B des 9-Punkte-Modells gilt $A\sigma_B = B\sigma_A$ und daher $(\sigma_A\sigma_B)^3 = \iota$.

9. Als Übung in der Zeichenebene untersuche man Druckbuchstaben, Ziffern, Flaggen, Verkehrszeichen, Spielkarten o. ä. auf Punkt- und Geradensymmetrien.

2.6 Die |-Relation

A Für das Verstehen dieses Paragraphen ist es vielleicht nützlich, kurz an das zu erinnern, was man in der Mathematik-Didaktik die „Operatorenmethode“ nennt.

Als Erläuterungsbeispiel nehmen wir **N**, +. Der Zahl 3 kann man zuordnen den „Operator“ $\xrightarrow{+3}$, der aus jeder Zahl n die Zahl n + 3 macht, kurz: $\xrightarrow{+3}$ ist die Abbildung $\mathbf{N} \to \mathbf{N}$, $n \mapsto n + 3$. Ordnet man jeder Zahl ihren Operator zu, so erhält man eine bijektive Abbildung von **N** auf die Menge dieser Operatoren. Die Addition in der Menge der natürlichen Zahlen findet man in der Menge der Operatoren in der Hintereinanderausführung wieder; statt **N**, + kann man das „isomorphe Operatormodell“ betrachten.

Tragend wird diese Idee[1)] bei Zahlbereichserweiterungen (z. B. durch den Begriff des Umkehroperators), bei der Veranschaulichung von Brüchen (Strecker, Staucher) etc.

Jedoch hat sich als nachteilig erwiesen, daß die Zahlen (auch Zustände genannt) und ihre Operatoren so wenig „trennscharf“ sind, daß ihre Unterscheidung bei Schülern (und Studenten) auf Schwierigkeiten stößt. Die gewonnene „Dynamisierung“ der Zahlen, die vielen didaktischen Prinzipien entgegenkommt, wird zu einem guten Teil dadurch wieder wirkungslos, daß die Konkretisierung der Operatoren (z. B. durch mysteriöse Maschinen) schwer oder gar nicht gelingt. Schließlich wird sich mancher, der schon mit Zahlen rechnen kann, durch die Frage blockieren, warum man statt mit den Zahlen mit ihren Operatoren rechnen soll.

1) Der mathematische Hintergrund ist der Satz von Cayley.

Über den Wert der Operatorenmethode für die Schule wollen wir nicht urteilen. Am Beispiel der euklidischen Geometrie wollen wir das Wesentliche der Operatoridee klar machen und zeigen, wie tragfähig diese Idee sein kann.

Die Operatoridee besteht – weit gefaßt – darin, Gegenstände mit von ihnen bewirkten Operationen (Abbildungen) zu identifizieren.

Im vorigen Paragraphen haben wir gezeigt: An jeder Geraden gibt es genau eine Spiegelung und an jedem Punkt gibt es genau eine Spiegelung! Wir werden zeigen, daß die Abbildungen, die jeder Geraden die Spiegelung an ihr, bzw. jedem Punkt die Spiegelung an ihm zuordnen, injektiv sind. So finden wir die Punkte und Geraden in der Bewegungsgruppe wieder. Dabei sind die Punkte und Geraden und ihre Spiegelungen gut auseinander zu halten, und die Spiegelungen sind konkret, anschaulich. Aber auch die Inzidenz und die Orthogonalität lassen sich in der Bewegungsgruppe beschreiben (durch die im B-Teil vorgestellte |-Relation für involutorische Elemente einer Gruppe)! Und nun bekommt die Operatoridee eine ganz neue Qualität: Wir können jetzt mit Geraden und Punkten *rechnen;* wir können *geometrische Sätze* über Inzidenzen oder Orthogonalitäten *beweisen,* indem wir *in der Bewegungsgruppe rechnen!* Wie faszinierend dieser Gedanke ist, wird vielleicht erst klar werden, wenn wir in der Lage sind, Beispiele vorzuführen.

Wir machen zunächst einen kurzen Einschub über die |-Relation, die man in einer beliebigen Gruppe definieren kann. **B**

Definition Für involutorische Elemente ρ, σ einer Gruppe soll

$$\rho \mid \sigma$$

(lies: ρ in Strich zu σ) bedeuten, daß $\rho\sigma$ wieder involutorisch ist. Für die Negation von $\rho \mid \sigma$ schreiben wir $\rho \nmid \sigma$.

Satz 1: (Äquivalente Beschreibungen der |-Relation) Für je zwei involutorische Elemente ρ, σ einer beliebigen Gruppe sind die folgenden Aussagen untereinander äquivalent:

(i) $\rho\sigma$ ist involutorisch, d. h. $\rho \mid \sigma$.

(ii) $\rho\sigma = \sigma\rho$ und $\rho \neq \sigma$.

(iii) $\sigma\rho\sigma = \rho \neq \sigma$.

(iv) $\rho\sigma\rho = \sigma \neq \rho$.

Der Beweis besteht aus trivialen Rechnungen; man muß sich nur klar machen, was „involutorisch sein" bedeutet (vgl. Abschn. 1.3).

Die Aussage (ii) zeigt sofort, daß die |-Relation irreflexiv und symmetrisch ist.

Zurück zur Bewegungsgruppe einer euklidischen Ebene, in der die Menge Π der Punktspiegelungen und die Menge Γ der Geradenspiegelung Teilmengen sind, die aus involutorischen Elementen bestehen.

Satz 2 (Punkte und Geraden in der Bewegungsgruppe) Die Abbildungen $G \to \Gamma$, $a \mapsto \sigma_a$ und $P \to \Pi$, $C \mapsto \sigma_C$ sind bijektiv.

Eine Veranschaulichung (mit Satz 3 und 4) ist Fig. 2.29.

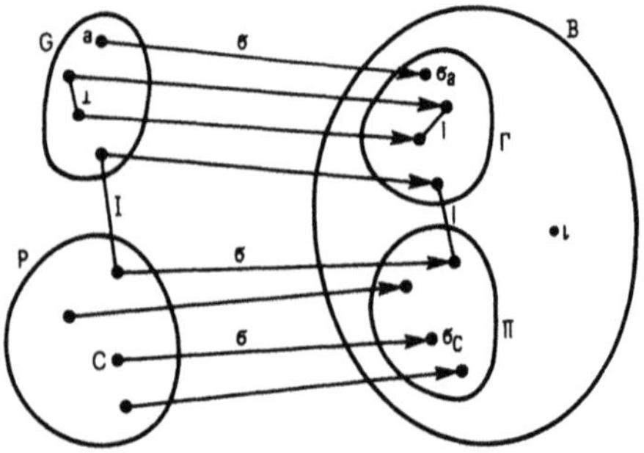

Fig. 2.29

B e w e i s. Nach Abschn. 2.5 Satz 6 und Satz 8 brauchen wir nur noch die Injektivität zu zeigen. Für die Abbildung von P auf Π ist das klar, denn wenn $\sigma_C = \sigma_D$ ist, so ist der einzige Fixpunkt C von σ_C gleich dem einzigen Fixpunkt D von σ_D. Sei nun $\sigma_a = \sigma_b$. Wäre $a \neq b$, so wären bei σ_a $(= \sigma_b)$ alle Punkte von zwei verschiedenen Geraden fest, woraus nach Abschn. 2.4, Satz 2(3′) der Schluß auf $\sigma_a = \iota$ folgte.

Satz 3 (I n z i d e n z u n d O r t h o g o n a l i t ä t i n d e r B e w e g u n g s g r u p p e). Für alle Geraden a, b und alle Punkte C gilt:

$$a \perp b \Leftrightarrow \sigma_a \mid \sigma_b \qquad \text{und} \qquad C \text{ I } a \Leftrightarrow \sigma_C \mid \sigma_a.$$

B e w e i s. Mit Satz 1, Satz 2, dem Satz von den bewegten Spiegelungen (Abschn. 2.5, Satz 10) und den Sätzen über die Fixelemente von Punkt- und Geradenspiegelung gilt:

$$\sigma_a \mid \sigma_b \Leftrightarrow \sigma_a\sigma_b\sigma_a = \sigma_b \neq \sigma_a \Leftrightarrow \sigma_{b\sigma_a} = \sigma_b \neq \sigma_a$$
$$\Leftrightarrow b\,\sigma_a = b \neq a \Leftrightarrow a \perp b.$$

$$\sigma_C \mid \sigma_a \Leftrightarrow \sigma_C\sigma_a\sigma_C = \sigma_a \Leftrightarrow \sigma_{a\sigma_C} = \sigma_a$$
$$\Leftrightarrow a\sigma_C = a \Leftrightarrow C \text{ I } a.$$

(Dabei ist $\sigma_a \neq \sigma_C$ wegen $\Pi \cap \Gamma = \emptyset$ stets erfüllt.)

Mit Hilfe des Satzes von den Spiegelungen am Kreuz (Abschn. 2.5, Satz 9) können wir Satz 3 noch inhaltlich ergänzen: Ist $\sigma_a \mid \sigma_b$ (oder was dasselbe ist $a \perp b$), so ist das involutorische Produkt $\sigma_a\sigma_b$ die Spiegelung am Schnittpunkt von a und b. Und ist $\sigma_C \mid \sigma_a$, so ist das involutorische Produkt $\sigma_C\sigma_a$ die Spiegelung am Lot von C auf a. (Denn ist b dieses Lot, so gilt $b \perp a$ und C I a, b, nach dem Satz von den Spiegelungen am Kreuz also $\sigma_C = \sigma_b\sigma_a$, d. h. $\sigma_C\sigma_a = \sigma_b$.)

Später werden wir beweisen, daß jedes involutorische Element der Bewegungsgruppe eine Punkt- oder eine Geradenspiegelung ist. Die |-Relation zwischen Geradenspiegelungen und zwischen Punkt- und Geradenspiegelungen ist durch Satz 3 geklärt. Wir wollen nun noch beweisen, daß zwei Punktspiegelungen niemals in der |-Relation stehen, dann überblicken wir die |-Relation auf der Menge der involutorischen Elemente der Bewegungsgruppe vollständig.

Satz 4 Für je zwei Punkte A, B gilt: $\sigma_A \sigma_B = \sigma_B \sigma_A \Rightarrow A = B$, also

$$\sigma_A \nmid \sigma_B.$$

B e w e i s. Aus $\sigma_A\sigma_B = \sigma_B\sigma_A$ folgt $\sigma_A\sigma_B\sigma_A = \sigma_B$, hieraus mit dem Satz von den bewegten Spiegelungen $\sigma_{B\sigma_A} = \sigma_B$, also $B\sigma_A = B$, und hieraus folgt die Behauptung, da A einziger Fixpunkt von σ_A ist.

Eine leichte Folgerung aus Satz 3 und Satz 4 ist

Satz 5 Ein Produkt von drei Geradenspiegelungen ist stets $\neq \iota$; ein Produkt von drei Punktspiegelungen ist stets $\neq \iota$. Kurz:

$$\iota \notin \Gamma^3 \quad \text{und} \quad \iota \notin \Pi^3.$$

B e w e i s. Wäre $\sigma_a\sigma_b\sigma_c = \iota$, also $\sigma_a\sigma_b = \sigma_c$, dann wäre $\sigma_a\sigma_b$ involutorisch, d. h. $\sigma_a \mid \sigma_b$. Dann wäre $\sigma_a\sigma_b$ Spiegelung am Schnittpunkt von a und b und zugleich Spiegelung an c, im Widerspruch zu $\Pi \cap \Gamma = \emptyset$. Wäre $\sigma_A\sigma_B\sigma_C = \iota$, also $\sigma_A\sigma_B = \sigma_C$, dann wäre $\sigma_A\sigma_B$ involutorisch, d. h. $\sigma_A \mid \sigma_B$ im Widerspruch zu Satz 4.

Von der Möglichkeit, Aussagen über Punkte, Geraden, Inzidenz und Orthogonalität in der Bewegungsgruppe zu formulieren, in dem man von involutorischen Gruppenelementen und von der |-Relation redet, wird in dem Buch „Aufbau der Geometrie aus dem Spiegelungsprinzip" von F. Bachmann systematisch Gebrauch gemacht. Dort wird in einem Axiomensystem von einer Gruppe G und einer Teilmenge S involutorischer Elemente von G ausgegangen. Die Elemente von S heißen Geraden und die involutorischen Elemente aus S^2 heißen Punkte. Die beiden ersten Axiome sind:

A x i o m 1: Zu P, Q gibt es stets ein g mit P, Q | g.

A x i o m 2: Aus P, Q | g, h folgt P = Q oder g = h.

Das vollständige Axiomensystem wird in Abschn. 3.5, Aufgabe 17 vorgestellt.

Aufgaben zu Abschn. 2.6

1. Man beweise Satz 1.

2. Man wähle einige Beispiele von Gruppen (insbesondere die $\mathbf{D}_4$ (Abschn. 1), eine Kreuzgruppe (Abschn. 2.5, Satz 9)) und bestimme alle Paare involutorischer Elemente, die in der |-Relation stehen.

3. Man gebe zwei involutorische Bewegungen des 9-Punkte-Modells an, die nicht in der |-Relation stehen.

4. Unter Voraussetzung der Tatsache, daß jedes involutorische Element der Bewegungsgruppe eine Punkt- oder eine Geradenspiegelung ist (wird in Abschn. 3.1 bewiesen), zeige man:

a) Sind π, ρ, σ involutorische Bewegungen, die paarweise in |-Relation stehen, dann ist genau eine dieser Bewegungen eine Punktspiegelung und $\{\iota, \pi, \rho, \sigma\}$ eine Kreuzgruppe.

b) Involutorische Bewegungen π, ρ, σ stehen genau dann paarweise in der |-Relation, wenn $\pi\rho\sigma = \iota$ ist.

c) Mehr als drei involutorische Bewegungen können nicht paarweise in |-Relation stehen.

d) Je zwei involutorische Bewegungen σ_1, σ_2 haben mindestens eine „involutorische Verbindung", d. h. es gibt eine involutorische Bewegung σ mit $\sigma_1, \sigma_2 \mid \sigma$.

e) Eine involutorische Bewegung σ_1 ist genau dann eine Geradenspiegelung, wenn sie „an einer Doppelverbindung beteiligt" ist, d. h. wenn es involutorische Bewegungen $\sigma_2, \sigma_3, \sigma_4$ gibt mit $\sigma_1, \sigma_2 \mid \sigma_3, \sigma_4$ und $\sigma_1 \neq \sigma_2$ und $\sigma_3 \neq \sigma_4$.

5. In einer Gruppe G seien s_1, s_2, s_3, s_4 involutorische Elemente, die paarweise verschieden sind und paarweise nicht in der |-Relation stehen. (Man denke etwa an die 4 Punktspiegelungen aus Abschn. 2.5, Aufgabe 7b). Es sei $s_1 s_2 s_3 s_4 = e$.
Für welche Permutationen f von $\{1, 2, 3, 4\}$ gilt dann $s_{1f} s_{2f} s_{3f} s_{4f} = e$? (Hinweis: Es gibt genau 8 solche Permutationen.)

2.7 Mittelgerade und Mittelpunkt

A
C

Es ist eine lohnende Mathematisierungsübung, Schüler den Begriff Mittelpunkt einer Punktmenge definieren zu lassen. Die Vorschläge gehen in verschiedene Richtungen, z. B. (etwas aufbereitet): „Innerer Punkt der von den Punkten aufgespannten Fläche (d. h. der konvexen Hülle); Abstandsmittelpunkt, d. h. ein Punkt, der von allen Punkten der Punktmenge denselben Abstand hat; Schwerpunkt der in idealisierter Weise mit gleichen Massen belegten Punkte; Flächen-Schwerpunkt, d. h. der Schwerpunkt der von den Punkten aufgespannten Fläche; Symmetriepunkt, d. h. ein Punkt, bei dem durch Spiegelung an diesem Punkt die Punktmenge auf sich abgebildet wird; u. a. m." Jeweils kann man sich nach der Existenz und der Eindeutigkeit des definierten Mittelpunktes und nach der Annehmbarkeit der Definition fragen. Man kann fragen nach den Beziehungen zwischen den ausgezeichneten Punkten. Zum Beispiel: Für die Punkte auf einer Kreislinie ist der Einstichpunkt des Zirkels sowohl innerer Punkt als auch Abstandsmittelpunkt, Schwerpunkt, Flächen-Schwerpunkt und Symmetriepunkt. Die beiden Schwerpunkte sind auch beim Dreieck gleich, im allgemeinen jedoch verschieden. Jeder Symmetriepunkt ist auch Schwerpunkt, aber z. B. ist beim Dreieck der Schwerpunkt kein Symmetriepunkt. Auch fallen bei einem Dreieck im allgemeinen Abstandsmittelpunkt und Schwerpunkt nicht zusammen. Der Schwerpunkt einer endlichen Punktmenge wird aus physikalischen Überlegungen eindeutig bestimmt sein. Zu zwei Punkten gibt es unendlich viele Abstandsmittelpunkte. usw.

Es scheint die Annehmbarkeit einer Definition des Mittelpunktes einer Punktmenge abzuhängen von der gewählten Punktmenge. Aber jedenfalls widerspricht es nicht unserer Vorstellung, einen Symmetriepunkt einer Punktmenge – wenn es ihn gibt – Mittelpunkt der Punktmenge zu nennen (Punktepaar, Rechteck, Kreis usw.).

In unserer Theorie werden wir den Mittelpunkt von zwei Punkten so definieren und die Existenz und Eindeutigkeit dieses Mittelpunktes beweisen.

Ganz entsprechend könnte man eine Symmetrieachse einer Punktmenge eine Mittelgerade nennen (sie ist auch stets eine Schwerlinie). Jedoch ist der Begriff Mittelgerade nicht üblich. Bei zwei Punkten spricht man von „der Mittelsenkrechten der beiden

Punkte". Es steckt darin die zusätzliche Erkenntnis, daß die Mittelgerade zweier verschiedener Punkte existiert, eindeutig bestimmt ist und senkrecht auf der Verbindungsgeraden der beiden Punkte steht. Der Schnittpunkt von Mittelsenkrechte und Verbindungsgerade zweier verschiedener Punkte ist der Mittelpunkt der beiden Punkte. Diese Aussagen wollen wir in der Theorie beweisen.

Neben der üblichen Konstruktion von Mittelsenkrechte und Mittelpunkt zu zwei Punkten mit Hilfe von Zirkel und Lineal (gewonnen aus der Betrachtung gleichschenkliger Dreiecke, vgl. Abschn. 2.5, Satz 7) sollte man im Unterricht auch das Spiegellineal zur Erarbeitung und Konstruktion dieser Objekte einsetzen. Das Spiegellineal ist geeignet, den sehr eingängigen „Symmetrie-Aspekt" von Mittelgerade und Mittelpunkt hervorzuheben.

Definition Eine *Mittelgerade von Punkten* A, B ist eine Gerade m mit B

$$A\sigma_m = B.$$

Ein *Mittelpunkt von Punkten* A, B ist ein Punkt M mit

$$A\sigma_M = B.$$

Satz 1 Zu je zwei Punkten existiert eine Mittelgerade und ein Mittelpunkt.

Die Beweisidee liefert uns Satz 7 aus Abschn. 2.5 (Symmetrieachse im echten gleichschenkligen Dreieck): Zu zwei Punkten A, B suchen wir einen Punkt C, so daß A, B, C ein gleichschenkliges Dreieck ist.

Beweis von Satz 1. Seien A, B beliebige Punkte und c Verbindungsgerade von A und B (Fig. 2.30). Bei σ_c können nicht alle Geraden durch A festbleiben, sonst wäre die Geradenspiegelung σ_c gleich der Punktspiegelung σ_A, im Widerspruch zu Satz 3 aus Abschn. 2.5. (Eine andere Überlegung ist: Von den mindestens 4 Geraden durch A (Abschn. 2.3, Aufgabe 7a) sind nur c und das Lot in A auf c Fixgeraden bei σ_c.) Sei b eine Gerade durch A mit $b \neq b\sigma_c$. Wegen A I b, $b\sigma_c$ ist dann sogar $b \nparallel b\sigma_c$.

Sei a die Parallele zu $b\sigma_c$ durch B. Es ist $b \nparallel a$, denn aus $b \parallel a$ und $a \parallel b\sigma_c$ folgte der Widerspruch $b \parallel b\sigma_c$. Sei C der Schnittpunkt von a und b. Sei m das Lot von C auf c und M der Fußpunkt dieses Lotes. Nach dem Satz von den Spiegelungen am Kreuz Abschn. 2.5, Satz 9 ist also $\sigma_M = \sigma_c\sigma_m$.

Wir betrachten $b\sigma_m = b\sigma_c\sigma_M$. Nach dem Satz über die Kennzeichnung der Punktspiegelungen Abschn. 2.5, Satz 4(iii) bildet die Punktspiegelung σ_M die Gerade $b\sigma_c$ auf eine zu $b\sigma_c$ parallele Gerade ab, d. h., es ist $b\sigma_c \parallel b\sigma_c \cdot \sigma_M = b\sigma_m$. Aus C I b folgt $C = C\sigma_m$ I $b\sigma_m$. Insgesamt ist $b\sigma_m$ also Parallele zu $b\sigma_c$ durch C, ebenso wie a. Wegen der Eindeutigkeit der Parallelen (Abschn. 2.3, Satz 3) ist also $b\sigma_m = a$.

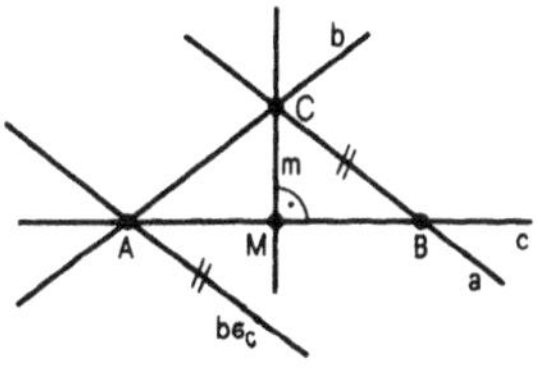

Fig. 2.30

Jetzt wollen wir einsehen, daß $B\sigma_m = A$ ist. Es ist B I a, c. Wegen $a\sigma_m = b$ und $c\sigma_m = c$ folgt hieraus $B\sigma_m$ I b, c. Da auch A I b, c ist, folgt wegen $b \neq c$ (es ist $b\sigma_c \neq b$) mit der Eindeutigkeit der Verbindungsgeraden $B\sigma_m = A$. Natürlich ist dann auch $A\sigma_m = B$, und es ist $A\sigma_M = A\sigma_c \cdot \sigma_m = A\sigma_m = B$. Zu A, B ist also m Mittelgerade und M Mittelpunkt.

Satz 2 Zu je zwei Punkten ist der Mittelpunkt eindeutig bestimmt.

B e w e i s. Seien A, B beliebige Punkte und M und N Mittelpunkte zu A, B, d. h., es sei $A\sigma_M = B$ und $A\sigma_N = B$. Ist A = B, so ist A Fixpunkt bei σ_M und bei σ_N, also M = A = N. Sei jetzt $A \neq B$. Es ist $A\sigma_M \cdot \sigma_N = B\sigma_N = A$ und $B\sigma_M \cdot \sigma_N = A\sigma_N = B$. In diesem Fall hat also $\sigma_M\sigma_N$ die beiden verschiedenen Fixpunkte A und B. Außerdem wird nach der Kennzeichnung der Punktspiegelungen (Abschn. 2.5, Satz 4(iii)) bei σ_M und bei σ_N, also auch bei $\sigma_M\sigma_N$ jede Gerade auf eine zu ihr parallele Gerade abgebildet (vgl. Aufgabe 5 in Abschn. 2.5). Insbesondere muß daher jede Gerade a durch den Fixpunkt A fest bleiben ($A = A\sigma_M\sigma_N$ I a, $a\sigma_M\sigma_N$ und $a \parallel a\sigma_M\sigma_N \Rightarrow a = a\sigma_M\sigma_N$).
Nun ist der Schluß auf ι möglich (Abschn. 2.4, Satz 2(6)), d. h. $\sigma_M\sigma_N = \iota$, also $\sigma_M = \sigma_N$, also M = N.

Satz 3 (M i t t e l e l e m e n t e u n d V e r b i n d u n g s g e r a d e b i l d e n e i n K r e u z) Seien A, B verschiedene Punkte. Sei c die Verbindungsgerade, M der Mittelpunkt und m Mittelgerade von A, B. Dann gilt $c \perp m$ und M I c, m (s. Fig. 2.31).

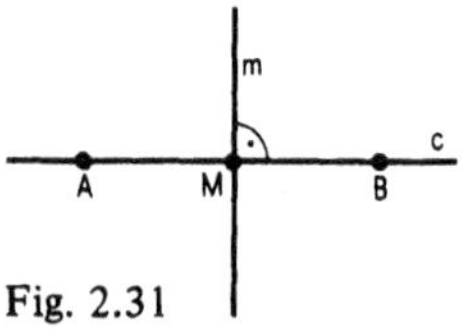

Fig. 2.31

Korollar Die Mittelgerade zu zwei verschiedenen Punkten ist eindeutig bestimmt. (Denn jede Mittelgerade ist das in M auf c errichtete Lot.)

B e w e i s von Satz 3. Wegen $A\sigma_m = B \neq A$ ist nach dem Satz über Fixgeraden involutorischer Bewegungen (Abschn. 2.4, Satz 3) c Fixgerade bei σ_m, also $c \perp m$, denn c = m ist nicht möglich wegen $A\sigma_c = A$ und $A\sigma_m \neq A$. Es fehlt noch der Beweis für M I c, m. Der Schnittpunkt N von c und m ist wegen $A\sigma_N = A\sigma_c \cdot \sigma_m = A\sigma_m = B$ ein Mittelpunkt von A, B und also gleich M.

Mit den Kenntnissen über die Mittelgerade folgt aus Abschn. 2.5, Satz 7 (Symmetrieachse im echten gleichschenkligen Dreieck) unmittelbar

Satz 4 (F i x p u n k t e e i n e r B e w e g u n g $\neq \iota$ a u f e i n e r G e r a d e n) Ist γ eine Bewegung und sind A, B verschiedene Punkte mit $A\gamma = B$, so liegt jeder Fixpunkt von γ auf der Mittelgeraden von A, B. Alle Fixpunkte von $\gamma \neq \iota$ liegen auf einer Geraden.

Demnach kann bei $A\gamma \neq A$ auf der Verbindungsgerade von A, $A\gamma$ höchstens ein Fixpunkt von γ liegen – der Mittelpunkt von A, $A\gamma$, denn er ist der einzige Punkt, der auch auf der Mittelgerade von A, $A\gamma$ liegt.

Denkt man an die Konkretisierung der Bewegungen der Zeichenebene mit Hilfe des Pergamentpapiers, so wird der folgende Satz naheliegend. Sein Beweis mit dem Satz von den bewegten Spiegelungen (Abschn. 2.5, Satz 10) ist einfach, er wird als Übungsaufgabe gestellt (Aufgabe 1).

Satz 5 (Mittelelementtreue der Bewegungen) Für alle Bewegungen γ und alle Punkte A, B gilt: Ist M Mittelpunkt von A, B, so ist $M\gamma$ Mittelpunkt von $A\gamma$, $B\gamma$. Ist m Mittelgerade von A, B, so ist $m\gamma$ Mittelgerade von $A\gamma$, $B\gamma$.

Ist σ eine involutorische Bewegung und A ein Punkt mit $A \neq A\sigma$, dann „vertauscht" σ die Punkte A, $A\sigma$ (denn $A\sigma\sigma = A$). Damit müssen die Mittelelemente von A, $A\sigma$ wegen der Mittelelementtreue von σ bei σ fest bleiben. Mit Abschn. 2.4, Satz 3 (Fixgeraden involutorischer Bewegungen) bleibt also das ganze „Mittelkreuz" von A, $A\sigma$ elementweise fest.

Satz 6 (Mittelkreuze fest bei involutorischen Bewegungen) Sei σ eine involutorische Bewegung und A ein Punkt mit $A \neq A\sigma$. Dann sind die Mittelelemente und die Verbindungsgerade von A, $A\sigma$ Fixelemente von σ. Insbesondere hat jede involutorische Bewegung einen Fixpunkt.

Am Ende dieses zweiten Abschnitts angekommen, wollen wir die Übungsaufgabe 2 zu Abschn. 2.7 ausführlich besprechen. Sie ist einfach, aber vielleicht trägt sie dazu bei, den erreichten Bewußtseinsstand zu klären. (Natürlich wird empfohlen, die Aufgabe zunächst selbst zu lösen.) C

Aufgabe Aus einem Schulbuch: „Bei einem rechtwinkligen Dreieck schneiden sich die Mittelsenkrechten im Mittelpunkt der Hypotenuse."

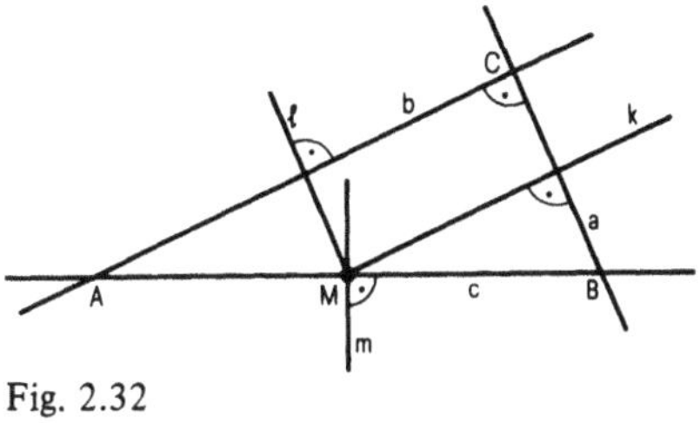

Fig. 2.32

1. Veranschaulichung in der Zeichenebene (Fig. 2.32).

2. Freie Überlegungen. Die Aussage läßt sich in unserer Theorie formulieren; dabei wird man davon ausgehen können, daß ein Dreieck in der Schule immer paarweise verschiedene und nicht auf einer Geraden liegende Ecken hat (obwohl das im allgemeinen nie geklärt wird). Ein Dreieck, dessen Ecken paarweise verschieden sind und auf einer Geraden liegen, ist nicht rechtwinklig. Deshalb genügt es, wenn wir als zusätzliche Voraussetzung verlangen, daß die Ecken paarweise verschieden sein sollen. (Die dadurch ausgeschlossenen Sonderfälle sind mehr Formulierungsfragen und interessieren uns nicht.)

Wenn die Aussage richtig ist, dann sind die Dreiecke A, M, C und C, M, B gleichschenklig mit Spitze M (vgl. Aufgabe 6); d. h., der „Kreis" um M durch C geht durch A und durch

B. (Kreise werden ausführlich im 2. Band betrachtet, hier spekulieren wir nur in der Zeichenebene). Dies erinnert an den Satz von Thales: „In einem Halbkreis sind alle Winkel rechte.“ – Die Aufgabe ist genau die Umkehrung hiervon: Wenn man ein rechtwinkliges Dreieck hat, dann läßt es sich auch in einen Halbkreis „einbeschreiben“.

3. Wir formulieren die Aussage in der T h e o r i e. Seien A, B, C paarweise verschiedene Punkte und a, b, c Geraden mit A, B I c und B, C I a und A, C I b und $a \perp b$. Sei k Mittelgerade von B, C und ℓ Mittelgerade von A, C und m Mittelgerade von A, B. Dann gibt es einen Punkt M mit M I k, ℓ, m, c und $A\sigma_M = B$.

4. B e w e i s der Behauptung. Die Mittelelemente und die Verbindungsgerade zweier verschiedener Punkte bilden ein Kreuz (Satz 3). Also ist $k \perp a$ und $\ell \perp b$. Damit ist nach dem Satz vom Rechtseit (Abschn. 2.3, Aufgabe 3) $k \perp \ell$. Die senkrechten Geraden k und ℓ schneiden sich in einem Punkt M. Nach dem Satz von den Spiegelungen am Kreuz (Abschn. 2.5, Satz 9) gilt $\sigma_k \sigma_\ell = \sigma_M$. Es ist $B\sigma_M = B\sigma_k\sigma_\ell = C\sigma_\ell = A$, d. h., M ist der Mittelpunkt von A, B. Nach Satz 3 gilt dann auch M I c und M I m.

5. Zum Spaß betrachten wir ein Beispiel zu diesem Satz im 9-P u n k t e - M o d e l l.

Das Dreieck $\boxed{\frac{r}{b}}$, $\boxed{\frac{b}{b}}$, $\boxed{\frac{g}{r}}$ ist rechtwinklig mit rechtem Winkel bei $\boxed{\frac{g}{r}}$, denn die Verbindungsgerade rbg von $\boxed{\frac{r}{b}}$ und $\boxed{\frac{g}{r}}$ ist senkrecht zur Verbindungsgerade rg von $\boxed{\frac{b}{b}}$ und $\boxed{\frac{g}{r}}$. Von $\boxed{\frac{r}{b}}$ und $\boxed{\frac{g}{r}}$ ist bg Mittelgerade, von $\boxed{\frac{g}{r}}$ und $\boxed{\frac{b}{b}}$ ist sie rgb und von $\boxed{\frac{r}{b}}$ und $\boxed{\frac{b}{b}}$ ist sie og. Der gemeinsame Punkt $\boxed{\frac{g}{b}}$ ist der Mittelpunkt der Hypotenuse. In Fig. 2.33 sind die Dreieckseiten durchgezogen und die Mittelgeraden gestrichelt gezeichnet. Weniger kurios erscheinen die Verhältnisse in der Veranschaulichung des 9-Punkte-Modells als unendliches Gitter. Diese ist in Fig. 2.33 durch $\boxed{\frac{r}{b}}$ (gestrichelt) angedeutet.

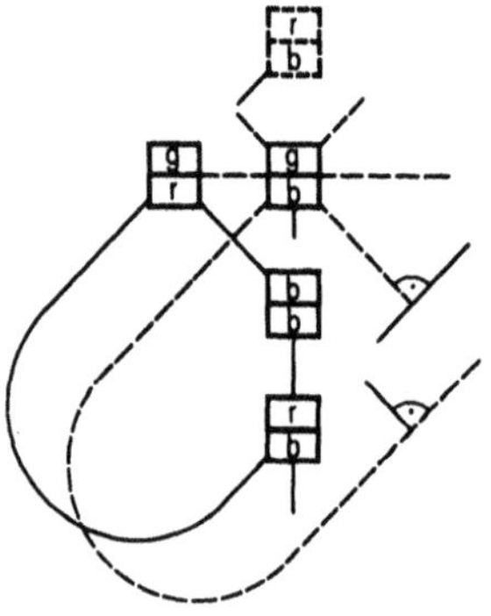

Fig. 2.33

6. Kann diese Aufgabe eine A n r e g u n g für die S c h u l e sein? Daß sich die Mittelsenkrechten eines Dreiecks in einem Punkt schneiden, wird – wenn überhaupt ein Geometrieunterricht stattfindet – in jeder Schule behandelt (S. auch Aufgabe 3). Schon weniger selbstverständlich taucht dabei die Frage auf, ob und wann der Schnittpunkt der Mittelsenkrechten auf einer Dreiecksseite oder außerhalb des Dreiecks liegt. („Schuldreiecke" sind meistens spitzwinklig.) Eine genaue Beantwortung dieser Frage mit Begründung ist nicht einfach, was man z. B. daraus ersehen kann, daß die Aussage: „Der Schnittpunkt der Mittelsenkrechten eines Dreiecks liegt genau dann auf einer Dreiecksseite, wenn das Dreieck rechtwinklig ist", der Satz von Thales und seine Umkehrung ist. Vielleicht ist dieser Aspekt dem einen oder anderen Leser doch nicht bewußt gewesen. Wenn man durch Betrachtung von Beispielen herausfinden will, wo sich die Mittelsenkrechten eines Dreiecks schneiden, so entsteht bei fast rechtwinkligen Dreiecken eine unsichere Situation durch die Zeichenungenauigkeit. Unsicherheit ist fruchtbar, denn sie erzeugt ein Beweisbedürfnis. Die Aufgabe zeigt, daß man einen sicheren Schritt tun und „beweisen" kann, daß bei einem rechtwinkligen Dreieck der Schnittpunkt der Mittelsenkrechten auf der Hypotenuse liegt.

Was heißt nun in der Schule beweisen? Natürlich nicht das Deduzieren von einem Axiomensystem an, jedoch auch nicht die rein horizontale Betrachtung von Beispielen und dann das Einpauken von Merksätzen. Es heißt, auf der Grundlage bereits vorhandener Erfahrungen zu a r g u m e n t i e r e n , zu überzeugen, tiefere Zusammenhänge der Phänomene aufzudecken. Bei dieser Aufgabe sind die Verhältnisse besonders glücklich: Der unter Punkt 4 angegebene Beweis benutzt einen solchen tieferen Zusammenhang (zwischen Spiegelungen und Schnittpunktsätzen), der auch für Schüler einsehbar ist.

Und so wird die Einreihung von Abbildungen in den Geometrieunterricht sinnvoll, nicht als eine unabhängige Unterrichtseinheit, die man vier Wochen lang nach der Elementargeometrie durchnimmt, sondern: *die Betrachtung von Abbildungen kann Argumente liefern zum Verständnis elementargeometrischer Sätze.*

Aufgaben zu Abschn. 2.7

1. Man beweise die Mittelelementtreue der Bewegungen (Satz 5).

2. Ausführlich beschäftige man sich mit folgendem Satz aus einem Schulbuch: „In einem rechtwinkligen Dreieck schneiden sich die Mittelsenkrechten im Mittelpunkt der Hypotenuse."

3. a) Die drei Mittelgeraden im Dreieck gehen durch einen Punkt, wenn die drei Ecken nicht auf einer Geraden liegen. (Mit den Mittelgeraden im Dreieck (A, B, C) sind die Mittelgeraden von A, B, von B, C und von C, A gemeint.)
b) Man betrachte einige Beispiele zu diesem Satz im 9-Punkte-Modell.

4. a) Im 9-Punkte-Modell ist jedes Dreieck (A, B, C) gleichschenklig mit Spitze A, B oder C.

b) Im 9-Punkte-Modell ist jedes Dreieck, dessen Ecken nicht auf einer Geraden liegen, rechtwinklig-gleichschenklig, d. h. gleichschenklig mit senkrechten Schenkeln.

5. Man zeige: die $9^3 = 729$ Dreiecke des 9-Punkte-Modells lassen sich in 4 (paarweise elementfremde) Klassen einteilen:

1. die trivialen Dreiecke, bei denen alle drei Ecken gleich sind.
2. die Dreiecke, bei denen genau zwei Ecken gleich sind.
3. die („gleichseitigen") Dreiecke, deren Ecken auf einer Geraden liegen und paarweise verschieden sind.
4. die (rechtwinklig-gleichschenkligen) Dreiecke, deren Ecken nicht auf einer Geraden liegen.

Wieviele Dreiecke sind in jeder Klasse?

6. a) Seien A, B verschiedene Punkte mit Mittelgerade m. Dann gilt für jeden Punkt C: C I m genau dann, wenn Dreieck (A, B, C) gleichschenklig ist mit Spitze C. (Die Punkte der Mittelgeraden sind genau die von A und B „gleichentfernten" Punkte.)

b) Liegen die Ecken eines gleichschenkligen Dreiecks (A, B, C) mit Spitze C auf einer Geraden, so ist C Mittelpunkt von A, B.

7. a) Zu je zwei parallelen Geraden a, b gibt es stets eine Gerade m mit $a\sigma_m = b$ (eine Mittelparallele).

b) Ist $a \parallel b$ und $a \neq b$ und $a\sigma_m = b$, so gilt für jeden Punkt M: M I m genau dann, wenn $a\sigma_M = b$.

8. a) Sind a, b Geraden durch einen Punkt C und gibt es eine Bewegung γ mit $a\gamma = b$, so gibt es auch eine Gerade c durch C mit $a\sigma_c = b$.

b) Man zeige im 9-Punkte-Modell, daß die Forderung der Existenz der Bewegung γ in a) nicht entbehrlich ist.

9. Eine involutorische Bewegung, die jede Gerade a auf eine zu a parallele Gerade abbildet, ist eine Punktspiegelung.

10. Man beschreibe ein Verfahren, wie man bei einer Punktspiegelung bzw. Geradenspiegelung der Zeichenebene zu vorgegebenem Punkt den Bildpunkt mit Hilfe von Zirkel und Lineal konstruieren kann. Welche Sätze aus der Theorie werden dabei benutzt?

3 Bewegungen

3.1 Standuntergruppen

Außer ι, den Geraden- und den Punktspiegelungen gibt es in der Bewegungsgruppe einer euklidischen Ebene noch weitere Bewegungen. Zum Beispiel ergibt die Hintereinanderausführung der Spiegelungen an zwei verschiedenen und nicht senkrechten Geraden eine Bewegung, die $\neq \iota$ und nicht involutorisch ist (Abschn. 2.6, Satz 3 Inzidenz und Orthogonalität in der Bewegungsgruppe). Aber bevor wir weitere Typen von Bewegungen betrachten, wollen wir zunächst den Rahmen abstecken und uns fragen, ob wir auf diese Weise überhaupt zu einem befriedigenden Ende gelangen können. – Was kann man außer der Betrachtung einzelner Bewegungen tun, um die Bewegungsgruppe besser zu überblicken? A

Die natürlichen Zahlen sind uns vertraut. Sicher weil wir von klein auf lernen, mit ihnen umzugehen. Vielleicht aber auch, weil sie so einfach aufgebaut sind: Wenn man immer nur um 1 weiterzählt, so erreicht man jede natürliche Zahl; oder anders gesagt: Jede natürliche Zahl läßt sich (eindeutig) als Summe von lauter Einsen darstellen. In bezug auf multiplikative Zerlegungen ist das Problem etwas schwieriger, aber wir kennen den Satz von der Primfaktorzerlegung natürlicher Zahlen: Die Primzahlen sind die Bausteine der natürlichen Zahlen in bezug auf die Multiplikation, oder: Jede natürliche Zahl läßt sich (eindeutig) als Produkt von lauter Primzahlen darstellen. Viele Sätze über natürliche Zahlen lassen sich mit diesen „Darstellungssätzen" beweisen.

Gibt es auch für die Bewegungen einer euklidischen Ebene so etwas wie Bausteine in bezug auf das Hintereinanderausführen? In diesem Paragraphen wollen wir zeigen, daß die Geradenspiegelungen in der Bewegungsgruppe dieses leisten: Jede Bewegung läßt sich als Hintereinanderausführung von Geradenspiegelungen darstellen. In der Sprache von Abschn. 1.3 heißt dies: Die Geradenspiegelungen erzeugen die Bewegungsgruppe, $\mathsf{B} = \langle \Gamma \rangle$.

Manches ist jedoch hier anders als bei den Zerlegungen der natürlichen Zahlen. Zum Beispiel ist die Darstellung einer Bewegung als Produkt von Geradenspiegelungen längst nicht eindeutig. An jeder Stelle eines Spiegelungsproduktes kann man eine beliebige Geradenspiegelung zweimal einfügen, ohne daß sich die dargestellte Bewegung ändert. Oder nehmen wir die Darstellung einer Punktspiegelung als Produkt zweier Spiegelungen an senkrechten Geraden durch den Spiegelpunkt (Satz von den Spiegelungen am Kreuz, Abschn. 2.5, Satz 9); diese Darstellung ist nicht eindeutig bestimmt, da wir ein beliebiges Paar senkrechter Geraden durch den Punkt wählen können (durch jeden Punkt gibt es mindestens zwei solche Paare). Die Frage, wann ein Produkt von Geradenspiegelungen einem Produkt von Geradenspiegelungen mit weniger Faktoren gleich ist, ist geradezu Überschrift für viele Sätze über die Bewegungsgruppe. (Schon wenige Absätze später werden wir einen solchen Satz formulieren.)

Jede Teilmenge der natürlichen Zahlen, die die „Baustein-Eigenschaft" bezüglich + hat, muß die 1 enthalten, bzw. wenn sie diese bezüglich · hat, muß sie die Primzahlen enthalten, da diese Zahlen „unzerlegbar" sind. Die Geradenspiegelungen als Elemente einer Gruppe sind zerlegbar. Und so könnten wir z. B. aus der Menge der Geradenspiegelungen die Spiegelung an einer Geraden a herausnehmen und durch die Spiegelung an einem auf a liegenden Punkt A ersetzen. Jede Bewegung läßt sich dann auch als Produkt mit Faktoren aus dieser neuen Menge darstellen. Denn sei b das Lot auf a in A, so gilt nach dem Satz von den Spiegelungen am Kreuz $\sigma_A = \sigma_a \sigma_b$ oder $\sigma_a = \sigma_A \sigma_b$, und wir haben somit wieder alle Geradenspiegelungen zur Verfügung.

Für **N**, + genügt ein Baustein; für **N**, · brauchen wir bekanntlich unendlich viele Bausteine. Ob die Menge der Geradenspiegelungen einer euklidischen Ebene endlich oder unendlich ist, das hängt natürlich davon ab, ob es in der betreffenden Ebene unendlich viele (z. B. die Zeichenebene) oder nur endlich viele (z. B. das 9-Punkte-Modell) Geraden gibt.

Obwohl für **N**, + die Eins als Baustein genügt, gibt es doch unendlich viele natürliche Zahlen; das kann nur gehen, weil die „Länge der Einsersummen" nicht beschränkt ist. Auch in **N**, · gibt es beliebig lange Primzahlprodukte, die sich auch nicht mit weniger Faktoren darstellen lassen. In der Bewegungsgruppe einer euklidischen Ebene können wir natürlich auch beliebig lange Produkte von Geradenspiegelungen bilden, aber dann haben wir „viel Schaum geschlagen"; in diesem Abschnitt wollen wir nämlich zeigen, daß zur Darstellung einer beliebigen Bewegung höchstens drei Geradenspiegelungen nötig sind. Dies ist vielleicht der wichtigste Satz über die Struktur der Bewegungsgruppe einer euklidischen Ebene: *Jede Bewegung läßt sich als Produkt von höchstens drei Geradenspiegelungen darstellen.*

Eine weitere Möglichkeit, sich einen Überblick über eine Gruppe zu verschaffen, besteht darin, nach ihren Untergruppen zu suchen. (Es gibt z. B. „Zerlegungssätze" in der Gruppentheorie, bei denen Untergruppen die Rolle von Bausteinen haben.) Besonders schön ist dabei in der Bewegungsgruppe, daß ihre Untergruppen immer einen geometrischen Bezug haben. Einige solche Bezüge für spezielle Untergruppen kennen wir schon. Z. B. jede 4-elementige Untergruppe $\{\iota, \pi, \rho, \sigma\}$ mit $\pi^2 = \rho^2 = \sigma^2 = \iota$ ist eine Kreuzgruppe, d. h., wir finden Geraden a, b und einen Punkt C mit $a \perp b$ und C I a, b, so daß $\{\iota, \pi, \rho, \sigma\}$ $\{\iota, \sigma_a, \sigma_b, \sigma_C\}$ ist (vgl. Abschn. 2.6, Aufgabe 4). Umgekehrt ist natürlich jede Kreuzgruppe $\{\iota, \sigma_a, \sigma_b, \sigma_C\}$ eine Untergruppe mit $\sigma_a^2 = \sigma_b^2 = \sigma_C^2 = \iota$. Es gibt eine bijektive Beziehung zwischen den Mengen $\{a, b\}$ mit $a \perp b$ (den „Kreuzen") und den 4-elementigen Untergruppen der Bewegungsgruppe, bei denen jedes Element zu sich selbst invers ist.

Es gibt jedoch umfassendere Mechanismen, die ein Hin und Her zwischen geometrischen Konfigurationen und Untergruppen der Bewegungsgruppe liefern. Ein Beispiel ist die Relation „bleibt elementweise fest bei". Bei jeder Untergruppe der Bewegungsgruppe können wir fragen nach den Geraden und Punkten, die bei allen Bewegungen dieser Untergruppe fest bleiben. Und zu jeder Menge von Geraden und Punkten können wir fragen nach allen den Bewegungen, die diese Geraden und Punkte als Fixelemente haben[1)].

Daß wir dabei stets eine Untergruppe der Bewegungsgruppe erhalten, überlegt man leicht mit Hilfe des Untergruppenkriteriums (Abschn. 1.3): ι läßt alles fest; wenn etwas fest bleibt bei einer Abbildung α und bei einer Abbildung β, dann bleibt es auch bei der Hintereinanderausführung $\alpha\beta$ fest; was bei α fest bleibt, das bleibt auch bei der Umkehr-

---

1) Auf anschauliche Weise lernt man hier die Grundfrage der Galois-Theorie kennen. Ihr Gegenstand ist die Relation „elementweise fest bei" zwischen Teilstrukturen einer Struktur und den Untergruppen der Automorphismengruppe dieser Struktur.

abbildung α^{-1} fest. Es wird sich zeigen, daß z. B. die Kreuzgruppen unter diesem Aspekt auch wieder erscheinen, und zwar als die Untergruppen, deren Elemente zwei senkrechte Geraden (ein Kreuz elementweise) festlassen.

Definition Sei Q eine Menge von Punkten und H eine Menge von Geraden. Die Bewe- B
gungen γ mit $A\gamma = A$ für alle $A \in Q$ und $a\gamma = a$ für alle $a \in H$ bilden offenbar eine Untergruppe der Bewegungsgruppe B.
Diese Untergruppe wird die *Standuntergruppe von* (Q, H) *in* B genannt.

Statt der Paare (Q, H) benutzen wir häufig auch weniger exakte Beschreibungen des Sachverhalts, wenn Mißverständnisse nicht zu befürchten sind. Die Standuntergruppe von $(\emptyset, \emptyset)$ ist B. Die Standuntergruppe von (P, G) ist $\{\iota\}$. Die Standuntergruppe von $(P, \emptyset)$ ist auch schon $\{\iota\}$. Nach Abschn. 2.7, Satz 4 (Fixpunkte einer Bewegung $\neq \iota$ auf einer Geraden) ist sogar für jede Punktmenge, die nicht auf einer Geraden liegt, die Standuntergruppe $\{\iota\}$. Auch Satz 2 aus Abschn. 2.4 (Schluß auf ι) kann man lesen als Aufzählung von Paaren (Q, H), deren Standuntergruppe $\{\iota\}$ ist.
In grober Annäherung kann man erwarten: Je „reichhaltiger“ ein Paar (Q, H) ist, desto „kleiner“ ist die Standuntergruppe (schon sehr bald bleibt nur noch $\{\iota\}$ übrig); je „strukturloser“ ein Paar (Q, H) ist, desto schwieriger wird die Bestimmung seiner Standuntergruppe (am schwierigsten ist die Bestimmung der Standuntergruppe einer Geraden). In diesem Sinne haben zwei Punkte bereits eine reichhaltige Struktur.

Satz 1 (*Standuntergruppe von zwei Punkten*) A, B seien verschiedene Punkte mit Verbindungsgerade c. Die Standuntergruppe von {A, B} in B ist dann

$$\{\gamma \mid A\gamma = A \text{ und } B\gamma = B\} = \{\iota, \sigma_c\}.$$

Korollar (*Standuntergruppe einer Punktreihe*) Sei c eine Gerade. Die Standuntergruppe von $\{A \mid A \; I \; c\}$ in B ist $\{\iota, \sigma_c\}$.
(Denn auf jeder Geraden liegen zwei verschiedene Punkte.)

Beweis von Satz 1. „$\supseteq$“ ist trivial. Zum Beweis von „$\subseteq$“ sei also $A\gamma = A$ und $B\gamma = B$ und $\gamma \neq \iota$. Zu zeigen ist: $C\gamma = C\sigma_c$ für alle C.

Fall 1. Ist C Fixpunkt von γ, so liegen die drei Fixpunkte A, B, C nach Abschn. 2.7, Satz 4 (Fixpunkte einer Bewegung $\neq \iota$ auf einer Geraden) auf c, und es ist $C\gamma = C = C\sigma_c$.

Fall 2. Ist $C\gamma \neq C$, so liegen nach demselben Satz (Abschn. 2.7, Satz 4) die Fixpunkte A, B von γ auf der Mittelgeraden von C, $C\gamma$, d. h. die Verbindungsgerade c von A, B ist die Mittelgerade von C, $C\gamma$. Daher ist $C\sigma_c = C\gamma$.

Im Anschluß an diesen Satz wollen wir zwei Bemerkungen machen.

Bemerkung 1. Bei der Definition der Standuntergruppen darf man nicht übersehen, daß die Mengen Q, H *elementweise* fest bleiben sollen. Die Menge der Bewegungen, die Q und H insgesamt auf sich abbilden, ist auch eine Untergruppe von B, die aber im allgemeinen die Standuntergruppe von (Q, H) echt umfaßt. Zu der Gruppe der Bewegungen, die die Menge {A, B} auf sich abbilden, gehören z. B. mindestens noch die Spiegelungen an der Mittelgeraden und dem Mittelpunkt von A, B (vgl. Aufgabe 1b).

B e m e r k u n g 2. Im Zusammenhang mit den Standuntergruppen steht eine Methode, Sätze über die Darstellbarkeit einer Bewegung γ als Produkt von Bewegungen mit bestimmten Eigenschaften zu beweisen. Wir bezeichnen sie mit „R ü c k h o l s c h l u ß". Dazu wählt man eine Menge Q von Punkten und eine Menge H von Geraden, so daß sich in der Standuntergruppe von (Q, H) außer ι nur Bewegungen der gewünschten Eigenschaft befinden. Die darzustellende Bewegung γ wird die Mengen Q, H im allgemeinen wegbewegen. Durch „Anhängen" von geeigneten Bewegungen $\alpha, \beta, \ldots$ mit der gewünschten Eigenschaft an γ versucht man, die Elemente von Q und H „zurückzuholen", so daß $\gamma\alpha\beta \ldots$ eine Bewegung δ aus der Standuntergruppe von (Q, H) ist. Dann ist für γ die Darstellung $\gamma = \delta \ldots \beta^{-1}\alpha^{-1}$ gefunden.

Diese Methode wird beim Beweis des nächsten Satzes angewandt.

Satz 2 (H a u p t s a t z ü b e r d i e B e w e g u n g s g r u p p e) Jede Bewegung einer euklidischen Ebene ist Produkt von zwei oder drei Geradenspiegelungen.

$$\mathsf{B} = \Gamma^2 \cup \Gamma^3.$$

Korollar Insbesondere wird die Bewegungsgruppe von den Geradenspiegelungen erzeugt.

$$\mathsf{B} = \langle \Gamma \rangle.$$

B e w e i s von Satz 2 (Rückholschluß). Sei γ eine beliebige Bewegung. Seien A, B verschiedene Punkte mit Verbindungsgerade c (Fig. 3.1). Sei m Mittelgerade von A, $A\gamma$, d. h., sei $A\gamma\sigma_m = A$. Dann ist das Dreieck (B, $B\gamma\sigma_m$, A) gleichschenklig mit Spitze A bezüglich der Bewegung $\gamma\sigma_m$. Nach dem Bewegungsaxiom gibt es eine Gerade ℓ durch A mit $B\gamma\sigma_m\sigma_\ell = B$. Wegen $A = A\sigma_\ell = A\gamma\sigma_m\sigma_\ell$ ist also $\gamma\sigma_m\sigma_\ell$ aus der Standuntergruppe von {A, B}. Nach Satz 1 folgt $\gamma\sigma_m\sigma_\ell = \iota$ oder $\gamma\sigma_m\sigma_\ell = \sigma_c$, d. h. $\gamma = \sigma_\ell\sigma_m$ oder $\gamma = \sigma_c\sigma_\ell\sigma_m$, d. h. $\gamma \in \Gamma^2 \cup \Gamma^3$.

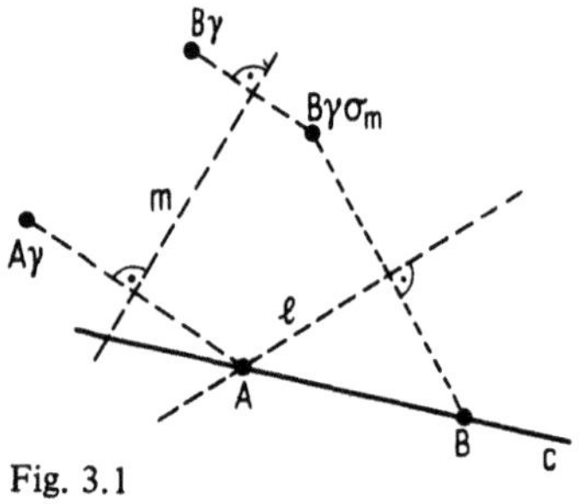

Fig. 3.1

In Abschn. 2.6 wurde der nächste Satz bereits angekündigt.

Satz 3 (Ü b e r d i e i n v o l u t o r i s c h e n B e w e g u n g e n) Jede involutorische Bewegung ist entweder eine Geradenspiegelung oder eine Punktspiegelung.

B e w e i s. Sei σ involutorisch. Dann ist $\sigma \neq \iota$, und es gibt einen Punkt A mit $A\sigma \neq A$. Die Punkte A, $A\sigma$ haben eine Verbindungsgerade c, eine Mittelgerade m und einen Mittelpunkt M mit $m \perp c$ und M I m, c (Abschn. 2.7, Sätze 1 bis 3). Wegen $A\sigma\sigma_m = A$

und $A\sigma \cdot \sigma\sigma_m = A\sigma_m = A\sigma$ ist $\sigma\sigma_m$ aus der Standuntergruppe von $\{A, A\sigma\}$. Also ist nach Satz 1 $\sigma\sigma_m = \iota$ oder $\sigma\sigma_m = \sigma_c$, d. h. $\sigma = \sigma_m$ oder $\sigma = \sigma_c\sigma_m = \sigma_M$, d. h. $\sigma \in \Gamma \cup \Pi$.

Satz 4 (Standuntergruppe eines Kreuzes) Sei $a \perp b$ und C I a, b. Dann ist $\{\iota, \sigma_a, \sigma_b, \sigma_C\}$ die Standuntergruppe von $\{a, b\}$ in B.

Beweis. Daß $\iota, \sigma_a, \sigma_b, \sigma_C$ die Geraden a, b festlassen, ist trivial. Für die Umkehrung machen wir wieder einen Rückholschluß. Sei $a\gamma = a$ und $b\gamma = b$, also auch $C\gamma = C$ (Fixelementsatz, Abschn. 2.4, Satz 1(iii)).

Fall 1. γ läßt alle Punkte von a fest. Nach dem Korollar von Satz 1 ist dann $\gamma \in \{\iota, \sigma_a\}$.

Fall 2. Es gibt einen Punkt A auf a mit $A\gamma \neq A$. Wegen $C\gamma = C$ ist $A \neq C$. $(A, A\gamma, C)$ ist durch γ ein echtes gleichschenkliges Dreieck mit Spitze C. Wegen A I a und $A\gamma$ I $a\gamma = a$ ist a Verbindungsgerade von A, $A\gamma$ und b das Lot von C darauf. Nach Abschn. 2.5 Satz 7 (Symmetrieachse im echten gleichschenkligen Dreieck) ist $A\gamma\sigma_b = A$. Da auch $C\gamma\sigma_b = C\sigma_b = C$ ist, liegt $\gamma\sigma_b$ in der Standuntergruppe $\{\iota, \sigma_a\}$ von $\{A, C\}$ (Satz 1). Es folgt $\gamma \in \{\sigma_b, \sigma_a\sigma_b\} = \{\sigma_b, \sigma_C\}$.

Die Standuntergruppe eines Punktepaares kennen wir. Fragen wir nach der Standuntergruppe zweier Geraden a, b, so haben wir schon den Fall $a \perp b$ betrachtet. Den Fall $a \parallel b$ verschieben wir auf später und beweisen jetzt

Satz 5 (Standuntergruppe schiefer Geraden) Seien a, b verschiedene, nicht orthogonale Geraden mit Schnittpunkt C. Die Standuntergruppe von $\{a, b\}$ in B ist dann $\{\iota, \sigma_C\}$.

Korollar (Standuntergruppe eines Geradenbüschels.) Sei C ein Punkt. Die Standuntergruppe von $\{c \mid C \text{ I } c\}$ in B ist $\{\iota, \sigma_C\}$.

(Denn das Geradenbüschel $\{c \mid C \text{ I } c\}$ enthält „schiefe Geraden" a, b mit $a \neq b$ und $a \not\perp b$.)

Beweis von Satz 5. „$\supseteq$" ist klar. Zum Beweis von „$\subseteq$" sei γ eine Bewegung mit $a\gamma = a$ und $b\gamma = b$. Sei a' das Lot auf a in C und b' das Lot auf b in C (s. Fig. 3.2). Nach dem Fixelementsatz (Abschn. 2.4, Satz 1) sind C, a', b' Fixelemente von γ. Also liegt γ in der Standuntergruppe des Kreuzes $\{a, a'\}$ und in der Standuntergruppe des Kreuzes $\{b, b'\}$, also auch in deren Durchschnitt $\{\iota, \sigma_C\}$.

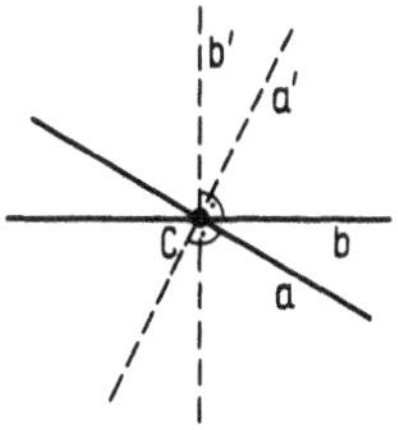

Fig. 3.2

Bemerkung über die Kongruenz von Dreiecken (Dreieck soll in diesem Abschnitt – wie in der Schule üblich – stets heißen ein Dreieck mit nicht auf einer Geraden liegenden Ecken.) C

Die Kongruenz oder Deckungsgleichheit von Dreiecken ist in der Schule meist ein „Grundbegriff". Wie aber überprüft man die Deckungsgleichheit von Dreiecken, wenn man das Zeichenblatt nicht zerschneiden will? Am besten zum Beispiel mit Hilfe des Pergamentpapiers, d. h. man kann zwei Dreiecke kongruent nennen, wenn sie sich durch eine Bewegung aufeinander abbilden lassen. Ob man die Kongruenz von Dreiecken als Grundbegriff auffaßt oder mit Hilfe des Bewegungsbegriffs definiert, ist jedoch mehr eine Frage der Betonung, nicht so wesentlich und für viele Schüler kaum wahrnehmbar.

In vielen Schulbüchern findet sich dann der Satz, daß zwei kongruente Dreiecke durch höchstens drei Geradenspiegelungen aufeinander abgebildet werden können. Die Beweisgedanken sind dabei dieselben wie die, die wir beim Beweis des Hauptsatzes über die Bewegungsgruppe verwendet haben (Mittelgeraden, Symmetrieachse im gleichschenkligen Dreieck). Das ist kein Zufall, denn diese beiden Sätze sind äquivalent. Jedoch wird dieser Zusammenhang in der Schule selten deutlich.

Die eine Richtung ist klar: Zwei Dreiecke heißen kongruent, wenn sie sich durch eine Bewegung aufeinander abbilden lassen. Jede Bewegung ist Produkt von höchstens drei Geradenspiegelungen, also lassen sich kongruente Dreiecke durch höchstens drei Geradenspiegelungen aufeinander abbilden.

Für die Umkehrung ist die entscheidende Aussage, daß zwei Bewegungen, die ein Dreieck gleich abbilden, schon überhaupt gleich sind. Mit Hilfe eines Rückholschlusses ist dies dieselbe Aussage wie: Die Standuntergruppe eines Dreiecks ist $\{\iota\}$, vgl. Aufgabe 6. Dabei ist es für die Schüler leichter, die Standuntergruppe zweier Punkte (z. B. mit dem Pergamentpapier) anzugeben als die Standuntergruppe eines Dreiecks, da sich bei der Standuntergruppe eines Dreiecks Verwechslungen mit „Symmetrien" des Dreiecks einstellen. Daß Dreiecke mehr „Figur" sind als zwei Punkte, hat Vorteile und Nachteile. Von der Standuntergruppe zweier Punkte kann man leicht dazu kommen, daß die Standuntergruppe eines Dreiecks $\{\iota\}$ ist, da bei der Spiegelung an einer der Dreiecksseiten der gegenüberliegende Dreieckspunkt nicht festbleibt. Ist nun γ eine beliebige Bewegung, so wird ein beliebig gewähltes Dreieck durch γ auf ein kongruentes Dreieck abgebildet. Das Ausgangsdreieck kann man, wie vorausgesetzt, durch höchstens drei Geradenspiegelungen auf sein γ-Bild abbilden; γ und das Geradenspiegelungsprodukt bilden also ein Dreieck gleich ab, d. h., γ ist schon gleich diesem Produkt von höchstens drei Geradenspiegelungen. (Natürlich kann man auch einen Rückholschluß in die Standuntergruppe des Dreiecks machen.) Hierin liegt die systematische Bedeutung der Dreiecke in bezug auf Kongruenzbetrachtungen: Durch das Bild eines Dreiecks ist jede Bewegung (Kongruenzabbildung) bereits eindeutig bestimmt, und es gibt keine „kleinere" Figur mit dieser Eigenschaft.

Jedenfalls sollte man unbedingt anstreben, den Hauptsatz über die Bewegungsgruppe in der Sekundarstufe I zu erarbeiten. Andernfalls ist es wohl wenig sinnvoll, überhaupt von Bewegungen und der Bewegungsgruppe zu reden. An diesem Satz hängt auch die ganze Systematik der Einteilung der Bewegungen in Typen, die in den folgenden Abschnitten angegeben wird.

Aufgaben zu Abschn. 3.1

1. a) Sei Q eine Menge von Punkten und H eine Menge von Geraden. Man zeige, daß die Menge der Bewegungen, die Q und H i n s g e s a m t festlassen, also $\{\gamma \mid Q\gamma = Q$ und $H\gamma = H\}$, eine Untergruppe von $\mathfrak{B}$ ist. Diese Untergruppe umfaßt die Standuntergruppe von (Q, H).
b) Man bestimme für zwei verschiedene Punkte A, B die Gruppe $\{\gamma \mid \{A, B\}\gamma = \{A, B\}\}$.

2. Ist $Q \subseteq Q'$ und $H \subseteq H'$, so ist die Standuntergruppe von (Q', H') in der Standuntergruppe von (Q, H) enthalten.

3. In der Definition für Spiegelungen an einer Geraden bzw. an einem Punkt in Abschn. 2.5 kann „involutorische Bewegung" ersetzt werden durch „Bewegung $\neq \iota$".

4. Sei $A\gamma \neq A$. Dann sind die folgenden Aussagen gleichwertig.
(i) γ ist involutorisch.
(ii) $A\gamma^2 = A$.
(iii) Der Mittelpunkt von A, $A\gamma$ ist Fixpunkt von γ.
(iv) Die Mittelgerade von A, $A\gamma$ ist Fixgerade von γ.
(v) γ ist Spiegelung an einem Mittelelement von A, $A\gamma$.

5. Man bestimme die Standuntergruppe a) eines inzidenten Paares Punkt-Gerade.
b) eines nicht inzidenten Paares Punkt-Gerade.

6. a) Die Standuntergruppe von drei Punkten, die nicht auf einer Geraden liegen, ist $\{\iota\}$.
b) Bilden zwei Bewegungen α, β drei nicht auf einer Geraden liegende Punkte gleich ab, so ist $\alpha = \beta$.

7. Für die Gruppe $\mathfrak{D}_4$ (Abschn. 1.3) gebe man eine möglichst kleine Teilmenge an, die die $\mathfrak{D}_4$ erzeugt (die „Baustein-Eigenschaft" hat).

8. Im 9-Punkte-Modell gebe man eine möglichst kleine, die Punktspiegelungen umfassende Teilmenge der Bewegungsgruppe an, die die Bewegungsgruppe des Modells erzeugt.

9. Nach dem Hauptsatz über die Bewegungsgruppe einer euklidischen Ebene liegen insbesondere auch die Geradenspiegelungen selbst in $\Gamma^2 \cup \Gamma^3$. Liegen sie in Γ^2 oder in Γ^3, oder ist beides möglich?

10. Ist Γ ein Involutionenbüschel der Bewegungsgruppe einer euklidischen Ebene?

3.2 Translationen und Punktspiegelungen

Nach dem Hauptsatz über die Bewegungsgruppe einer euklidischen Ebene (Abschn. 3.1) A
ist jede Bewegung Produkt von zwei oder drei Geradenspiegelungen. Später (Abschn. 3.6) werden wir beweisen, daß keine Bewegung zugleich Produkt von zwei und von drei Geradenspiegelungen sein kann, d. h. $\{\Gamma^2, \Gamma^3\}$ ist eine Klasseneinteilung der Bewegungsgruppe. Diese Klasseneinteilung wird der rote Faden für dieses Kapitel sein.

Zunächst betrachten wir die Bewegungen aus Γ^2, also die Bewegungen, die sich als Produkt von zwei Geradenspiegelungen darstellen lassen. Hierbei sind zwei Fälle möglich: Die Geraden, an denen gespiegelt wird, sind parallel, oder sie haben einen gemeinsamen Punkt. Im ersten Fall wird die dargestellte Bewegung eine Translation oder Parallelverschiebung, im zweiten Fall eine Drehung genannt. Im Durchschnitt beider Fälle liegen die Produkte $\sigma_a\sigma_b$ mit a = b. Die dargestellte Bewegung ist dann natürlich ι, d. h., ι ist zugleich Drehung und Translation. Wir werden sehen, daß auch nur ι zugleich Drehung und Translation ist.

Die Rechtfertigung der Bezeichnungen Parallelverschiebung bzw. Drehung ergibt sich aus den Eigenschaften, die über diese Bewegungen bewiesen werden. Natürlich wird man in der Schule umgekehrt vorgehen: Zunächst werden Eigenschaften der Bewegungen $\sigma_a\sigma_b$ festgestellt. Dabei wird es sich zeigen, daß es sinnvoll ist, die Fälle a $\|$ b und a $\nparallel$ b zu unterscheiden. Wenn die Schüler die wesentlichen Eigenschaften dieser Bewegungstypen erfaßt haben, werden sie von sich aus passende Namen vorschlagen.

Eine einfache Rechnung mit Spiegelungen zeigt, daß die Translationen auch genau die Bewegungen sind, die sich als Produkt von zwei Punktspiegelungen darstellen lassen. Oft hat es Vorteile, die Translationen im Zusammenhang mit den Punktspiegelungen zu sehen. In diesem Abschn. 3.2 werden wir zunächst die Translationen unter diesem Aspekt betrachten. (In Abschn. 3.4 werden die Translationen im Zusammenhang mit den Geradenspiegelungen untersucht.) Zum Beispiel bilden Punktspiegelungen jede Gerade auf eine zu ihr parallele Gerade ab; also haben die Translationen als Produkt von zwei Punktspiegelungen ebenfalls diese Eigenschaft. Genauer gilt, daß die Translationen und Punktspiegelungen schon alle Bewegungen sind, die jede Gerade a auf eine zu a parallele Gerade abbilden.

Damit bilden die Punktspiegelungen und Translationen eine Untergruppe der Bewegungsgruppe (vgl. Abschn. 2.5, Aufgabe 5). Diese Gruppe der Punktspiegelungen und Translationen ergibt sich auch aus dem Satz über Involutionenbüschel (Abschn. 1.3), den wir nun zum ersten Mal anwenden werden. Es ist eines der schönsten Phänomene der Bewegungsgruppe einer euklidischen Ebene, daß jedes Produkt von drei Punktspiegelungen wieder eine Punktspiegelung ist, und zwar die Spiegelung am „vierten Parallelogrammpunkt". Die Punktspiegelungen sind also ein Involutionenbüschel in der Bewegungsgruppe Damit bilden nicht nur die Translationen und Punktspiegelungen eine Untergruppe der Bewegungsgruppe, sondern auch die Translationen allein eine sogar kommutative Untergruppe der Bewegungsgruppe. Die Translationengruppe und die Punkte „passen ausgezeichnet zusammen", und im Folgeband wird sich die systematische Bedeutung dieser Gruppe zeigen.

B **Definition** Seien a, b parallele Geraden. Dann heißt $\sigma_a\sigma_b$ eine *Translation* oder eine *Parallelverschiebung*. Die Menge aller Translationen wird mit T bezeichnet. Also

$$T := \{\gamma \mid \text{es gibt } a, b \in G \text{ mit } a \parallel b \text{ und } \gamma = \sigma_a\sigma_b\}.$$

Als Variable für Translationen benutzen wir den Buchstaben τ.

Satz 1 Die Translationen sind genau die Produkte von zwei Punktspiegelungen. Kurz:

$$T = \Pi^2.$$

B e w e i s. Sei τ eine Translation und $\tau = \sigma_a \sigma_b$ mit a ∥ b. Sei c ein gemeinsames Lot auf a, b (Abschn. 2.3). Sei A der Schnittpunkt von a, c und B der Schnittpunkt von b, c (s. Fig. 3.3). Dann ist $\tau = \sigma_a \sigma_b = \sigma_a \sigma_c \sigma_c \sigma_b = \sigma_A \cdot \sigma_B$ (Abschn. 2.5, Satz 9 von den Spiegelungen am Kreuz). Für die Umkehrung seien A, B zwei Punkte mit Verbindungsgerade c. Sei a Lot auf c in A und b Lot auf c in B. Dann ist a ∥ b und $\sigma_A \sigma_B = \sigma_a \sigma_c \sigma_c \sigma_b = \sigma_a \sigma_b$ eine Translation.

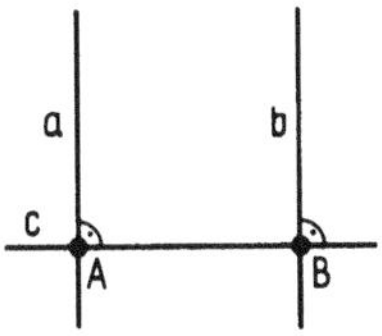

Fig. 3.3

Korollar Für jede Gerade a und jede Translation τ gilt a ∥ aτ.

(Denn die Punktspiegelungen bilden jede Gerade auf eine zu ihr parallele Gerade ab, Abschn. 2.5, Satz 4.)

Die Translationen sind die Produkte von zwei Punktspiegelungen; ein Produkt von drei Punktspiegelungen ist wieder eine Punktspiegelung, und zwar die Spiegelung am „vierten Parallelogrammpunkt". Da wir Parallelogramme noch nicht definiert haben und diese Definition auch etwas vorbereitet werden muß, benutzen wir im folgenden Beweis den „vierten Parallelogrammpunkt", ohne ihn als solchen anzusprechen (vgl. Abschn. 3.3, Aufgabe 5).

Satz 2 Ein Produkt von drei Punktspiegelungen ist wieder eine Punktspiegelung. Kurz:

$$\Pi^3 \subseteq \Pi.$$

Die Punktspiegelungen bilden also ein Involutionenbüschel in der Bewegungsgruppe.

B e w e i s. Seien A, B, C ∈ P. Sei D der Mittelpunkt von $B\sigma_C$ und $B\sigma_A$, so daß $B\sigma_C \sigma_D = B\sigma_A$ gilt (s. Fig. 3.4).

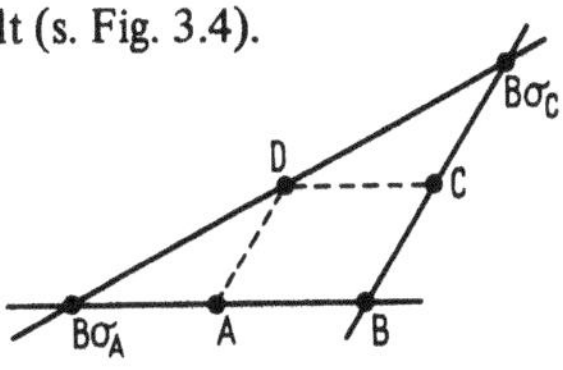

Fig. 3.4

$B\sigma_A$ ist Fixpunkt von $\sigma_A \sigma_B \sigma_C \sigma_D$; denn $B\sigma_A \sigma_A \sigma_B \sigma_C \sigma_D = B\sigma_C \sigma_D = B\sigma_A$. Jede Gerade a wird bei jeder Punktspiegelung, also auch bei der Hintereinanderausführung $\sigma_A \sigma_B \sigma_C \sigma_D$, auf eine zu a parallele Gerade abgebildet. Daher sind alle Geraden durch den Fixpunkt $B\sigma_A$ Fixgeraden von $\sigma_A \sigma_B \sigma_C \sigma_D$.

Das Korollar zu Satz 5 aus Abschn. 3.1 (Standuntergruppe eines Geradenbüschels) zeigt, daß $\sigma_A \sigma_B \sigma_C \sigma_D \in \{\iota, \sigma_{B\sigma_A}\}$ ist. Davon scheidet $\sigma_A \sigma_B \sigma_C \sigma_D = \sigma_{B\sigma_A} = \sigma_A \sigma_B \sigma_A$ (Abschn. 2.5, Satz 10 von den bewegten Spiegelungen) aus, da sonst nach Kürzen $\sigma_C \sigma_D = \sigma_A$ und

damit $\sigma_C \mid \sigma_D$ wäre, im Widerspruch zu Abschn. 2.6, Satz 4. Also ist $\sigma_A\sigma_B\sigma_C\sigma_D = \iota$ oder $\sigma_A\sigma_B\sigma_C = \sigma_D$.
Aus Satz 2, Satz 1 und dem Satz über Involutionenbüschel (Abschn. 1.3) folgt

Satz 3 Die Translationen bilden eine kommutative Untergruppe der Bewegungsgruppe. Die Translationen und Punktspiegelungen bilden eine Untergruppe der Bewegungsgruppe. Keine Bewegung ist zugleich Translation und Punktspiegelung.

Die Gruppe der Translationen und Punktspiegelungen ist die von den Punktspiegelungen erzeugte Untergruppe $\langle \Pi \rangle$ von B. Diese Gruppe läßt sich auch geometrisch deuten als Gruppe der Bewegungen, die die Menge aller Parallelbüschel elementweise festlassen; wir nennen sie in Anlehnung an Abschn. 3.1 auch eine „Standuntergruppe" (obwohl sie nicht unter die in Abschn. 3.1 gegebene Definition fällt):

Satz 4 (Standuntergruppe aller Parallelbüschel) Die Gruppe der Translationen und Punktspiegelungen ist die Gruppe der Bewegungen, die jede Gerade a auf eine zu a parallele Gerade abbilden.

$$\Pi \cup T = \{\gamma \mid a \parallel a\gamma \text{ für alle } a \in G\}.$$

Beweis. „$\subseteq$" wurde schon gezeigt. Für die andere Inklusion machen wir einen Rückholschluß (vgl. Abschn. 3.1): Sei γ eine Bewegung mit $a \parallel a\gamma$ für alle a. Sei A ein beliebiger Punkt und M der Mittelpunkt von A und $A\gamma$, also $A\gamma\sigma_M = A$. Jede Gerade a durch den Fixpunkt A von $\gamma\sigma_M$ ist wegen $a \parallel a\gamma \parallel a\gamma\sigma_M$ eine Fixgerade von $\gamma\sigma_M$. Nach dem Korollar über die Standuntergruppe eines Geradenbüschels in Abschn. 3.1 ist $\gamma\sigma_M \in \{\iota, \sigma_A\}$, also $\gamma = \sigma_M$ oder $\gamma = \sigma_A\sigma_M$, d. h. $\gamma \in \Pi \cup \Pi^2 = \Pi \cup T$.

Die Fixgeraden einer Translation bestimmen wir in Abschn. 3.4. Über die Fixpunkte einer Translation gilt

Satz 5 Eine Translation $\neq \iota$ hat keinen Fixpunkt.

Beweis der Kontraposition. Sei F Fixpunkt von $\tau = \sigma_A\sigma_B$. Dann ist $F\sigma_A\sigma_B = F$, also $F\sigma_A = F\sigma_B$. A und B sind also Mittelpunkte von F und $F\sigma_A (= F\sigma_B)$. Wegen der Eindeutigkeit des Mittelpunktes (Abschn. 2.7, Satz 2) ist A = B und damit $\tau = \sigma_A\sigma_B = \iota$.

Aus Satz 5 und der Gruppenstruktur der Translationen ergibt sich eine wichtige Konsequenz: zwei Translationen sind schon gleich, wenn sie auch nur einen Punkt gleich abbilden. Denn sei $A\tau_1 = A\tau_2$ für zwei Translationen τ_1, τ_2 und einen beliebigen Punkt A. Dann folgt $A\tau_1\tau_2^{-1} = A$, d. h., die Translation $\tau_1\tau_2^{-1}$ hat A als Fixpunkt. Damit ist $\tau_1\tau_2^{-1} = \iota$, also $\tau_1 = \tau_2$.
Sind A, B zwei beliebige Punkte und ist M ihr Mittelpunkt, so ist $\sigma_A\sigma_M$ eine Translation mit $A\sigma_A\sigma_M = A\sigma_M = B$. Nach der zuvor gemachten Bemerkung ist $\sigma_A\sigma_M$ die einzige Translation, bei der A auf B abgebildet wird. Also gibt es zu je zwei Punkten A, B genau eine Translation τ mit $A\tau = B$. In der Sprache der Mathematik gibt es für dieses Phänomen einen Begriff. Man sagt, die Gruppe der Translationen operiert scharf transitiv auf der Punktmenge. („Transitiv" bedeutet, von jedem Punkt aus kann man durch Anwendung von Translationen jeden anderen Punkt erreichen; „scharf" ist die Eindeutigkeitsaussage.)

Satz 6 Die Translationengruppe T operiert scharf transitiv auf der Punktmenge P, d. h., zu je zwei Punkten A, B gibt es genau eine Translation τ mit $A\tau = B$.

Definition Für je zwei Punkte A, B bezeichne τ_{AB} die nach dem vorigen Satz eindeutig bestimmte Translation, bei der A auf B abgebildet wird.

Also ist $\tau_{AB} \in T$ und $A\tau_{AB} = B$. Offensichtlich gilt mit dieser Bezeichnung

$$\tau_{AB}\tau_{BC} = \tau_{AC}, \qquad \tau_{AB}^{-1} = \tau_{BA}, \qquad \text{und}$$

$$\tau_{AB} = \iota \text{ genau dann, wenn } A = B.$$

Für jede Gerade a und jeden Punkt A mit A I a ist $a\tau_{AB}$ die Parallele zu a durch B (Fig. 3.5).

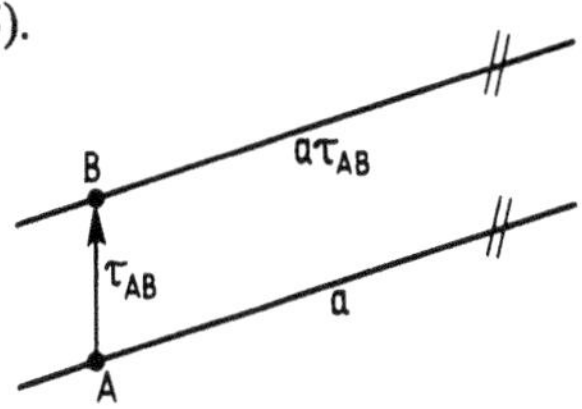

Fig. 3.5

Aus dem Satz von den bewegten Spiegelungen (Abschn. 2.5, Satz 10) und Satz 1 folgt

Satz 7 (Von der bewegten Translation)

$$\gamma^{-1}\tau_{AB}\gamma = \tau_{A\gamma B\gamma}.$$

Beweis als Übungsaufgabe.

Sei M Mittelpunkt von A, B. Wie schon festgestellt, ist dann $\tau_{AB} = \sigma_A\sigma_M$. Ebenso ist $A\sigma_M\sigma_B = B\sigma_B = B$, also auch $\sigma_M\sigma_B = \tau_{AB}$. Damit ist $\sigma_A\sigma_B = \sigma_A\sigma_M\sigma_M\sigma_B = \tau_{AB}^2$. Dies halten wir fest in

Satz 8 (Zusammenhang von $\sigma_A\sigma_B$ und τ_{AB})

$$\sigma_A\sigma_B = \tau_{AB}^2.$$

Fig. 3.6 ist eine Veranschaulichung von Satz 8.

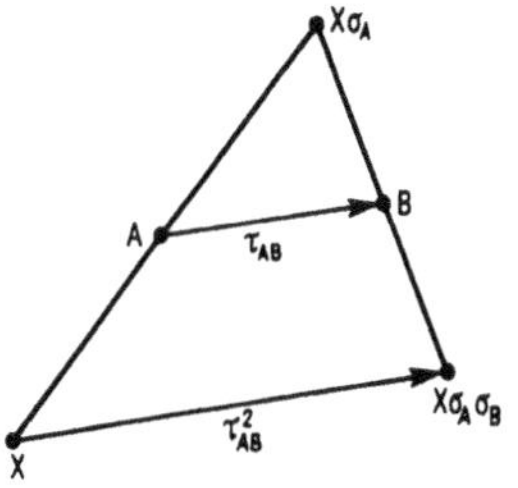

Fig. 3.6

Korollar Keine Translation ist involutorisch: $\tau^2 = \iota \Rightarrow \tau = \iota$.

(Denn aus $\tau_{AB}^2 = \iota$ folgt $\sigma_A\sigma_B = \iota$, also A = B und damit $\tau_{AB} = \iota$, vgl. auch Aufgabe 3.)

Nach Satz 8 ist jede Translation als Quadrat einer Translation darstellbar. Die Abbildung, die jeder Translation ihr Quadrat zuordnet, ist also surjektiv. Sie ist auch injektiv:

Satz 9 $\mathsf{T} \to \mathsf{T}, \tau \mapsto \tau^2$ ist eine Permutation von T.

B e w e i s der Injektivität. Aus $\tau_1^2 = \tau_2^2$ folgt, da T eine kommutative Gruppe ist, $\iota = \tau_1^2(\tau_2^2)^{-1} = \tau_1^2(\tau_2^{-1})^2 = (\tau_1\tau_2^{-1})^2$, und hieraus mit dem Korollar zu Satz 8 $\tau_1\tau_2^{-1} = \iota$, also $\tau_1 = \tau_2$.

Satz 9 hat mit Satz 8 zusammen eine praktische Anwendung. Wir können in vielen Fällen wahlweise mit der Translation τ_{AB} oder mit ihrem Quadrat $\sigma_A\sigma_B$ schließen. Ein erstes Beispiel ist

Satz 10 M ist Mittelpunkt von A, B $\Longleftrightarrow \tau_{AM} = \tau_{MB}$ (Fig. 3.7).

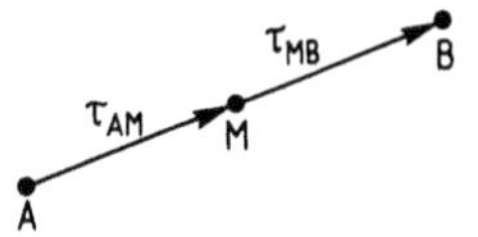

Fig. 3.7

B e w e i s. Wir zeigen: M ist Mittelpunkt von A, B $\Longleftrightarrow \sigma_A\sigma_M = \sigma_M\sigma_B$. Dann folgt die Behauptung mit Satz 8 und Satz 9. Es ist $\sigma_A\sigma_M = \sigma_M\sigma_B \Longleftrightarrow \sigma_M\sigma_A\sigma_M = \sigma_B \Longleftrightarrow \sigma_{A\sigma_M} = \sigma_B \Longleftrightarrow A\sigma_M = B \Longleftrightarrow$ M ist Mittelpunkt von A, B.

Aufgaben zu Abschn. 3.2

1. Für jede Bewegung γ und jede Translation τ_{AB} gilt $\gamma^{-1}\tau_{AB}\gamma = \tau_{A\gamma B\gamma}$.

2. Sei τ eine Translation und C ein Punkt. Dann gilt $\sigma_C\tau\sigma_C = \tau^{-1}$.

3. Ohne Benutzung von Satz 8 beweise man, daß keine Translation involutorisch ist.

4. Man gebe eine Bijektion von P auf T an.

5. Man bestimme die Translationengruppe im 9-Punkte-Modell.

6. Die Bewegungsgruppe B operiert transitiv auf der Punktmenge. Operiert B transitiv auf der Geradenmenge? (Hinweis. 9-Punkte-Modell und Abschn. 2.7, Aufgabe 8.)

7. a) Es ist $\tau_{AB} = \tau_{DC}$ genau dann, wenn $\sigma_A\sigma_B\sigma_C\sigma_D = \iota$ ist.
b) Sei τ eine Translation und A ein Punkt. Dann gibt es einen Punkt B mit $\tau = \tau_{AB}$.

8. Sei $\tau_{AB} = \tau_{DC}$ und $A \neq B$. Dann ist die Verbindungsgerade von A, B parallel zur Verbindungsgerade von C, D.

9. (M i t t e l p a r a l l e l e i m D r e i e c k) Sei (A, B, C) ein Dreieck, sei D Mittelpunkt von B, C und E Mittelpunkt von A, C und F Mittelpunkt von A, B (Fig. 3.8). Dann ist $\tau_{AF} = \tau_{ED} = \tau_{FB}$.

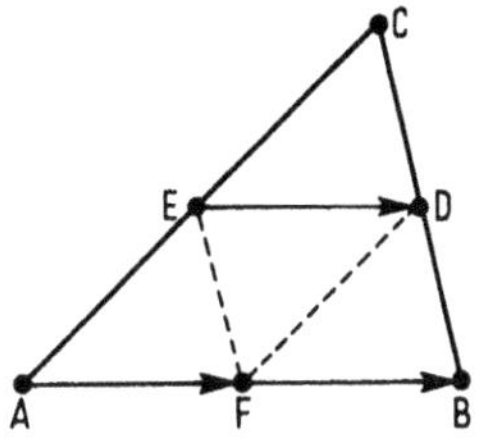

Fig. 3.8

3.3 Parallelogramme

Bei der Betrachtung von Translationen oder Parallelverschiebungen stößt man allenthalben auf „Parallelogramme", und es war beinahe etwas mühsam, in Abschn. 3.2 ohne diesen Begriff auszukommen. Darüber hinaus sind Parallelogramme so reizvoll, daß nun ein ganzer Abschnitt von ihnen handeln soll. A

Bei der Definition des Parallelogrammbegriffs treten dieselben Schwierigkeiten auf, wie wir sie bei den Dreiecken auch hatten. Einerseits möchte man Parallelogramme so „rund" definieren, daß man in den Sätzen über Parallelogramme nicht dauernd lästige Sonderfälle betrachten oder ausschließen muß. Andererseits ist man wenig geneigt, auch etwas anderes als die vertraute Darstellung in Fig. 3.9 als Parallelogramm zu akzeptieren.

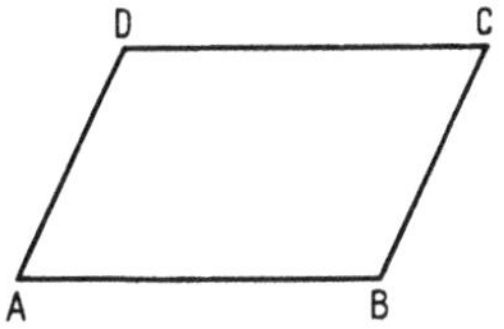

Fig. 3.9

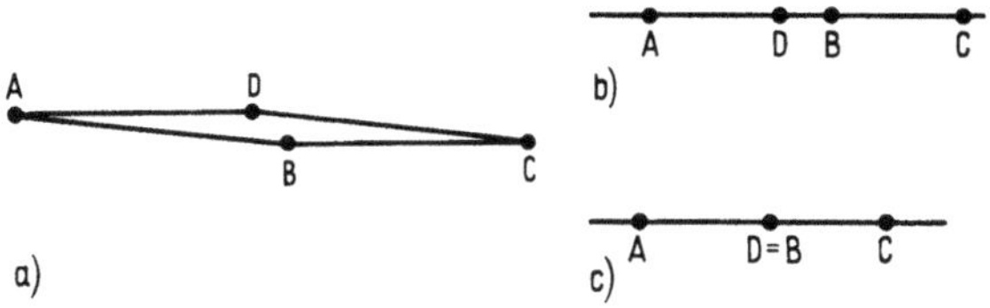

Fig. 3.10

Fig. 3.10a zeigt ein Parallelogramm; Fig. 3.10b und c auch?

(In allen drei Figuren ist die „Strecke" $\overline{AB}$ parallel und gleichlang zur „Strecke" $\overline{DC}$ und die „Strecke" $\overline{AD}$ parallel und gleichlang zur „Strecke" $\overline{BC}$.)

Soll ein Parallelogramm die „Schnittfigur" zweier Geraden eines Parallelbüschels mit zwei Geraden eines anderen Parallelbüschels sein (frei nach Lexikon)? Dann zeigen auch Fig. 3.11a und b Parallelogramme.

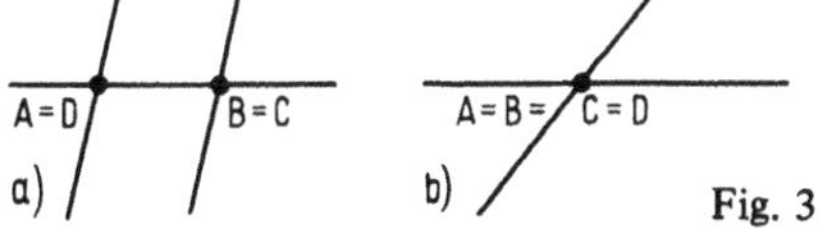

Fig. 3.11

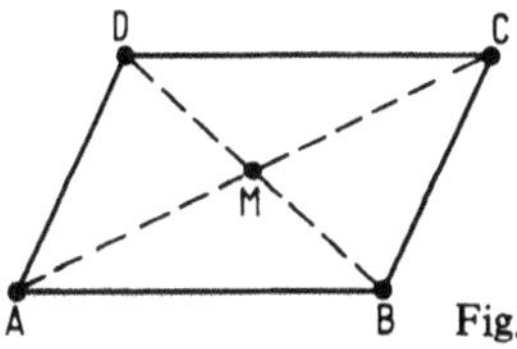

Fig. 3.12

Wir entscheiden uns für eine runde, den Parallelverschiebungen gut angepaßte Definition von Parallelogramm, die neben den vertrauten Parallelogrammen im wesentlichen genau die Sonderfälle der bisher betrachteten Figuren umfaßt. Wer diese Sonderfälle nicht Parallelogramme nennen will, muß sie jeweils ausschließen, bzw. wenn auf ein Parallelogramm geschlossen wird, sie als „Oder-Fälle" anschließen. Daß die vier Punkte des Parallelogramms nicht auf einer Geraden liegen, ist eine Zusatzforderung, die alle Sonderfälle ausschließt. Wir wollen diese Parallelogramme echte Parallelogramme nennen. Alle Sätze, die wir über Parallelogramme beweisen, sind jedenfalls richtige Sätze über echte Parallelogramme.

B **Definitionen** Ein *Viereck* ist ein Quadrupel (A, B, C, D). Ein *Parallelogramm* ist ein Viereck (A, B, C, D), bei dem der Mittelpunkt von A, C gleich dem Mittelpunkt von B, D ist, d. h., zu dem es einen Punkt M gibt mit $A\sigma_M = C$ und $B\sigma_M = D$ (Fig. 3.12).

Um zu zeigen, wie „natürlich" diese Parallelogrammdefinition ist, betrachten wir sie für echte Parallelogramme.

Ein Parallelogramm (A, B, C, D) heißt *echt*, wenn die Punkte A, B, C, D nicht auf einer Geraden liegen. Für echte Parallelogramme (A, B, C, D) folgt, daß die Ecken A, B, C, D paarweise verschieden sind (vgl. Aufgabe 1). Ist $A \neq C$ und $B \neq D$, so heißen die Verbindungsgeraden von A, C und von B, D auch *Diagonalen* des Vierecks (A, B, C, D).

Der Mittelpunkt zweier verschiedener Punkte liegt immer auf der Verbindungsgeraden der beiden Punkte (Abschn. 2.7, Satz 3). Für echte Parallelogramme gilt also, daß sich die Diagonalen im Mittelpunkt von A, C und von B, D schneiden. In etwas freier Redeweise kann man auch sagen: Bei einem echten Parallelogramm „halbieren" sich die Diagonalen; oder: Ein echtes Parallelogramm ist „punktsymmetrisch" in bezug auf den Schnittpunkt der Diagonalen. (Jedoch ist nicht jedes „punktsymmetrische" Viereck ein Parallelogramm, wie in Aufgabe 2 gezeigt werden soll.)

Satz 1 (*Translationen, Punktspiegelungen und Parallelogramme*) Für jedes Viereck (A, B, C, D) sind die folgenden Aussagen paarweise äquivalent:

(i) (A, B, C, D) ist ein Parallelogramm.

(ii) $\sigma_A \sigma_B \sigma_C \sigma_D = \iota$.
(Die Hintereinanderausführung der Spiegelungen an den 4 Ecken ist ι.)

(iii) $\sigma_A \sigma_B \sigma_C = \sigma_D$.
(Die Hintereinanderausführung der Spiegelungen an drei „aufeinanderfolgenden" Ecken ist die Spiegelung an der vierten Ecke.)

(iv) $\sigma_A \sigma_B = \sigma_D \sigma_C$.

(v) $\tau_{AB} = \tau_{DC}$.
(Die Translation, die A in B überführt, ist gleich der Translation, die D in C überführt.)

(vi) $\tau_{AB} \tau_{AD} = \tau_{AC}$.
(Die Hintereinanderausführung der beiden Translationen, die A auf seine „Nachbarecken" abbilden, ist die Translation, die A auf seine „Gegenecke" abbildet.)

B e w e i s. Wir zeigen (i) $\Longleftrightarrow$ (v) $\Longleftrightarrow$ (iv) $\Longleftrightarrow$ (iii) $\Longleftrightarrow$ (ii) und (v) $\Longleftrightarrow$ (vi).

(i) $\Longleftrightarrow$ (v). Sei M Mittelpunkt von A, C, also $\tau_{AM} = \tau_{MC}$ (Abschn. 3.2, Satz 10). Dann gilt: M ist Mittelpunkt von B, D $\Longleftrightarrow \tau_{DM} = \tau_{MB} \Longleftrightarrow \tau_{AM}\tau_{MB} = \tau_{MC}\tau_{DM} \Longleftrightarrow \tau_{AM}\tau_{MB} = \tau_{DM}\tau_{MC} \Longleftrightarrow \tau_{AB} = \tau_{DC}$ (Fig. 3.13).

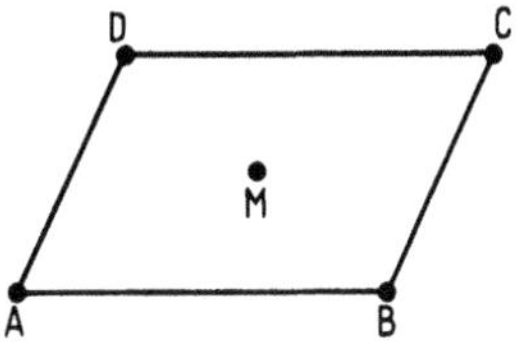

Fig. 3.13

(v) $\Longleftrightarrow$ (iv). Dies ist eine Anwendung der Sätze 8 und 9 aus Abschn. 3.2.
(iii) und (ii) sind nur triviale Umrechnungen von (iv).

(v) $\Longleftrightarrow$ (vi). $\tau_{AB}\tau_{AD} = \tau_{AC} \Longleftrightarrow \tau_{AD}\tau_{AB} = \tau_{AC} \Longleftrightarrow A\tau_{AD}\tau_{AB} = A\tau_{AC} \Longleftrightarrow D\tau_{AB} = C \Longleftrightarrow \tau_{AB} = \tau_{DC}$.

Aufgabe 5 zu diesem Abschnitt ist eine Ergänzung zu Satz 1.

Der folgende Satz über echte Parallelogramme stellt eine Verbindung zu einer – bereits erwähnten – üblichen Parallelogrammdefinition her.

Satz 2 (P a r a l l e l o g r a m m e u n d P a r a l l e l s t r e i f e n) Seien A, B, C, D vier nicht auf einer Geraden liegenden Punkte (s. Fig. 3.14). (A, B, C, D) ist genau dann ein Parallelogramm, wenn es Geraden g, g′, h, h′ gibt mit $g \parallel g'$ und $h \parallel h'$ und A I g, h; B I g, h′; C I g′, h′; D I g′, h.

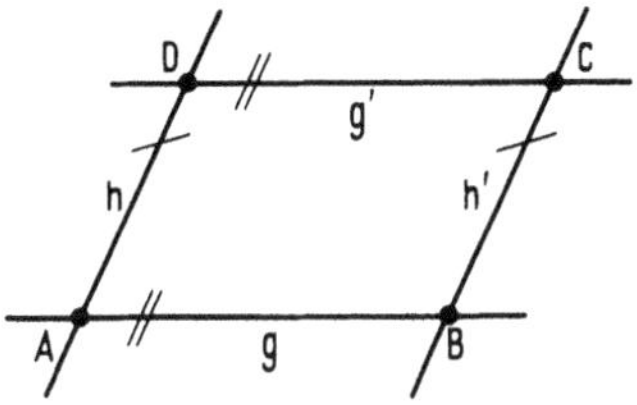

Fig. 3.14

B e w e i s. Sei $g \parallel g'$ und $h \parallel h'$ und seien die Punkte A, B, C, D mit den entsprechenden Inzidenzen gegeben. Dann ist $g \nparallel h$. Denn sonst wären g, g′, h, h′ paarweise parallel, und aus den Inzidenzen folgte $g = h = g' = h'$, im Widerspruch zur Voraussetzung, daß A, B, C, D nicht auf einer Geraden liegen. Ebenso ist $g' \nparallel h'$. Also ist C der einzige Punkt, der auf g′ und auf h′ liegt. Es ist $g\tau_{AB}\tau_{AD} = g\tau_{AD} = g'$ und $h\tau_{AB}\tau_{AD} = h\tau_{AD}\tau_{AB} = h\tau_{AB} = h'$. Aus A I g, h folgt also $A\tau_{AB}\tau_{AD}$ I g′, h′, d. h. $A\tau_{AB}\tau_{AD} = C$ und damit $\tau_{AB}\tau_{AD} = \tau_{AC}$. Mit Satz 1 folgt die Behauptung.

Der Beweis der „anderen Richtung“ ist eine Übungsaufgabe.

Mit den wichtigsten systematischen Fragen zu den Parallelogrammen sind wir fertig. Was nun kommt, dient dem Vergnügen. B/C

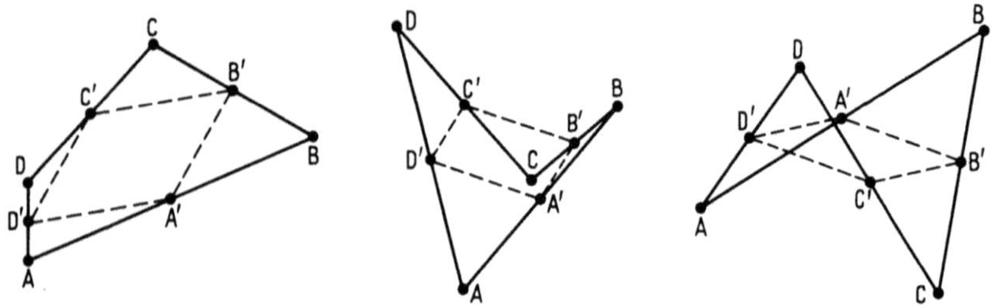

Fig. 3.15

Satz 3 (S e i t e n m i t t e n v i e r e c k) Das Seitenmittenviereck eines jeden Vierecks ist ein Parallelogramm, d. h., ist $A\sigma_{A'} = B$ und $B\sigma_{B'} = C$ und $C\sigma_{C'} = D$ und $D\sigma_{D'} = A$, dann ist (A', B', C', D') ein Parallelogramm.

Beispiele in der Zeichenebene zeigt Fig. 3.15, im 9-Punkte-Modell Fig. 3.16.

Der B e w e i s ist so kurz wie der Satz schön ist: Die Translation $\sigma_{A'}\sigma_{B'} \cdot \sigma_{C'}\sigma_{D'}$ hat den Fixpunkt A, ist also $= \iota$.

Das Seitenmittenviereck ist der Ausgangspunkt einer Theorie über n-Ecke von F. Bachmann/E. Schmidt (Mannheim 1970). Auch die nachfolgenden Figuren dieses Paragraphen finden sich in diesem Buch.

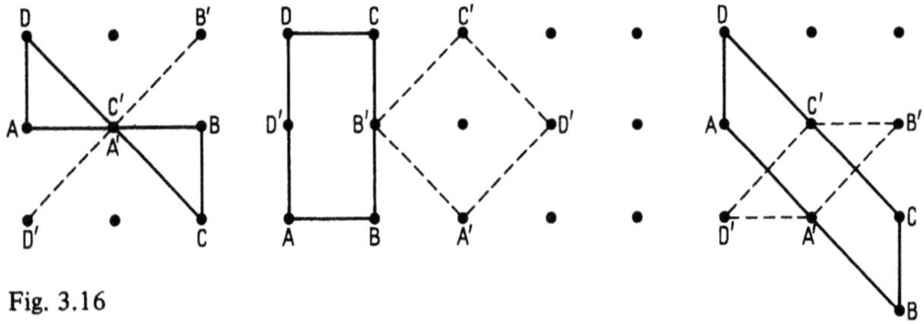

Fig. 3.16

Satz 4 (K l e i n e r S a t z v o n D e s a r g u e s) Sind (A, B, C, D) und (D, C, E, F) Parallelogramme, so ist auch (A, B, E, F) ein Parallelogramm (Fig. 3.17).

B e w e i s als Übungsaufgabe.

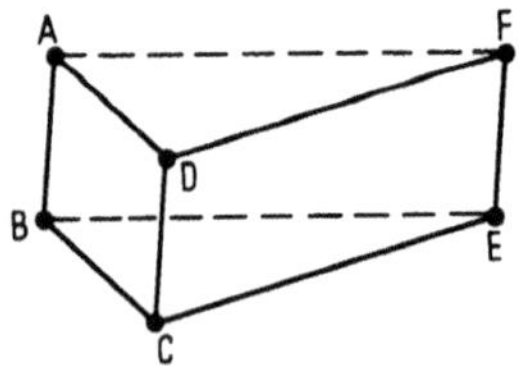

Fig. 3.17

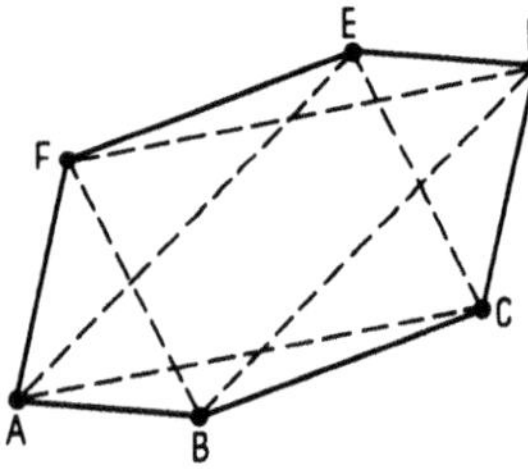

Fig. 3.18

Satz 5 (Verallgemeinerter kleiner Satz von Pappus)
Ist (A, B, D, E) ein Parallelogramm und (B, C, E, F) ein Parallelogramm, dann ist auch (C, D, F, A) ein Parallelogramm (Fig. 3.18).

Beweis als Übungsaufgabe.

Die Sechsecke aus dem vorigen Satz werden bei Bachmann/Schmidt 6-Parallelogramme genannt.

Ein 6-Parallelogramm ist also ein Sechseck (A, B, C, D, E, F) mit $\sigma_A \sigma_B \sigma_D \sigma_E = \iota$, $\sigma_B \sigma_C \sigma_E \sigma_F = \iota$ und $\sigma_C \sigma_D \sigma_F \sigma_A = \iota$. Dabei folgt nach dem verallgemeinerten kleinen Satz von Pappus aus je zweien dieser Gleichungen die dritte.

Offensichtlich sind die 6-Parallelogramme genau die Sechsecke (A, B, C, D, E, F), bei denen die Mittelpunkte von A, D, von B, E und von C, F übereinstimmen.

Satz 6 (6-Parallelogramme und Quaderprojektionen) Für jedes Sechseck (A, B, C, D, E, F) sind die folgenden Aussagen paarweise äquivalent (Fig. 3.19):

(i) (A, B, C, D, E, F) ist ein 6-Parallelogramm.

(ii) $\sigma_A \sigma_B \sigma_C = \sigma_C \sigma_D \sigma_E = \sigma_E \sigma_F \sigma_A$ (d. h. die vierten Parallelogrammpunkte zu A, B, C, zu C, D, E und zu E, F, A stimmen überein).

(iii) $\sigma_B \sigma_C \sigma_D = \sigma_D \sigma_E \sigma_F = \sigma_F \sigma_A \sigma_B$.

Beweis als Übungsaufgabe.

Sechsecke (A, B, C, D, E, F) mit $\sigma_A \sigma_B \sigma_C = \sigma_B \sigma_C \sigma_D = \sigma_C \sigma_D \sigma_E = \sigma_D \sigma_E \sigma_F = \sigma_E \sigma_F \sigma_A = \sigma_F \sigma_A \sigma_B$, bei denen also je drei aufeinanderfolgende Ecken denselben vierten Parallelogrammpunkt haben, heißen bei Bachmann/Schmidt affin-regulär.

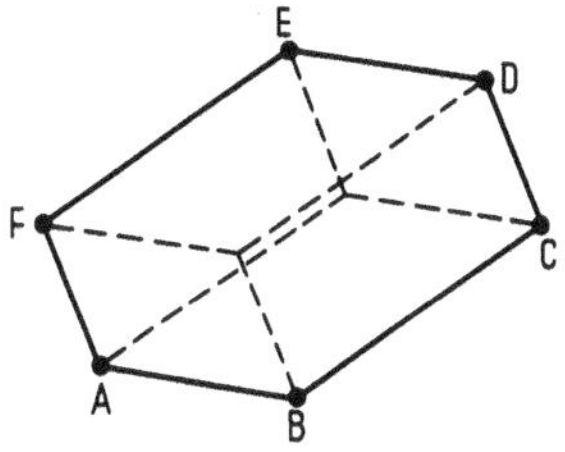

Fig. 3.19

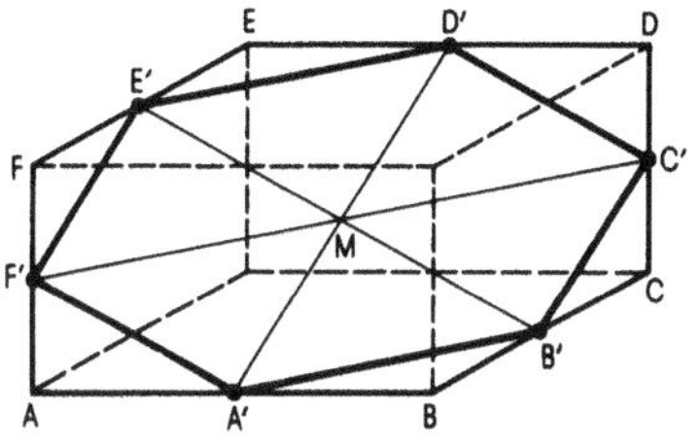

Fig. 3.20

Satz 7 (Titelbild n-Ecke) Das Sechseck der Seitenmitten eines 6-Parallelogramms ist affin-regulär (Fig. 3.20).

Beweis. Sei (A, B, C, D, E, F) ein 6-Parallelogramm mit den Seitenmitten A', B', C', D', E', F'. Sei M der Mittelpunkt von A, D, von B, E und von C, F. Bei σ_M geht der Mittelpunkt A' von A, B also in den Mittelpunkt D' von D, E über, B' geht bei σ_M in E' über und C' in F'. Also ist auch (A', B', C', D', E', F') ein 6-Parallelogramm mit dem Mittelpunkt M. Die Translation $\sigma_{A'} \sigma_{B'} \cdot \sigma_{C'} \sigma_{D'} \cdot \sigma_{E'} \sigma_{F'}$ hat den Fixpunkt A, ist also gleich ι. Damit ist $\sigma_{A'} \sigma_{B'} \sigma_{C'} = \sigma_{F'} \sigma_{E'} \sigma_{D'} = \sigma_{D'} \sigma_{E'} \sigma_{F'}$. Die übrigen Gleichungen folgen aus dem Satz über 6-Parallelogramme und Quaderprojektionen.

Aufgaben zu Abschn. 3.3

1. a) Bei einem echten Parallelogramm (A, B, C, D) sind die Ecken paarweise verschieden, und keine drei Ecken liegen auf einer Geraden.

b) Man gebe einen „Überblick" über alle unechten Parallelogramme an.

2. Ein Viereck (A, B, C, D) heißt *punktsymmetrisch*, wenn es eine Punktspiegelung gibt, die die Ecken des Vierecks (die Komponenten des Quadrupels) permutiert.

a) Man zeige: Nicht jedes punktsymmetrische Viereck ist ein Parallelogramm.

b) Sind die Vierecke (A, A, A, B) punktsymmetrisch?

3. Ist jedes Viereck (A, B, C, D) mit 4 verschiedenen Punkten, bei dem die Verbindungsgeraden von A, B und C, D parallel sind und die Verbindungsgeraden von A, D und B, C parallel sind, ein Parallelogramm?

4. Aus einem Schulbuch: „Parallelogramme sind die Vierecke mit gleichlangen Gegenseiten." Man untersuche diese Aussage im Rahmen unserer Theorie. (Die „Seite $\overline{AB}$" heiße gleichlang zur „Seite $\overline{CD}$", wenn es eine Bewegung γ mit $A\gamma = C$ und $B\gamma = D$ gibt.)

5. (A, B, C, D) ist genau dann ein Parallelogramm, wenn D Mittelpunkt von $B\sigma_A$ und $B\sigma_C$ ist. (Vgl. Beweis von Abschn. 3.2, Satz 2, $\Pi^3 \subseteq \Pi$.)

6. a) Ist (A, B, C, D) ein Parallelogramm, dann auch (B, C, D, A).

b) Für welche Permutationen f von {1, 2, 3, 4} gilt analog 6a) der Satz:
Ist (A_1, A_2, A_3, A_4) ein Parallelogramm, dann auch $(A_{1f}, A_{2f}, A_{3f}, A_{4f})$? (Hinweis. Vgl. Abschn. 2.6, Aufgabe 5.)

In Abschn. 3.9 werden wir untersuchen, welche von diesen (8) Permutationen sich durch Bewegungen „bewerkstelligen" lassen. Bei Parallelogrammen sind dies im allgemeinen nur die Permutationen $\begin{pmatrix} 1 & 2 & 3 & 4 \\ 1 & 2 & 3 & 4 \end{pmatrix}$ und $\begin{pmatrix} 1 & 2 & 3 & 4 \\ 3 & 4 & 1 & 2 \end{pmatrix}$, die durch ι bzw. σ_M bewirkt werden.

7. Welche weiteren Aussagen kann man mit Aufgabe 6a), b) in Satz 1 anfügen? (z. B. (v′) $\tau_{BC} = \tau_{AD}$).

8. Für je zwei Punkte A, B und jede Translation τ ist $(A, B, B\tau, A\tau)$ ein Parallelogramm (Fig. 3.21).

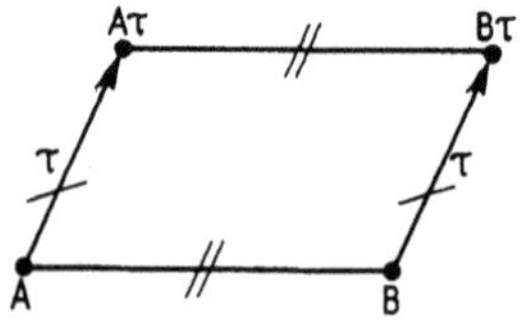

Fig. 3.21

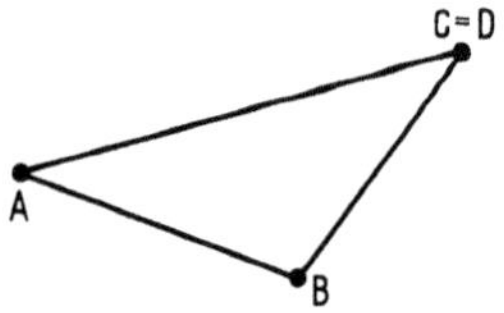

Fig. 3.22

9. In dem Viereck der Fig. 3.22 betrachte man das Parallelogramm der Seitenmitten und löse noch einmal Abschn. 3.2, Aufgabe 9.

10. Ist jedes Parallelogramm Seitenmittenviereck eines Vierecks? eines Parallelogramms?

11. Man vervollständige den Beweis von Satz 2. (Hinweis: Aufgabe 8 in Abschn. 3.2.)

12. Man beweise den kleinen Satz von Desargues, den verallgemeinerten kleinen Satz von Pappus und den Satz über 6-Parallelogramme und Quaderprojektionen.

13. Sei (A, B, C, D) ein Viereck und M ein Punkt. Dann bilden die vierten Parallelogrammpunkte zu A, M, B und B, M, C und C, M, D und D, M, A ein Parallelogramm. Insbesondere betrachte man den Fall, daß (A, B, C, D) ein Parallelogramm und M sein Mittelpunkt ist.

14. Sei (A, B, C, D) ein echtes Parallelogramm mit den Bezeichnungen von Satz 2. Sei j eine Gerade, die zur Diagonalen f mit B, D I f parallel ist. Dann bilden die Schnittpunkte von j mit g, g′, h, h′ ein (unechtes) Parallelogramm.

3.4 Translationen und Geradenspiegelungen

Wir erinnern uns wieder, daß die Translationen nach Definition die Produkte von zwei Spiegelungen an parallelen Geraden sind. Ergänzend kann man zu dieser Definition bemerken: Wenn ein Produkt von zwei Geradenspiegelungen eine Translation ist, dann sind die Geraden auch parallel. B

Satz 1 (P a r a l l e l i n d e r B e w e g u n g s g r u p p e) Für alle Geraden a, b gilt: $\sigma_a\sigma_b$ ist eine Translation genau dann, wenn a || b ist.

B e w e i s. Es ist nur „⇒" zu zeigen. Sei $\sigma_a\sigma_b$ eine Translation. Gibt es einen Punkt C I a, b, dann bleibt C bei σ_a und bei σ_b, also auch bei der Translation $\sigma_a\sigma_b$ fest. Da Translationen $\neq \iota$ keinen Fixpunkt haben (Abschn. 3.2, Satz 5), ist dann $\sigma_a\sigma_b = \iota$, also a = b und damit auch a || b.

Mit den Erkenntnissen aus Abschn. 2.6 zusammen gilt also

$$a \perp b \Longleftrightarrow \sigma_a\sigma_b \in \Pi$$

$$A \mathrel{I} b \Longleftrightarrow \sigma_A\sigma_b \in \Gamma$$

$$a \parallel b \Longleftrightarrow \sigma_a\sigma_b \in T.$$

Aus der Darstellung einer Translation als Produkt von zwei Geradenspiegelungen an parallelen Geraden kann man gut die Fixgeraden dieser Translation erkennen.

Satz 2 (F i x e l e m e n t e e i n e r T r a n s l a t i o n $\neq \iota$) Sei $\tau = \sigma_a\sigma_b \neq \iota$ mit a || b. Dann hat τ keinen Fixpunkt (Abschn. 3.2, Satz 5). Die Fixgeraden von τ sind die (gemeinsamen) Lote von a, b. Die Fixgeraden von τ bilden also ein Parallelbüschel. Insbesondere geht durch jeden Punkt A genau eine Fixgerade, die Verbindungsgerade von A, Aτ (s. Fig. 3.23).

Beweis. Jedes gemeinsame Lot von a, b ist Fixgerade von σ_a, von σ_b und damit auch von $\tau = \sigma_a\sigma_b$. Eine Fixgerade, die nicht senkrecht auf a, b ist, kann es nicht geben. Denn eine solche Gerade schneidet alle Lote von a, b, und die Schnittpunkte von zwei Fixgeraden sind Fixpunkte.

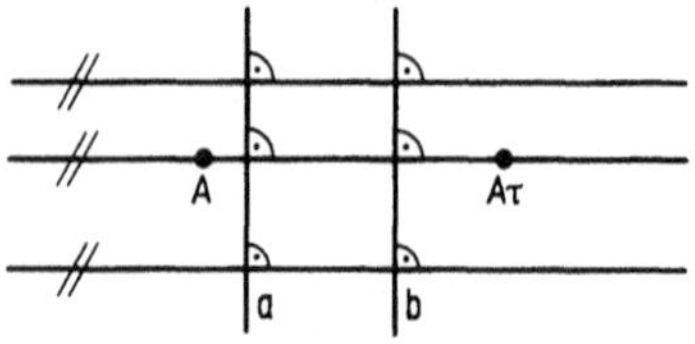

Fig. 3.23

Definition Das Parallelbüschel der Fixgeraden einer Translation $\tau \neq \iota$ wird die Richtung von τ genannt. (Für ι gilt jedes Parallelbüschel als Richtung.) Die Translationen mit Fixgerade e heißen Translationen längs e.

Die Richtung einer Translation $\neq \iota$ längs e ist also das Parallelbüschel von e. $\sigma_a\sigma_b$ ist eine Translation $\neq \iota$ längs e genau dann, wenn a, b $\perp$ e und a $\neq$ b ist.

Bei einer Translation $\tau \neq \iota$ längs e werden alle Punkte „parallel zu e verschoben", denn die Verbindungsgeraden der Paare Punkt – Bildpunkt sind nach Satz 2 zu e parallele Fixgeraden (s. Fig. 3.24). Da Translationen jede Gerade auf eine zu ihr parallele Gerade „verschieben", ist die Verbindungsgerade verschiedener Punkte A, B parallel zur Verbindungsgeraden von $A\tau$, $B\tau$. Man sieht wieder das Parallelogramm (A, B, $B\tau$, $A\tau$) (vgl. Abschn. 3.3, Aufgabe 8). Darin kann man eine Begründung für die Bezeichnung „Parallelverschiebung" erblicken.

In Abschn. 2.2 und 2.3 traten mehrfach Dreiecke mit ihren Seitenmitten auf. Nachdem wir die Fixgeraden einer Translation kennen, formulieren wir darüber an dieser Stelle

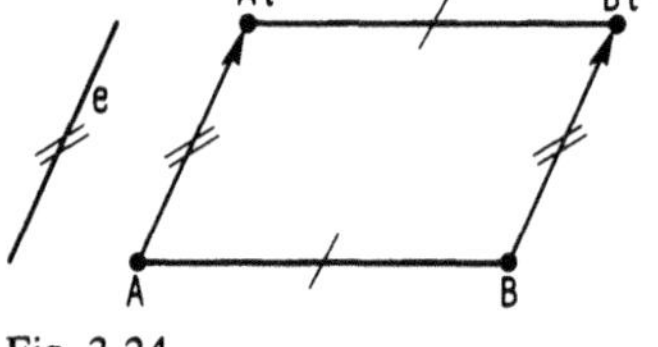

Fig. 3.24

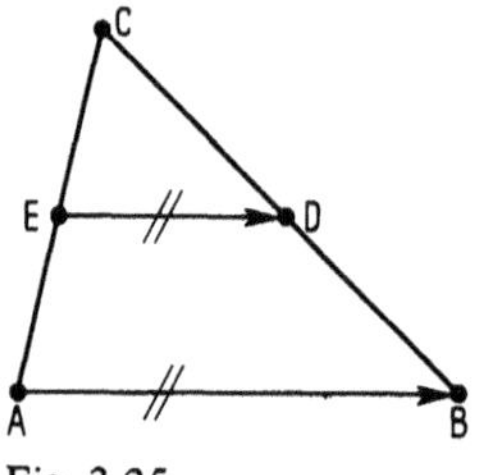

Fig. 3.25

Satz 3 (Mittelparallele im Dreieck) Sei (A, B, C) ein Dreieck, D Mittelpunkt von B, C und E Mittelpunkt von A, C (Fig. 3.25). Dann ist

$$\tau_{AB} = \tau_{ED}^2 .$$

Ist A $\neq$ B, so auch E $\neq$ D, und die Verbindungsgerade von A, B ist parallel zur Verbindungsgeraden von E, D.

Beweis. Aus $A\sigma_E\sigma_D = B$ folgt $\sigma_E\sigma_D = \tau_{AB}$, und nach Abschn. 3.2, Satz 8 ist $\sigma_E\sigma_D = \tau_{ED}^2$. Ist A $\neq$ B, so ist nach Satz 2 die Verbindungsgerade dieses Paares Punkt – Bildpunkt eine Fixgerade von $\tau_{AB} \neq \iota$. Ebenso ist die Verbindungsgerade von E, D Fixgerade von

$\tau_{ED} \neq \iota$, also auch von τ_{ED}^2. Wegen $\tau_{AB} = \tau_{ED}^2$ sind diese Verbindungsgeraden als Fixgeraden derselben Translation parallel.

Die Frage nach den verschiedenen Darstellungsmöglichkeiten einer Translation als Produkt von zwei Punktspiegelungen führte auf den Parallelogrammbegriff. Denn es ist $\sigma_A\sigma_B = \sigma_D\sigma_C$ genau dann, wenn (A, B, C, D) ein Parallelogramm ist. Da die Punktspiegelungen ein Involutionenbüschel bilden, gibt es zu je drei Punkten A, B, C stets einen Punkt D mit $\sigma_A\sigma_B = \sigma_D\sigma_C$. Liegen dabei die Punkte A, B, C auf einer Geraden e, so liegt auch D auf e, denn e bleibt bei σ_A, σ_B, σ_C, also auch bei σ_D fest. Dies notieren wir als

Satz 4 (von 3 Punktspiegelungen mit gemeinsamer Gerade)
Zu A, B, C I e gibt es D I e mit $\sigma_A\sigma_B\sigma_C = \sigma_D$.

Wir fragen nun nach den verschiedenen Darstellungen einer Translation als Produkt von zwei Geradenspiegelungen. Sei $\tau = \sigma_a\sigma_b \neq \iota$ eine Translation längs e. Für eine Darstellung von τ als Produkt von zwei Geradenspiegelungen kommen nach Satz 2 nur Geraden in Frage, die senkrecht auf e sind. Aus $\tau = \sigma_d\sigma_c$ folgt d, c $\perp$ e. Zu einer Geraden u $\not\perp$ e gibt es also keine Gerade v mit $\sigma_a\sigma_b = \sigma_v\sigma_u$ bzw. mit $\sigma_a\sigma_b\sigma_u = \sigma_v$. Hier zeigt sich ein bemerkenswerter struktureller Unterschied zwischen den Punktspiegelungen und den Geradenspiegelungen:

> *Die Menge der Geradenspiegelungen ist kein Involutionenbüschel in der Bewegungsgruppe.*

Jedoch kann man zur Darstellung von $\tau = \sigma_a\sigma_b$ jede Gerade c $\perp$ e frei wählen, stets gibt es eine Gerade d mit $\tau = \sigma_d\sigma_c$.

Satz 5 (von 3 Geradenspiegelungen mit gemeinsamer Gerade)
Zu a, b, c $\perp$ e gibt es d $\perp$ e mit $\sigma_a\sigma_b\sigma_c = \sigma_d$.

Beweis. Seien a, b, c $\perp$ e. Der Schnittpunkt von a, e sei A, der von b, e sei B und der von c, e sei C (Fig. 3.26). Nach Satz 4 gibt es einen Punkt D I e mit $\sigma_A\sigma_B\sigma_C = \sigma_D$. Sei d das Lot in D auf e. Dann ist $\sigma_a\sigma_b\sigma_c = \sigma_e\sigma_e\sigma_a\sigma_b\sigma_e\sigma_e\sigma_c = \sigma_e\sigma_A\sigma_B\sigma_C = \sigma_e\sigma_D = \sigma_d$.

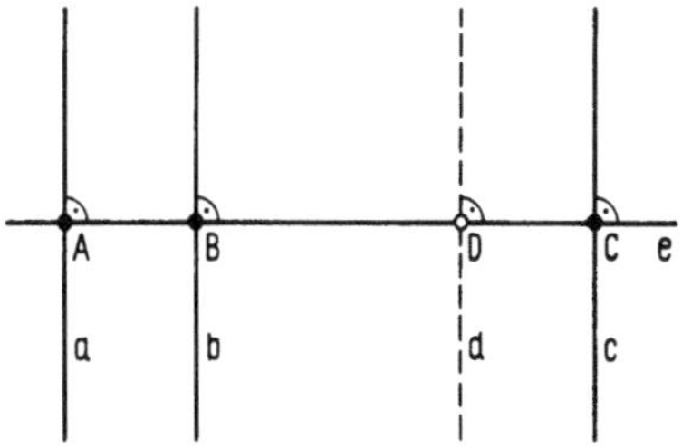

Fig. 3.26

In den Sätzen 4 und 5 haben wir zwei weitere Involutionenbüschel kennengelernt: Die Menge der Spiegelungen an den Punkten einer Geraden und die Menge der Spiegelungen an den Loten einer Geraden. Zwischen diesen Involutionenbüscheln kann man einen Zusammenhang erkennen. Wir wollen sie zunächst bezeichnen und dann weitere Aussagen über sie beweisen.

Definitionen Sei
$\Gamma_e := \{\sigma_a \mid a \perp e\}$, die Menge der Spiegelungen an den Loten von e,
$\Pi_e := \{\sigma_A \mid A \text{ I } e\}$, die Menge der Spiegelungen an den Punkten von e und
$T_e := \{\tau \mid e\tau = e\}$, die Menge der Translationen längs e.

Zunächst sammeln wir über diese Teilmengen der Bewegungsgruppe einige – mehr rechentechnische – Zusammenhänge in

Satz 6 Für jede Gerade e gilt:

(1) $\sigma_e\Gamma_e = \Pi_e = \Gamma_e\sigma_e$.

(2) $\Gamma_e^2 = T_e = \Pi_e^2$.

(3) $\sigma_e T_e = \Pi_e\Gamma_e = \Gamma_e\Pi_e = T_e\sigma_e$.

(4) Für jede Gerade f ‖ e ist $\Gamma_e = \Gamma_f$ und $T_e = T_f$.

B e w e i s. (1) ist mit dem Satz von den Spiegelungen am Kreuz (Abschn. 2.5, Satz 9) offensichtlich.

Zu (2): $T_e = \Gamma_e^2$ gilt nach Definition von „Translation längs e". Nach (1) ist $\Pi_e^2 = \Gamma_e\sigma_e \cdot \sigma_e\Gamma_e = \Gamma_e^2$.

Zu (3): Mit (1) und (2) ist $\sigma_e T_e = \sigma_e\Gamma_e^2 = \Pi_e\Gamma_e = \Gamma_e\sigma_e\Gamma_e = \Gamma_e\Pi_e = \Gamma_e^2\sigma_e = T_e\sigma_e$.

Zu (4): Aus e ‖ f folgt $\Gamma_e = \Gamma_f$, also auch $\Gamma_e^2 = \Gamma_f^2$; mit (2) sind wir fertig. (Von (4) gilt auch die Umkehrung, wie in Aufgabe 2 gezeigt werden soll.)

Mit der neu eingeführten Bezeichnung lautet Satz 4 kurz $\Pi_e^3 \subseteq \Pi_e$. Durch fortgesetzte Multiplikation dieser Inklusion mit σ_e entstehen mit Satz 6(1) die weiteren Aussagen von Satz 7. (Dabei ist (iv) eine Wiederholung von Satz 5.)

Satz 7 (S ä t z e v o n 3 S p i e g e l u n g e n m i t g e m e i n s a m e r G e r a d e) Für jede Gerade e gilt (Fig. 3.27):

(i) $\Pi_e^3 \subseteq \Pi_e$, d. h., zu A, B, C I e gibt es D I e mit $\sigma_A\sigma_B\sigma_C = \sigma_D$.

(ii) $\Pi_e^2\Gamma_e \subseteq \Gamma_e$, d. h., zu A, B I e und c ⊥ e gibt es d ⊥ e mit $\sigma_A\sigma_B\sigma_c = \sigma_d$.

(iii) $\Pi_e\Gamma_e^2 \subseteq \Pi_e$, d. h., zu A I e und b, c ⊥ e gibt es D I e mit $\sigma_A\sigma_b\sigma_c = \sigma_D$.

(iv) $\Gamma_e^3 \subseteq \Gamma_e$, d. h., zu a, b, c ⊥ e gibt es d ⊥ e mit $\sigma_a\sigma_b\sigma_c = \sigma_d$.

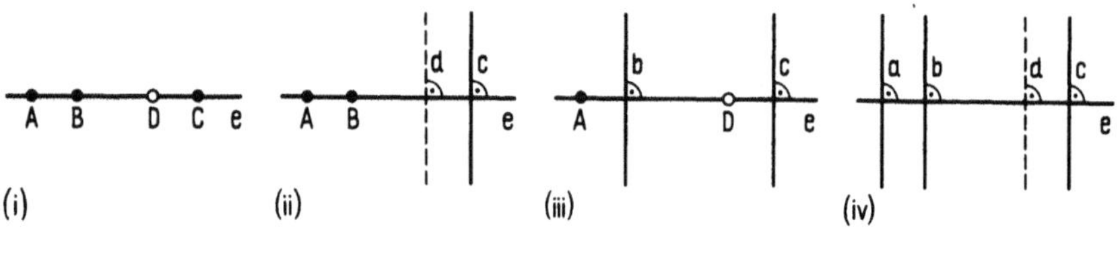

Fig. 3.27

Wegen Satz 6(3) sind in Satz 7 alle möglichen Dreierprodukte aus $\Gamma_e \cup \Pi_e$ erfaßt, und es gilt das

Korollar $\Gamma_e, \Pi_e, \Gamma_e \cup \Pi_e$ sind Involutionenbüschel der Bewegungsgruppe.

Wir betrachten die Untergruppen der Bewegungsgruppe, die im Gefolge dieser Involutionenbüschel auftreten (Abschn. 1.3).

T_e ($= \Gamma_e^2 = \Pi_e^2$): Die Menge aller Translationen längs e ist eine kommutative Untergruppe der Bewegungsgruppe. Wegen Satz 6(4) kann man auch sagen, die Translationen gleicher Richtung bilden eine kommutative Untergruppe der Bewegungsgruppe.

$\Pi_e \cup T_e$: Die Spiegelungen an den Punkten auf e und die Translationen längs e bilden eine Gruppe. Es ist die Standuntergruppe der Geraden e in der Gruppe $\Pi \cup T$. (Beweis als Übungsaufgabe 3.)

$\Gamma_e \cup T_e$: Die Spiegelungen an den zu e senkrechten Geraden und die Translationen längs e bilden eine Gruppe. Auf diese Gruppe kommen wir in Satz 9 zurück.

$(\Gamma_e \cup \Pi_e)^2$ ist eine kommutative Untergruppe der Bewegungsgruppe. Kann man die Bewegungen dieser Gruppe übersichtlicher beschreiben? Wegen $\Gamma_e^2 = \Pi_e^2 = T_e$ und $\Gamma_e\Pi_e = \Pi_e\Gamma_e = T_e\sigma_e$ sind es die Translationen längs e und – ein neuer Bewegungstyp (vgl. Aufgabe 4). Die Bewegungen aus $T_e\sigma_e$ werden wir später untersuchen, im Augenblick sollen sie nur einen Namen bekommen. Eine Translation längs e und eine anschließende Spiegelung an e – realisiert man eine solche Bewegung in der Zeichenebene mit dem Pergamentpapier, so wird man die Bezeichnung „Gleitwendung längs e" vielleicht akzeptieren.

Definition Eine Bewegung $\tau \cdot \sigma_e$ mit $e\tau = e$ heißt eine G l e i t w e n d u n g l ä n g s e.

Jetzt können wir sagen: Die Translationen und Gleitwendungen längs e bilden eine kommutative Untergruppe der Bewegungsgruppe. Eine geometrische Interpretation dieser Gruppe soll in Aufgabe 6 versucht werden.

Als letzte Gruppe aus dem Korollar zu Satz 7 ergibt sich

$\Gamma_e \cup \Pi_e \cup T_e \cup T_e\sigma_e$: Diese „reichhaltige" Gruppe hat eine einfache geometrische Bedeutung. Es ist die Standuntergruppe der Geraden e.

Satz 8. (S t a n d u n t e r g r u p p e e i n e r G e r a d e n) Die Menge der Spiegelungen an den Loten von e, der Spiegelungen an den Punkten von e, der Translationen längs e und der Gleitwendungen längs e ist eine Untergruppe der Bewegungsgruppe, die Standuntergruppe der Geraden e.

$$\Gamma_e \cup \Pi_e \cup T_e \cup T_e\sigma_e = \{\gamma \mid e\gamma = e\}.$$

B e w e i s. „$\subseteq$" überprüft man leicht. Die Umkehrung liefert ein Rückholschluß. Sei e eine Gerade und γ eine Bewegung mit $e\gamma = e$. Sei A ein Punkt auf e und ℓ das Lot in A auf e (Fig. 3.28). Zu A, $A\gamma$ I e gibt es eine Gerade $m \perp e$ mit $A\gamma\sigma_m = A$. Dann ist auch $e\gamma\sigma_m = e\sigma_m = e$, und mit dem Fixelementsatz (Abschn. 2.4, Satz 1(ii) Lot von Fixpunkt auf Fixgerade ist fix) folgt $\ell\gamma\sigma_m = \ell$. Damit liegt $\gamma\sigma_m$ in der Standuntergruppe des Kreuzes $\{e, \ell\}$, also in $\{\iota, \sigma_e, \sigma_\ell, \sigma_A\}$. Dann ist $\gamma = \sigma_m \in \Gamma_e$ oder $\gamma = \sigma_e\sigma_m \in \Pi_e$ oder $\gamma = \sigma_\ell\sigma_m \in T_e$ oder $\gamma = \sigma_A\sigma_m \in \Pi_e\Gamma_e = T_e\sigma_e$.

Mit Hilfe von Satz 8 können wir auch die Standuntergruppe zweier verschiedener paralleler Geraden e, f bestimmen. Wir brauchen uns nur zu fragen, welche Bewegungen aus

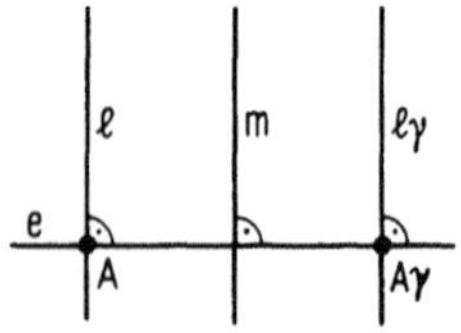

Fig. 3.28

der Standuntergruppe von e auch f als Fixgerade haben. Wegen Satz 6(4) gehören hierzu die Bewegungen aus $\Gamma_e \cup T_e$ (= $\Gamma_f \cup T_f$). Bei der Spiegelung an einem Punkt von e bleibt f nicht fest, da f wegen f ∥ e und f ≠ e nicht durch diesen Punkt geht. Auch bei einer Gleitwendung $\tau\sigma_e$ längs e bleibt f nicht fest, denn aus $f = f\tau\sigma_e = f\sigma_e$ folgte f = e oder f ⊥ e. Damit gilt

Satz 9 (Standuntergruppe paralleler Geraden) Seien e, f verschiedene parallele Geraden. Dann ist $\Gamma_e \cup T_e$ (= $\Gamma_f \cup T_f$) die Standuntergruppe von {e, f} in B.

Korollar Die Standuntergruppe des Parallelbüschels einer Geraden e in B ist $\Gamma_e \cup T_e$.

Die Inhalte der letzten drei Paragraphen sind dicht an dem über Translationen vorgesehenen Schulstoff. Eine Auswahl und didaktische Aufbereitung je nach Altersstufe der Schüler sollte möglich sein. Wir machen noch einige ergänzende

C Bemerkungen. 1. Zum Satz über Involutionenbüschel. Es sieht so aus, als ob man in der Theorie mit diesem „abstrakten Instrument" schnell fertig und in der Schule an dieser Stelle ratlos ist. Die Feststellung, daß eine Teilmenge von B ein Involutionenbüschel ist, bedeutet jedoch nur die Feststellung interessanter geometrischer Sachverhalte, die man ohnehin den Schülern vermitteln sollte. Z. B. bedeutet $\Pi^3 \subseteq \Pi$ im wesentlichen, daß die Hintereinanderausführung der Spiegelungen an den vier Ecken eines – wie auch immer definierten – Parallelogramms die Identität ist. $\Gamma_e^3 \subseteq \Gamma_e$ bedeutet, daß man, um eine Translation τ längs e darzustellen, ein beliebiges Lot a auf e wählen kann. Stets gibt es dann ein Lot b auf e mit $\tau = \sigma_a\sigma_b$. Den abstrakten gruppentheoretischen Satz über Involutionenbüschel kann man natürlich nicht bereitstellen, aber man kann dessen Beweis mit den konkreten Objekten nachvollziehen.

Wir wollen z. B. einsehen, daß ein Produkt von zwei Translationen τ_1, τ_2 wieder eine Translation ist, und kennen den Satz, daß das Produkt dreier Punktspiegelungen die Spiegelung am vierten Parallelogrammpunkt ist. Sei $\tau_1 = \sigma_A\sigma_B$ und $\tau_2 = \sigma_C\sigma_D$. Sei E der vierte Parallelogrammpunkt zu A, B, C (Fig. 3.29). Dann ist $\tau_1\tau_2 = \sigma_A\sigma_B\sigma_C\sigma_D =$
$= \sigma_E\sigma_D$ wieder eine Translation.

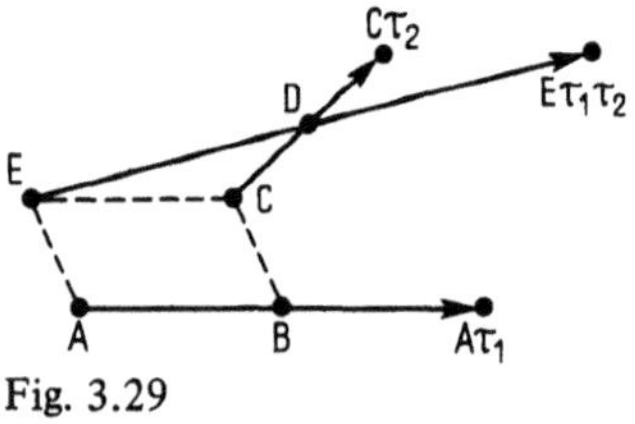

Fig. 3.29

2. Translationen gelten als einfachster Bewegungstyp. Deshalb sind die Translationen auch in vielen Schulbüchern die ersten Bewegungen, die behandelt werden. Dies hat jedoch Nachteile. Da die Translationen Produkte von Punkt- oder auch von Geradenspiegelungen sind, kann man von den Eigenschaften der Spiegelungen auf Eigenschaften der Translationen s c h l i e ß e n, aber nicht umgekehrt. Mit den Translationen zu beginnen, ist gegen die Idee des lokalen Ordnens. Unter dem Thema Bewegungen (oder Kongruenzabbildungen) soll keine Sammlung von Phänomenen entstehen, sondern mehr und mehr ein logisches Gefüge.

3. Vektoren in der Ebene. Im Physikunterricht treten „Vektoren" auf, werden Vektoren im „Kräfte-Parallelogramm" addiert usw. Anschluß an diese Terminologie bekommen wir ganz leicht, denn wir können uns unter den Vektoren der Ebene die Translationen vorstellen. Vektor und Translation sind Synonyme. Statt τ_{AB} schreibt man auch $\overrightarrow{AB}$, und statt des Malpunktes bei der Hintereinanderausführung schreibt man auch $\oplus$ und nennt dies die Vektoraddition. Die etwas unhandliche „Äquivalenzklasse gleich langer und gleichgerichteter Pfeile", die man häufig in Schulbüchern als Vektor-Definition findet, stelle man sich einfach vor als die Menge aller Punkt-Bildpunkt-Pfeile der Translation $\overrightarrow{AB}$. Jeden solchen Punkt-Bildpunkt-Pfeil kann man nehmen, um die Translation, sprich den Vektor, darzustellen. Abschn. 3.3, Satz 1(vi) über Translationen und Parallelogramme zeigt die Addition der Vektoren: $\overrightarrow{AB} \oplus \overrightarrow{AD} = \overrightarrow{AC}$ genau dann, wenn (A, B, C, D) ein Parallelogramm ist. Ein Beweis, daß die Vektoraddition z. B. assoziativ ist, ist nicht mehr nötig. Aufgabe 10 zeigt die Zerlegbarkeit eines Vektors in „Komponenten". (Der Vektorraum der Translationen wird ausführlich im Folgeband behandelt.)

In der Vektorschreibweise lautet Satz 8 aus Abschn. 3.2 (Zusammenhang von $\sigma_A\sigma_B$ und τ_{AB}) $\sigma_A\sigma_B = \tau_{AB}^2 = \overrightarrow{AB} \oplus \overrightarrow{AB} = 2\,\overrightarrow{AB}$ (s. Fig. 3.30).

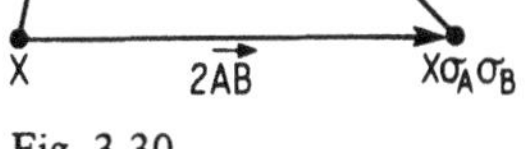

Fig. 3.30

Fig. 3.31

Längen kommen in unserer Theorie noch nicht vor. Möchte man im Unterricht aber Längen benutzen, so kann man unter der Länge eines Vektors $\overrightarrow{AB} = \tau_{AB}$ in der Zeichenebene den Abstand der Punkte A, B verstehen. (Wenn $\overrightarrow{AB} = \overrightarrow{CD}$ ist, dann ist der Abstand von A, B gleich dem Abstand von C, D.) In der Längensprache kann man also sagen: Der Vektor $\sigma_A\sigma_B$ ist doppelt so lang wie der Vektor $\overrightarrow{AB}$.

Entsprechend gilt für parallele Geraden a, b und Punkte A, B wie in der Figur 3.31 $\sigma_a\sigma_b = \sigma_A\sigma_B = 2\,\overrightarrow{AB}$, d. h., der Vektor $\sigma_a\sigma_b$ ist doppelt so lang wie der Abstand der Geraden a, b.

Weitere Sätze in der Längensprache vorzulesen (z. B. Parallelogrammsatz, Mittelparallele im Dreieck usw.), überlassen wir dem Leser.

4. Bandornamente. In Anlehnung an die Begriffe „Punktsymmetrie" und „Geraden- (oder Achsen-)symmetrie" nennen wir allgemein die Bewegungen, die eine Figur auf sich abbilden, die Symmetrien dieser Figur. Die Symmetrien einer Figur bilden eine Gruppe. Den Begriff Figur verwenden wir im intuitiven Sinn. Welche Probleme der Versuch einer Definition der Begriffe Figur und Symmetrie einer Figur hervorruft, zeigte sich schon bei den sehr einfachen Figuren Viereck und Parallelogramm und deren Punktsymmetrie, vgl. Abschn. 3.3 und Aufgabe 2 in Abschn. 3.3. In Abschn. 3.9 bestimmen wir z. B. für die Quadrate die Gruppe ihrer Symmetrien. Eine andere gebräuchliche Bezeichnung statt Symmetrie ist Deckabbildung oder Deckbewegung.

Eine Figur heißt translationssymmetrisch, wenn es unter ihren Symmetrien eine Translation $\neq \iota$ gibt. Translationssymmetrische Figuren der Zeichenebene sind immer „unendlich". Gehört eine Translation τ zu den Symmetrien einer Figur, dann gehört auch die von τ erzeugte Gruppe $\langle\tau\rangle$ zu ihren Symmetrien. Wählt man umgekehrt eine „endliche" Figur und eine Translation $\tau \neq \iota$ und bildet die Figur mit allen Elementen von $\langle\tau\rangle$ ab, so entsteht eine translationssymmetrische Figur, die man ein Bandornament nennt. „Überlagert" man zwei Bandornamente mit den Translationssymmetrien $\langle\tau_1\rangle$ bzw. $\langle\tau_2\rangle$, wobei die Richtungen von τ_1 und τ_2 gleich und ihre Längen ganzzahlig sind, so entsteht wieder ein Bandornament – und eine Veranschaulichung des kleinsten gemeinsamen Vielfachen der Längen von τ_1 und von τ_2.

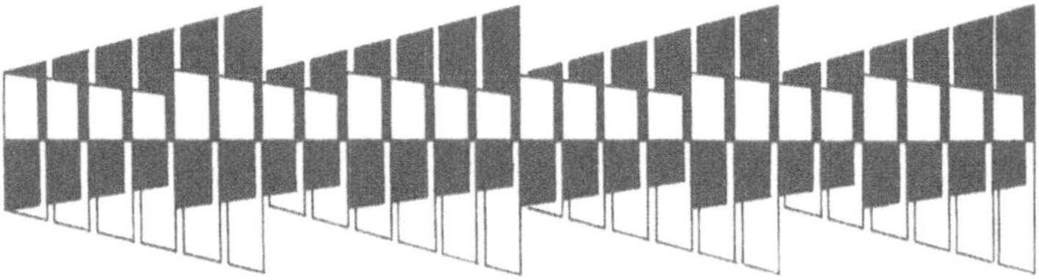

Aufgaben zu Abschn. 3.4

1. a) Für jede Bewegung γ sind die folgenden drei Aussagen paarweise gleichwertig:

(i) $\gamma \in \Gamma \cup \Pi \cup T$.

(ii) Durch jeden Punkt geht eine Fixgerade von γ.

(iii) Für jeden Punkt $A \neq A\gamma$ ist die Verbindungsgerade von A, $A\gamma$ eine Fixgerade von γ.

b) Γ, Π, T sind paarweise disjunkt.

2. Für je zwei Geraden e, f gilt $\quad e \parallel f \Longleftrightarrow \Gamma_e = \Gamma_f \Longleftrightarrow T_e = T_f$.

3. Die Standuntergruppe einer Geraden e in der Gruppe derjenigen Bewegungen, die jede Gerade a auf eine zu a parallele Gerade abbilden, ist $\Pi_e \cup T_e$.

4. a) Die Mengen $\Gamma_e, \Pi_e, T_e, T_e\sigma_e$ sind paarweise disjunkt.

b) $(\Gamma \cup \Pi \cup T) \cap T_e\sigma_e = \{\sigma_e\}$. Daher sind die Gleitwendungen $\neq \sigma_e$ längs e weder Spiegelungen noch Translationen.

5. Man fülle die folgende Rechentafel aus:

	T_e	Π_e	Γ_e	$T_e\sigma_e$
T_e				
Π_e				
Γ_e				
$T_e\sigma_e$				

6. Seien A, B verschiedene Punkte einer Geraden e. Dann besteht die kommutative Gruppe $T_e \cup T_e\sigma_e$ der Translationen und Gleitwendungen längs e genau aus den Bewegungen γ mit Fixgerade e, für die (A, B, $B\gamma$, $A\gamma$) ein Parallelogramm ist.

(Diese Bewegungen aus der Standuntergruppe von e erhalten sozusagen die „Richtung" der Punktpaare von e.)

7. Für alle Geraden a, b und alle Translationen τ_1, τ_2 gilt: Aus $\tau_1\sigma_a = \tau_2\sigma_b$ und $a\tau_1 = a$ und $b\tau_2 = b$ folgt $a = b$ und $\tau_1 = \tau_2$. (D. h., die Darstellung einer Bewegung γ als $\tau\sigma_a$ mit $a\tau = a$ ist eindeutig.)

8. Für alle a, b, c $\in$ G sind Γ_a, Π_b, T_c gleichmächtig.

9. Sind a, b, c parallele Geraden und A, B, C Punkte mit A I a, B I b und C I c, dann gibt es eine Gerade d und einen Punkt D mit $\sigma_a\sigma_b\sigma_c = \sigma_d$ und $\sigma_A\sigma_B\sigma_C = \sigma_D$ und D I d (s. Fig. 3.32).

10. (Z e r l e g u n g v o n T r a n s l a t i o n e n) Seien e, f zwei nicht parallele Geraden. Zu jeder Translation τ gibt es dann genau eine Translation τ_e längs e und genau eine Translation τ_f längs f mit $\tau = \tau_e\tau_f$ (s. Fig. 3.33).

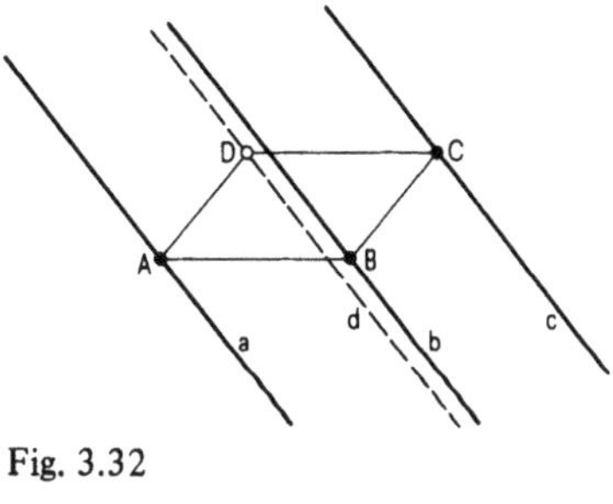

Fig. 3.32

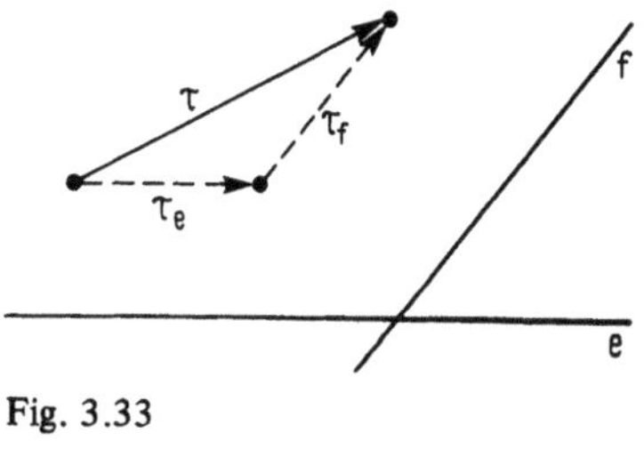

Fig. 3.33

11. Sind a, b, c parallele Geraden, so ist das Spiegelbild d von b an einem „Mittelpunkt" oder an einer Mittelparallele von a, c (vgl. Abschn. 2.7, Aufgabe 7) vierte Spiegelungsgerade zu a, b, c, d. h., es ist $\sigma_a\sigma_b\sigma_c = \sigma_d$.

b) In der Zeichenebene konstruiere man mit dem Spiegellineal zu drei parallelen Geraden die vierte Spiegelgerade.

12. Eine Translation τ sei in der Zeichenebene durch ein Paar Punkt, Bildpunkt gegeben. Zu einem beliebigen Punkt C konstruiere man den Bildpunkt $C\tau$ allein mit dem Spiegellineal. (Mehrere Möglichkeiten; man achte auch auf Sonderfälle.)

13. a) In der Zeichenebene entwerfe man translationssymmetrische Figuren.

b) Gibt es in der Zeichenebene Figuren, zu deren Symmetrien zwei verschiedene Punktspiegelungen gehören?

14. a) Im 9-Punkte-Modell bestimme man die Translationsuntergruppen zu den 4 Richtungen.

b) Zu zwei beliebig gewählten Richtungen stelle man alle Translationen des 9-Punkte-Modells gemäß Aufgabe 10 dar.

3.5 Drehungen

B Nach dem im Abschn. 3.2 angekündigten Programm betrachten wir jetzt die Bewegungen $\sigma_a\sigma_b \in \Gamma^2$, bei denen die Geraden a, b einen gemeinsamen Punkt haben.

Definition Seien a, b Geraden mit einem gemeinsamen Punkt. Dann heißt die Bewegung $\sigma_a\sigma_b$ eine *Drehung*. Die Menge aller Drehungen wird mit Δ bezeichnet. Als Variable für Drehungen benutzen wir den Buchstaben δ.

Zunächst grenzen wir die Drehungen gegen die bereits bekannten Bewegungen ab:

Satz 1 (i) $\Gamma \cap \Delta = \emptyset$, d. h., keine Geradenspiegelung ist zugleich Drehung.

(ii) $\Pi \cap \Delta = \Pi$, d. h., Punktspiegelungen sind spezielle Drehungen.

(iii) $\mathrm{T} \cap \Delta = \{\iota\}$, d. h., ι ist die einzige Bewegung, die zugleich Drehung und Translation ist.

Beweis als Übungsaufgabe.

Als nächstes wollen wir die Fixelemente einer Drehung bestimmen.

Satz 2 (*Fixelemente einer Drehung* $\neq \iota$) Sei $\delta = \sigma_a\sigma_b$ eine Drehung mit E I a, b und a $\neq$ b. Dann ist E der einzige Fixpunkt von δ. δ hat entweder keine

Fixgerade, oder δ ist die Spiegelung an E und hat alle Geraden durch E als Fixgeraden.

B e w e i s. Offensichtlich ist der gemeinsame Punkt E von a, b Fixpunkt bei $\sigma_a\sigma_b$. Gäbe es einen weiteren Fixpunkt $F \neq E$ von δ, so wäre nach Abschn. 3.1, Satz 1 (Standuntergruppe von zwei Punkten) δ gleich ι oder δ Spiegelung an der Verbindungsgeraden von E, F, und das wäre ein Widerspruch zur Voraussetzung bzw. zu Satz 1(i). Gibt es eine Fixgerade f von δ, dann ist auch das Lot e vom Fixpunkt E auf die Fixgerade f eine Fixgerade von δ und damit δ in der Standuntergruppe des Kreuzes $\{e, f\}$. Wegen $\delta \neq \iota$ und $\delta \notin \Gamma$ ist dann nach Abschn. 3.1, Satz 4 δ eine Punktspiegelung, also die Spiegelung am Fixpunkt E. Die Fixgeraden von σ_E kennen wir aus Abschn. 2.5.

Punktspiegelungen sind spezielle Drehungen; ein Produkt von zwei verschiedenen Punktspiegelungen ist eine Translation $\neq \iota$, also keine Drehung. Die Menge Δ aller D r e h u n g e n ist damit k e i n e U n t e r g r u p p e der Bewegungsgruppe (vgl. auch Aufgabe 2). Damit besteht ein struktureller Unterschied zwischen den Translationen und den Drehungen. Jedoch gibt es eine Analogie zwischen den Translationen längs einer Geraden e und den „Drehungen um einen Punkt E".

Definitionen Für jeden Punkt E sei

$$\Gamma_E := \{\sigma_a \mid E \text{ I } a\}, \text{ die Menge der Spiegelungen an Geraden durch E.}$$
$$\Delta_E := \Gamma_E^2, \text{ die Menge der Drehungen mit Fixpunkt E.}$$

Die Elemente aus Δ_E heißen auch D r e h u n g e n u m E oder D r e h u n g e n m i t Z e n t r u m E bzw. m i t D r e h p u n k t E. (Für ι gilt jeder Punkt als Drehpunkt.) Ebenso wie Γ_e ist Γ_E ein Involutionenbüschel:

Satz 3. (v o n 3 S p i e g e l u n g e n m i t g e m e i n s a m e m P u n k t)
$\Gamma_E^3 \subseteq \Gamma_E$, d. h., zu E I a, b, c gibt es d mit E I d und $\sigma_a\sigma_b\sigma_c = \sigma_d$.

B e w e i s. Sei E I a, b, c und B I b mit $B \neq E$. Das gleichschenklige Dreieck $(B\sigma_a, B\sigma_c, E)$ mit Spitze E hat eine Symmetrieachse d durch E, d. h. E I d und $B\sigma_a\sigma_d = B\sigma_c$ (s. Fig. 3.34a). $\sigma_a\sigma_d\sigma_c$ liegt in der Standuntergruppe von $\{B, E\}$, also in $\{\iota, \sigma_b\}$ (Abschn. 3.1, Satz 1), und ist nicht ι (Abschn. 2.6, Satz 5, $\iota \notin \Gamma^3$). Vielmehr ist $\sigma_b = \sigma_a\sigma_d\sigma_c$, also $\sigma_a\sigma_b\sigma_c = \sigma_d$. Damit ist Satz 3 bewiesen.

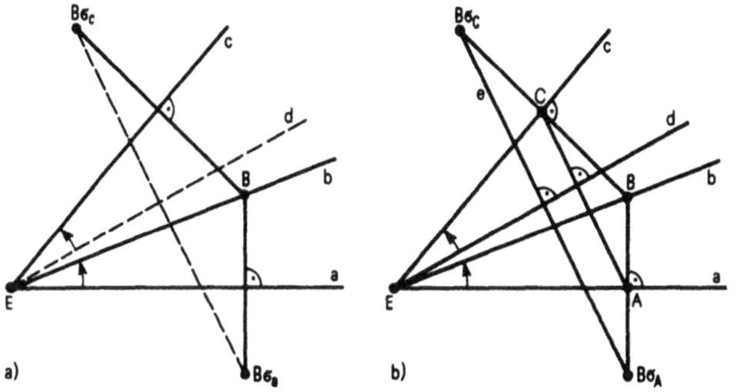

Fig. 3.34

Die vierte Spiegelungsgerade d wurde im Beweis von Satz 3 als Symmetrieachse des gleichschenkligen Dreiecks ($B\sigma_a$, $B\sigma_c$, E) gewonnen. Sie ist also Mittelgerade der Punkte $B\sigma_a$, $B\sigma_c$ und bildet, wenn diese Punkte verschieden sind, mit ihrem Mittelpunkt und ihrer Verbindungsgeraden e ein Kreuz (Abschn. 2.7, Satz 3). Um die Verschiedenheit von $B\sigma_a$, $B\sigma_c$ zu erreichen, wollen wir a $\neq$ c voraussetzen, denn dann hat die Drehung $\sigma_a\sigma_c \neq \iota$ nur den Fixpunkt E, nicht auch B (Satz 2).

Sei nun A der Fußpunkt des Lotes von B auf a und C der Fußpunkt des Lotes von B auf c, also $B\sigma_A = B\sigma_a$ und $B\sigma_C = B\sigma_c$ (Fig. 3.34b). Nach dem Satz von der Mittelparallelen im Dreieck (Abschn. 3.4, Satz 3), angewandt auf Dreieck ($B\sigma_A$, $B\sigma_C$, B), sind A, C verschieden und haben eine zu e parallele Verbindungsgerade, die wie e auf d senkrecht steht.

Damit ist gezeigt, daß man die vierte Spiegelungsgerade d zu a, b, c auch als Lot von E auf die Verbindungsgerade der Fußpunkte A, C konstruieren kann. Wir fassen zusammen als

Satz 4 (L o t e n s a t z) Sei E I a, b, c und a $\neq$ c. Sei B I b und B $\neq$ E. Sei A der Fußpunkt des Lotes von B auf a und C der Fußpunkt des Lotes von B auf c. Sei d das Lot von E auf die Verbindungsgerade der – verschiedenen – Punkte A, C (s. Fig. 3.35). Dann ist $\sigma_a\sigma_b\sigma_c = \sigma_d$.

In dem oben ausgeschlossenen Sonderfall a = c ist die Bestimmung der vierten Spiegelungsgerade d zu E I a, b, c besonders einfach. Dann ist nämlich $\sigma_d = \sigma_a\sigma_b\sigma_a = \sigma_{b\sigma_a}$, also d = $b\sigma_a$ das Spiegelbild von b an a. Denkt man an die Definition der Mittelgerade

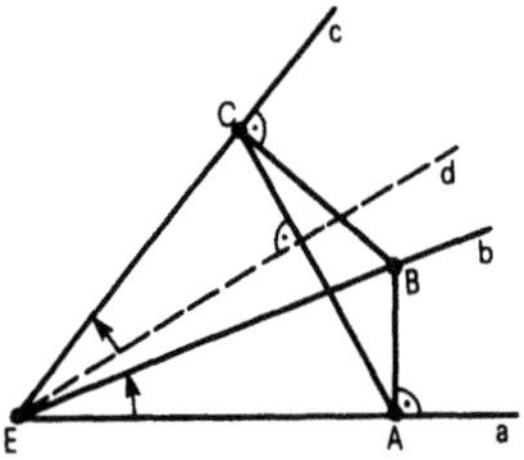

Fig. 3.35

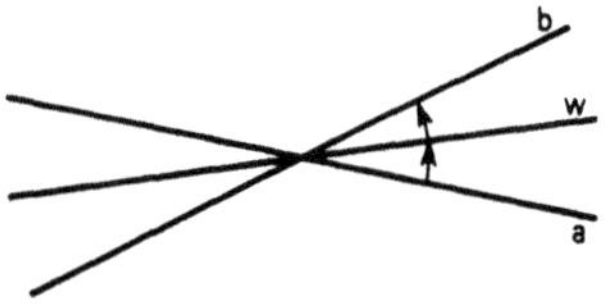

Fig. 3.36

zweier Punkte, so liegt es nahe, in diesem Fall a eine Mittelgerade von b, d zu nennen. Etwas farbiger ist vielleicht die Bezeichnung von a als Winkelhalbierende von b, d.

Definition Seien a, b, w Geraden mit $a\sigma_w$ = b. Dann heißt w eine W i n k e l h a l b i e r e n d e von a, b (Fig. 3.36).

Eine äquivalente Beschreibung einer Winkelhalbierenden von a, b ist $\sigma_a\sigma_w = \sigma_w\sigma_b$.

Während es zu zwei verschiedenen Punkten stets genau eine Mittelgerade gibt, ist die Lage bei den Winkelhalbierenden komplizierter (vgl. auch Aufgabe 3). Im „Normalfall" treten die Winkelhalbierenden paarweise auf.

Satz 5 (W i n k e l h a l b i e r e n d e n - P a a r) Sei E I a, b, w und w Winkelhalbierende von a, b. Dann ist auch das in E auf w errichtete Lot v eine Winkelhalbierende von a, b.

Wenn a $\neq$ b ist, sind v, w die einzigen Winkelhalbierenden von a, b (Fig. 3.37). Insbesondere geht dann jede Winkelhalbierende von a, b durch den Schnittpunkt von a, b.

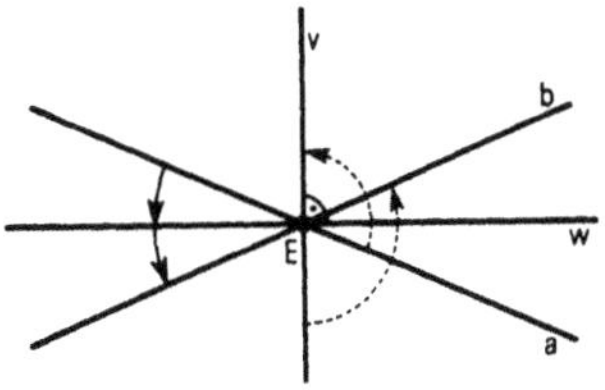

Fig. 3.37

B e w e i s. Aus $a\sigma_w = b$ und $\sigma_v\sigma_w = \sigma_E$ folgt $a\sigma_v = a\sigma_E\sigma_w = a\sigma_w = b$. Sei a $\neq$ b und $a\sigma_u = b$. Dann liegt $\sigma_u\sigma_w$ in der Standuntergruppe von $\{a, b\}$. Diese ist $\{\iota, \sigma_a, \sigma_b, \sigma_E\}$, wenn a, b senkrecht sind, und $\{\iota, \sigma_E\}$ sonst (Abschn. 3.1, Satz 4 und 5). Jedenfalls ist $\sigma_u\sigma_w \in \{\iota, \sigma_a, \sigma_b, \sigma_E\}$. Wegen $\iota \notin \Gamma^3$ (Abschn. 2.6, Satz 5) bleiben nur die Möglichkeiten $\sigma_u\sigma_w = \iota$ oder $\sigma_u\sigma_w = \sigma_E$, also u = w oder u = v.

Es steht noch die „Ernte" von dem Involutionenbüschel Γ_E aus Satz 3 aus:

Satz 6 (D r e h u n g e n u m e i n e n P u n k t) Für jeden Punkt E ist die Menge $\Delta_E = \Gamma_E^2$ der Drehungen um E eine kommutative Untergruppe von B.

Satz 7 (S t a n d u n t e r g r u p p e e i n e s P u n k t e s) Für jeden Punkt E ist $\Gamma_E \cup \Delta_E$ eine Untergruppe von B, die Standuntergruppe des Punktes E.

$$\Gamma_E \cup \Delta_E = \{\gamma \mid E\gamma = E\}.$$

B e w e i s von Satz 7. „$\subseteq$" ist offensichtlich. Für die Umkehrung machen wir einen Rückholschluß. Sei $E\gamma = E$ und A $\neq$ E und A, E I a. Das gleichschenklige Dreieck (A, Aγ, E) hat eine Symmetrieächse b durch E. Dann ist $\gamma\sigma_b$ in der Standuntergruppe der Punkte A, E, also $\gamma\sigma_b \in \{\iota, \sigma_a\}$. Damit ist $\gamma = \sigma_b \in \Gamma_E$ oder $\gamma = \sigma_a\sigma_b \in \Gamma_E^2 = \Delta_E$.

Nach Abschn. 3.2, Satz 8 gilt $\sigma_X\sigma_Y = \tau_{XY}^2$ für alle Punkte X, Y. Da die Translationen scharf transitiv auf den Punkten operieren, kann man statt Y auch τ als Variable nehmen und diese Gleichung in der Form $\sigma_X\sigma_{X\tau} = \tau^2$ für alle $X \in P$ und alle $\tau \in T$ aussprechen. So formuliert gibt es eine analoge Beziehung zwischen den Drehungen um einen Punkt E und den Spiegelungen an Geraden durch E (vgl. auch Aufgabe 5).

Satz 8 Sei $E \in P$. Für $\sigma_x \in \Gamma_E$ und $\delta \in \Delta_E$ gilt dann $\sigma_x\sigma_{x\delta} = \delta^2$.

B e w e i s (s. Fig. 3.38). Sei E I x, a, b und $\delta = \sigma_a\sigma_b$. Sei $y := x\sigma_a$ und $z := y\sigma_b$. Da a Winkelhalbierende von x, y ist, gilt $\sigma_x\sigma_a = \sigma_a\sigma_y$, und da b Winkelhalbierende von y, z ist, gilt $\sigma_y\sigma_b = \sigma_b\sigma_z$. Die Gruppe Δ_E ist kommutativ (Satz 6), und damit gilt

$$\begin{aligned}\sigma_x\sigma_{x\delta} &= \sigma_x\sigma_z = \sigma_x\sigma_a \cdot \sigma_a\sigma_y \cdot \sigma_y\sigma_b \cdot \sigma_b\sigma_z \\ &= (\sigma_a\sigma_y)^2 \cdot (\sigma_y\sigma_b)^2 \\ &= (\sigma_a\sigma_y \cdot \sigma_y\sigma_b)^2 = (\sigma_a\sigma_b)^2 = \delta^2.\end{aligned}$$

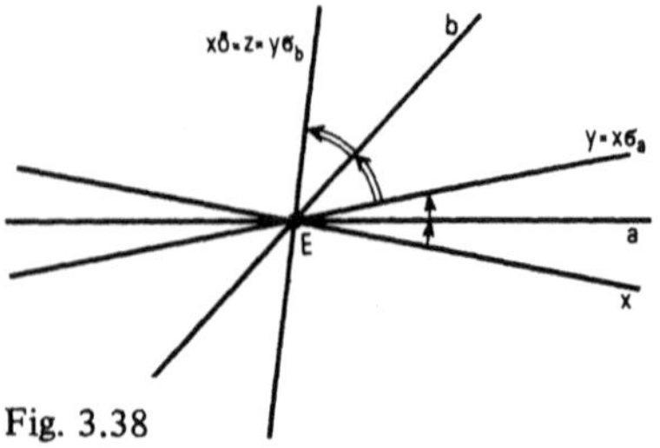

Fig. 3.38

A C Drehungen der Zeichenebene sind leicht realisierbar. Sie sind besonders anschaulich, und drehsymmetrische Figuren werden von den Schülern als besonders schön empfunden. Die Betrachtung von Drehungen drängt zu einem Winkelbegriff. Dieses Kapital sollte man in der Schule auch zur Einführung des Winkelbegriffs nutzen. Leider wird meistens der umgekehrte Weg gewählt. Ein ganz unbefriedigender, vager Winkelbegriff wird benutzt, um Drehungen durch ihren Drehpunkt und ihren „Drehwinkel“ zu beschreiben.

Eine ausführliche Diskussion möglicher Winkelbegriffe und ihrer Konsequenzen und eine Einführung eines einfachen Winkelbegriffs mit Hilfe der Bewegungen wird im Folgeband erfolgen. Wir beschränken uns hier auf wenige Anmerkungen.

Grundbeobachtung ist, daß man zwei Geradenpaaren (a, b) und (c, d) aus Geraden durch einen Punkt, für die die Drehungen $\sigma_a\sigma_b$ und $\sigma_c\sigma_d$ übereinstimmen, „etwas Gemeinsames“ ansehen kann. Diese gemeinsame Eigenschaft wird ihr Winkel genannt. Wie man Geradenpaare, bei denen sich die Geraden nicht in einem Punkt schneiden, vergleicht, wird im nächsten Paragraphen ein Thema sein. Vorerst erwarten wir von einem Winkelbegriff, daß jedem Geradenpaar (a, b) ein Winkel zugeordnet wird, wobei für Geraden a, b, c, d, die durch einen Punkt gehen, gilt:

$$\measuredangle (a, b) = \measuredangle (c, d) \Longleftrightarrow \sigma_a\sigma_b = \sigma_c\sigma_d .$$

Hiermit können wir zum Beispiel prüfen, wann $\measuredangle (a, b) = \measuredangle (b, a)$ ist: $\measuredangle (a, b) = \measuredangle (b, a)$ ist gleichwertig mit $\sigma_a\sigma_b = \sigma_b\sigma_a$, d. h. mit $a = b$ oder $a \perp b$.

Sind zwei Drehungen $\sigma_a\sigma_b$ und $\sigma_c\sigma_d$ gleich, so sind auch ihre inversen Drehungen $\sigma_b\sigma_a$ und $\sigma_d\sigma_c$ gleich. In der Winkelsprache heißt das: Zwei Winkel sind genau dann gleich, wenn ihre „inversen“ Winkel gleich sind (s. Fig. 3.39),

$$\measuredangle (a, b) = \measuredangle (c, d) \Longleftrightarrow \measuredangle (b, a) = \measuredangle (d, c).$$

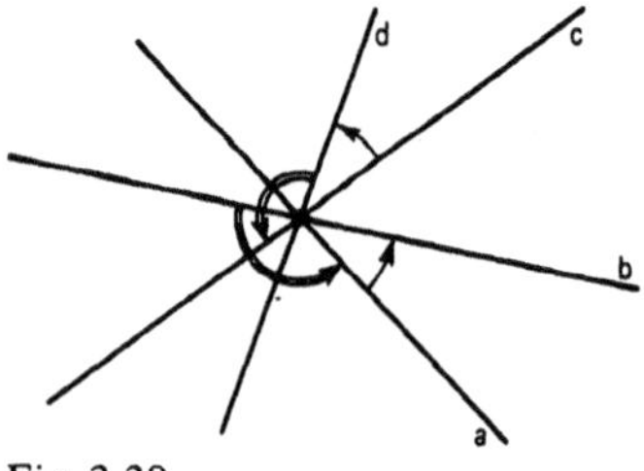

Fig. 3.39

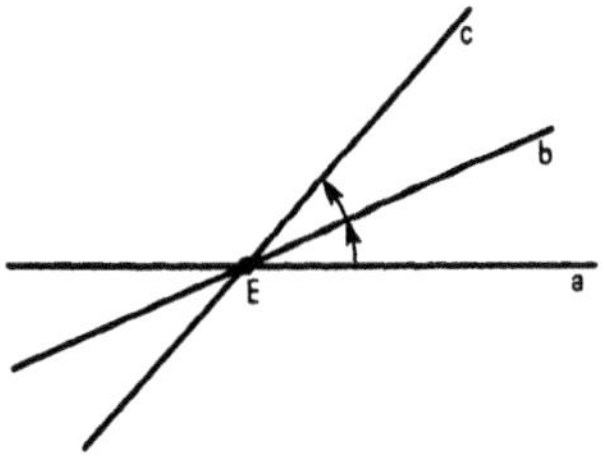

Fig. 3.40

Seien a, b, c Geraden durch einen Punkt E, und sei b Winkelhalbierende von a, c (s. Fig. 3.40). Dann gilt $\measuredangle (a, b) = \measuredangle (b, c)$, denn nach Definition der Winkelhalbierenden ist $a\sigma_b = c$ bzw. $\sigma_a\sigma_b = \sigma_b\sigma_c$.

Im 2. Band wird auch eine Winkeladdition erklärt werden. Von jeder Definition einer Addition von Winkeln erwarten wir, daß in dem vorliegenden einfachen Fall (Fig. 3.40) $\measuredangle (a, b) + \measuredangle (b, c) = \measuredangle (a, c)$ ist. Dann ist also

$$\measuredangle (a, c) = 2 \cdot \measuredangle (a, b).$$

Beide Winkel, $\measuredangle (a, b)$ und $\measuredangle (a, c)$, stehen mit der Drehung $\delta := \sigma_a\sigma_b = \sigma_b\sigma_c$ in einem engen Zusammenhang. Für jede Darstellung von δ in der Form $\sigma_g\sigma_h$ mit E I g, h gilt ja nach Definition der Winkelgleichheit $\measuredangle (a, b) = \measuredangle (g, h)$. Deshalb wollen wir $\measuredangle (a, b)$ den Darstellungswinkel von δ nennen. Der „doppelt so große" $\measuredangle (a, c)$ soll Drehwinkel von δ genannt werden. Denn für jede Gerade x durch E gilt nach Satz 8

$$\sigma_x\sigma_{x\delta} = \delta^2 = \sigma_a\sigma_b \cdot \sigma_b\sigma_c = \sigma_a\sigma_c, \qquad \text{also} \qquad \measuredangle (x, x\delta) = \measuredangle (a, c).$$

Jede Gerade x durch E wird also um den $\measuredangle (a, c)$ „um E gedreht". Hierin kann man eine Begründung für die Bezeichnung „Drehung um E" erblicken. Die oben aufgestellte Gleichung $\measuredangle (a, c) = 2 \cdot \measuredangle (a, b)$ halten wir noch einmal in Worten fest:

Bei jeder Drehung ist der Drehwinkel doppelt so groß wie der Darstellungswinkel.

Aufgaben zu Abschn. 3.5

1. Man beweise Satz 1.

2. In der Zeichenebene und im 9-Punkte-Modell gebe man jeweils zwei von Punktspiegelungen verschiedene Drehungen $\neq \iota$ an, so daß

a) ihr Produkt keine Drehung ist.

b) ihre Drehzentren verschieden sind und ihr Produkt eine Drehung ist.

3. Im 9-Punkte-Modell gibt es Geraden, die keine Winkelhalbierende haben.

4. a) Die Abbildung $\Delta \to \Delta, \delta \mapsto \delta^2$ ist in keiner euklidischen Ebene injektiv (vgl. Abschn. 3.2, Satz 9).

b) Die Abbildung $\Delta \to \Delta, \delta \mapsto \delta^2$ ist genau dann surjektiv, wenn je zwei Geraden eine Winkelhalbierende haben.

c) Haben je zwei Geraden einer euklidischen Ebene eine Winkelhalbierende, so ist diese Ebene nicht endlich.

5. Operiert Δ_E scharf transitiv auf den Geraden durch E?

6. a) Sei E I a. Dann ist $\{c \mid E \text{ I } c\} \to \Delta_E, c \mapsto \sigma_a \sigma_c$ eine bijektive Abbildung von der Menge der Geraden durch E auf die Menge der Drehungen um E. Insbesondere sind die Gruppen der Drehungen um einen Punkt alle gleichmächtig.

b) Im 9-Punkte-Modell bestimme man $\Delta_{\boxed{\text{b}}/\boxed{\text{b}}}$.

c) Wieviele Drehungen hat das 9-Punkte-Modell?

7. a) Lassen sich die Dreiecke des 9-Punkte-Modells

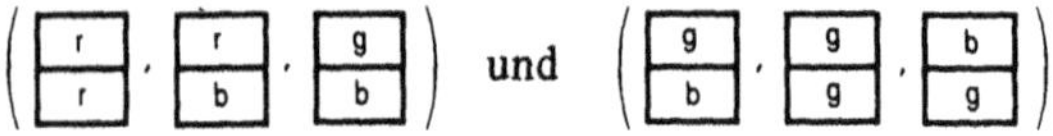

durch eine Drehung ineinander überführen?

b) Eine Arbeitsbühne soll in die beiden in Fig. 3.41 angegebenen Stellungen gedreht werden können. Welche Punkte kommen als Drehzentrum in Frage?

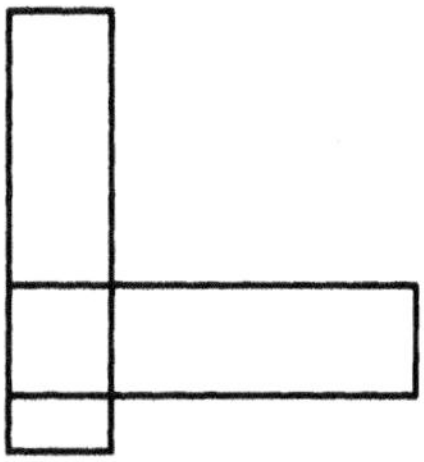

Fig. 3.41

8. Man entwerfe in der Zeichenebene drehsymmetrische Figuren.

9. Sei E I a, b, c mit $a \neq c$ und $a \not\perp c$. Sei B I b und $B \neq E$. Sei A der Fußpunkt des Lotes von B auf a und C der Fußpunkt des Lotes von B auf c. Sei (A, B, C, D) ein Parallelogramm. Dann ist $D \neq E$, und für die Verbindungsgerade d von D, E gilt $\sigma_a \sigma_b \sigma_c = \sigma_d$.

10. In der Zeichenebene seien 3 Geraden a, b, c durch einen Punkt E gegeben. Man konstruiere die 4. Spiegelungsgerade d zu a, b, c mit dem Spiegellineal.

11. Von einer Drehung der Zeichenebene seien zwei verschiedene Punkt-Bildpunkt-Paare gegeben. Zu einem beliebigen Punkt konstruiere man mit dem Spiegellineal den Bildpunkt. (Mehrere Möglichkeiten; man achte auch auf Sonderfälle.)

12. a) Sei γ eine Bewegung und δ eine Drehung um E. Dann ist $\gamma^{-1}\delta\gamma$ eine Drehung um $E\gamma$.
b) Sei $\delta \in \Delta_E$ und E I c. Dann ist $\sigma_c \delta \sigma_c = \delta^{-1}$.
c) Zwei Drehungen $\neq \iota$ kommutieren genau dann, wenn ihre Zentren gleich sind.

13. (S a t z v o n T h a l e s „kreisfrei") Sei (A, B, C) ein Dreieck mit paarweise verschiedenen Ecken, bei dem sich die Mittelgerade u von B, C und die Mittelgerade v von A, C in einem Punkt M der Verbindungsgeraden von A, B schneiden (Fig. 3.42). Dann ist (A, B, C) rechtwinklig mit rechtem Winkel bei C (vgl. Abschn. 2.7, Aufgabe 2). (Hinweis. Man betrachte $\sigma_u \sigma_v \in \Delta_M$.)

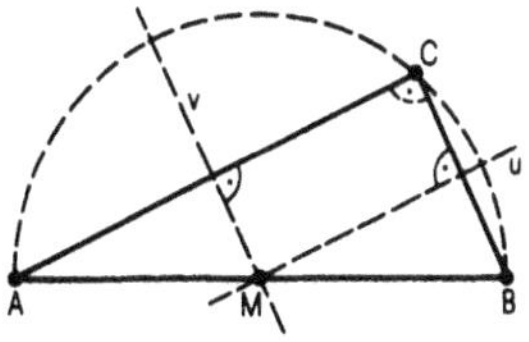

Fig. 3.42

14. Die Hintereinanderausführung einer Drehung $\neq \iota$ und einer Translation ist stets eine Drehung. (Hinweis. Sätze von 3 Spiegelungen.)

15. a) Sei E ein Punkt. Jede Bewegung läßt sich eindeutig darstellen als Produkt einer Bewegung aus der Standuntergruppe des Punktes E und einer Translation.
b) Wieviele Bewegungen hat das 9-Punkte-Modell?

16. Sind $\sigma, \sigma_1, \sigma_2, \sigma_3$ involutorische Bewegungen mit $\sigma \mid \sigma_1, \sigma_2, \sigma_3$, so ist $\sigma_4 := \sigma_1\sigma_2\sigma_3$ eine involutorische Bewegung mit $\sigma \mid \sigma_4$.

17. Das Axiomensystem der „metrischen absoluten Geometrie" in: Bachmann, F. „Aufbau der Geometrie aus dem Spiegelungsprinzip" lautet (S. 33): „Grundannahme. Es sei ein aus involutorischen Elementen bestehendes, invariantes Erzeugendensystem S einer Gruppe G gegeben. (Anmerkung: „invariant" heißt: $a^{-1}\, s\, a \in S$ für alle $s \in S$ und $a \in G$.) Die Elemente von S seien mit kleinen lateinischen Buchstaben bezeichnet. Die involutorischen Elemente aus G, welche als Produkt von zwei Elementen aus S darstellbar sind, – also die in der Form ab mit a | b darstellbaren Elemente aus G – seien mit großen lateinischen Buchstaben bezeichnet.

Axiom 1. Zu P, Q gibt es stets ein g mit P, Q | g.

Axiom 2. Aus P, Q | g, h folgt P = Q oder g = h.

Axiom 3. Gilt a, b, c | P, so gibt es ein d, so daß abc = d ist.

Axiom 4. Gilt a, b, c | g, so gibt es ein d, so daß abc = d ist.

Axiom D. Es gibt g, h, j derart, daß g | h und weder j | g noch j | h noch j | gh gilt."

Sei $(P, G, I, \perp, B)$ eine euklidische Ebene. Man zeige: (B, Γ) ist ein Modell für das Axiomensystem der metrischen absoluten Geometrie. (vgl. Ende von Abschn. 2.6).

3.6 Gerade Bewegungen

B Die Menge Δ aller Drehungen ist keine Gruppe. Die Frage liegt nahe: Welche Untergruppe der Bewegungsgruppe wird von den Drehungen erzeugt? – Da die Punktspiegelungen spezielle Drehungen und die Translationen Produkte von zwei Punktspiegelungen sind, gilt $\langle\Delta\rangle \supseteq \mathrm{T} \cup \Delta$. Die Menge $\mathrm{T} \cup \Delta$ ist auch genau die Menge Γ^2. Mit jedem Element $\gamma = \sigma_a\sigma_b \in \Gamma^2$ ist auch $\gamma^{-1} = \sigma_b\sigma_a \in \Gamma^2$. ι ist in Γ^2. Um zu zeigen, daß $\mathrm{T} \cup \Delta = \Gamma^2$ eine Untergruppe und damit gleich $\langle\Delta\rangle$ ist, genügt es nach dem Untergruppenkriterium, die Abgeschlossenheit von Γ^2 nachzuweisen:

Satz 1 (R e d u k t i o n s s a t z)

$$\Gamma^4 \subseteq \Gamma^2,$$

d. h., jedes Produkt von 4 Geradenspiegelungen ist gleich einem Produkt von 2 Geradenspiegelungen.

Korollar Die Translationen und Drehungen bilden eine Untergruppe der Bewegungsgruppe. Sie wird von den Drehungen erzeugt.

$$\Gamma^2 = \mathrm{T} \cup \Delta = \langle\Delta\rangle.$$

B e w e i s von Satz 1. Seien Geraden a, b, c, d gegeben. Zu zeigen ist $\sigma_a\sigma_b\sigma_c\sigma_d \in \Gamma^2$.

Fall 1. a $\parallel$ b und c $\parallel$ d. Dann sind $\sigma_a\sigma_b$ und $\sigma_c\sigma_d$ Translationen. Die Translationen bilden eine Gruppe, also ist $\sigma_a\sigma_b\sigma_c\sigma_d \in \mathrm{T}^2 \subseteq \mathrm{T} \subseteq \Gamma^2$.

Fall 2. a $\parallel$ b und c $\nparallel$ d (Fig. 3.43). Dann ist $\sigma_a\sigma_b$ eine Translation und $\sigma_c\sigma_d$ eine Drehung. Sei E I c, d. Sei e das Lot von E auf die Geraden a, b und f das Lot in E auf e. Dann ist mit den Sätzen von drei Spiegelungen (Abschn. 3.4, Satz 7(iv) und Abschn. 3.5, Satz 3)

$$\sigma_a\sigma_b\sigma_c\sigma_d = \sigma_a\sigma_b\sigma_f \cdot \sigma_f\sigma_c\sigma_d \in \Gamma_e^3 \cdot \Gamma_E^3 \subseteq \Gamma_e\Gamma_E \subseteq \Gamma^2.$$

Fall 3. a $\nparallel$ b und c $\parallel$ d, wird analog Fall 2 bewiesen.

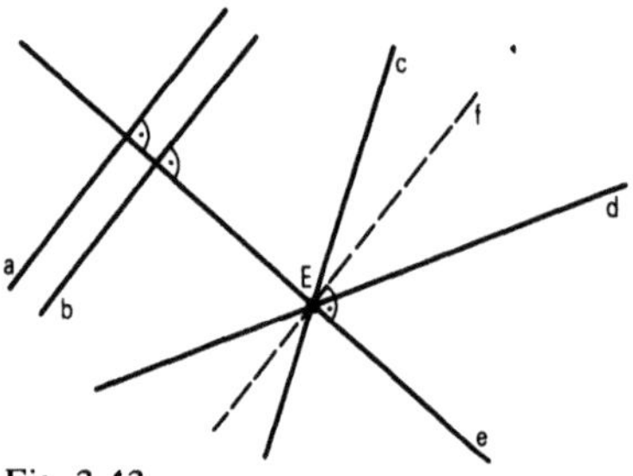

Fig. 3.43

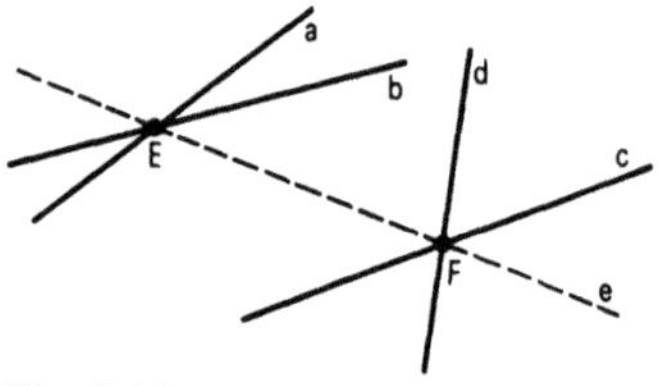

Fig. 3.44

Fall 4. a $\nparallel$ b und c $\nparallel$ d (Fig. 3.44), d. h., $\sigma_a\sigma_b$ und $\sigma_c\sigma_d$ sind Drehungen. Sei E I a, b und F I c, d. Sei e eine Gerade durch E, F. Dann ist $\sigma_a\sigma_b\sigma_c\sigma_d = \sigma_a\sigma_b\sigma_e \cdot \sigma_e\sigma_c\sigma_d \subseteq \Gamma_E^3 \cdot \Gamma_F^3 \subseteq$ $\subseteq \Gamma_E \cdot \Gamma_F \subseteq \Gamma^2$.

(Zu diesem Beweis von Satz 1 machen wir am Ende dieses Abschnitts eine Bemerkung.)

Die Sätze von 3 Spiegelungen geben Fälle an, in denen ein Produkt von 3 Geradenspiegelungen wieder eine Geradenspiegelung, d. h. ein Produkt von 4 Geradenspiegelungen gleich ι ist. Daß dies auch die einzigen Fälle sind, in denen ein Produkt von 4 Geradenspiegelungen ι ist, folgt aus

Satz 2 (Produkt von 4 Geradenspiegelungen = ι) Seien a, b, c, d Geraden. Ist $\sigma_a\sigma_b\sigma_c\sigma_d = \iota$, dann gibt es einen Punkt E mit E I a, b, c, d, oder es gibt eine Gerade e mit e $\perp$ a, b, c, d.

Beweis. Aus a = b folgt c = d, und zwei Geraden haben einen gemeinsamen Punkt E oder ein gemeinsames Lot e. Sei $\sigma_a\sigma_b$ eine Translation $\neq \iota$ und e $\perp$ a, b. Wegen $\sigma_a\sigma_b = \sigma_d\sigma_c$ ist $\sigma_d\sigma_c$ dieselbe Translation längs e, also e $\perp$ d, c. Ist $\sigma_a\sigma_b$ eine Drehung $\neq \iota$ und E I a, b, dann ist $\sigma_d\sigma_c$ dieselbe Drehung um E, also E I d, c.

Die Gruppe $\Gamma^2 = \mathrm{T} \cup \Delta$ wollen wir noch unter einem anderen Aspekt betrachten. Dazu unterscheiden wir „gerade" und „ungerade" Bewegungen.

Definition Jede Bewegung, die sich als Produkt $\sigma_{a_1}\sigma_{a_2} \ldots \sigma_{a_{2k}}$ einer geraden Anzahl von Geradenspiegelungen darstellen läßt, heißt eine *gerade Bewegung*. Jede Bewegung, die sich als Produkt $\sigma_{a_1}\sigma_{a_2} \ldots \sigma_{a_{2k+1}}$ einer ungeraden Anzahl von Geradenspiegelungen darstellen läßt, heißt eine *ungerade Bewegung*.
Mit dem Untergruppenkriterium prüft man leicht, daß die geraden Bewegungen eine Untergruppe der Bewegungsgruppe bilden (Aufgabe 1). Diese Untergruppe ist wieder die Gruppe der Translationen und Drehungen, wie der nächste Satz unter anderem zeigt.

Satz 3 (Gerade und ungerade Bewegungen)

Γ^2 ist die Menge der geraden Bewegungen.

Γ^3 ist die Menge der ungeraden Bewegungen.

$\Gamma^2 \cap \Gamma^3 = \emptyset$, d. h., keine Bewegung ist zugleich gerade und ungerade.

Beweis. Daß jede gerade Bewegung $\sigma_{a_1} \ldots \sigma_{a_{2k}}$ in Γ^2 liegt, wird durch vollständige Induktion nach $k \in \mathbf{N}_0$ gezeigt. Der Induktionsanfang $\iota \in \Gamma^2$ (k = 0) ist trivial. Sind für ein $m \in \mathbf{N}_0$ alle Produkte mit 2 m Faktoren in Γ^2, so ist auch jedes Produkt

$$\sigma_{a_1} \ldots \sigma_{a_{2m}}\sigma_{a_{2m+1}}\sigma_{a_{2m+2}} \in \Gamma^2\, \sigma_{a_{2m+1}}\sigma_{a_{2m+2}} \subseteq \Gamma^4 \subseteq \Gamma^2.$$

Jede ungerade Bewegung ist in Γ^3, denn da jede gerade Bewegung in Γ^2 liegt, ist jedes Produkt $\sigma_{a_1} \ldots \sigma_{a_{2k}}\sigma_{a_{2k+1}} \in \Gamma^2\sigma_{a_{2k+1}} \subseteq \Gamma^3$. Schließlich, wäre eine Bewegung zugleich in Γ^2 und in Γ^3, also etwa $\sigma_a\sigma_b = \sigma_c\sigma_d\sigma_e$, so folgte $\iota = \sigma_a\sigma_b\sigma_e\sigma_d\sigma_c \in \Gamma^5 \subseteq \Gamma^3$. Ein Produkt von drei Geradenspiegelungen ist aber niemals ι (Abschn. 2.6, Satz 5).

Bemerkungen. 1. Der Beweis des Reduktionssatzes $\Gamma^4 \subseteq \Gamma^2$ (Fälle 2, 3, 4) scheint A
etwas merkwürdig zu sein: Man möchte ein Produkt von 4 Geradenspiegelungen als Produkt C
von 2 Geradenspiegelungen schreiben und stellt es zunächst als Produkt von 6 Geradenspiegelungen dar[1]). Exemplarisch wollen wir noch einmal den Fall 4 betrachten und klar machen, was in dem Beweis inhaltlich geschieht:

[1]) Plattdeutsches Sprichwort: „Ehr dat beter ward, mutt ers slechder warn."

Sei $\sigma_a\sigma_b$ eine Drehung um E und $\sigma_c\sigma_d$ eine Drehung um F, und sei e eine Gerade durch E, F (Fig. 3.45). Dann ist $\sigma_a\sigma_b\sigma_e \in \Gamma_E$. Also gibt es eine Gerade f durch E mit $\sigma_a\sigma_b\sigma_e = \sigma_f$, d. h. mit $\sigma_a\sigma_b = \sigma_f\sigma_e$. Ebenso gibt es eine Gerade g durch F mit $\sigma_e\sigma_c\sigma_d = \sigma_g$, also $\sigma_c\sigma_d = \sigma_e\sigma_g$. Nun ist $\sigma_a\sigma_b \cdot \sigma_c\sigma_d = \sigma_f\sigma_e \cdot \sigma_e\sigma_g = \sigma_f\sigma_g$. Das ist die Beweisidee: Die Möglichkeit, bei der Darstellung einer Drehung als Produkt zweier Geradenspiegelungen eine Gerade durch das Drehzentrum frei wählen zu können, wird geschickt genutzt. Mit dieser Idee kann man in der Zeichenebene durch Konstruktion mit dem Spiegellineal zu zwei gegebenen geraden Bewegungen – Drehung oder Translation – ermitteln, welche Bewegung sich als Hintereinanderausführung ergibt (vgl. Abschn. 3.5, Aufgabe 14). In dieser inhaltlichen Ausführlichkeit kann man den Reduktionssatz auch in der Schule behandeln.

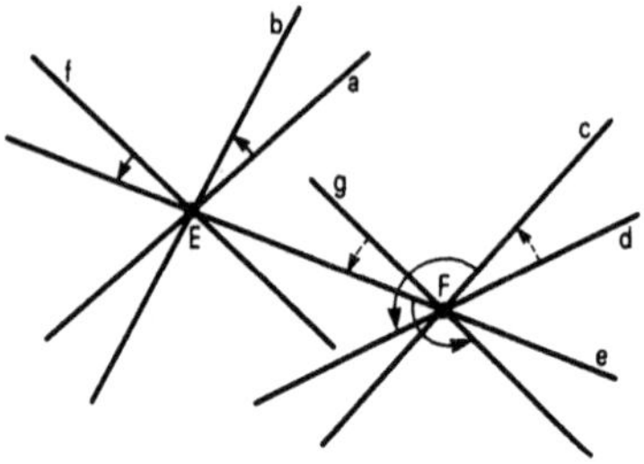

Fig. 3.45

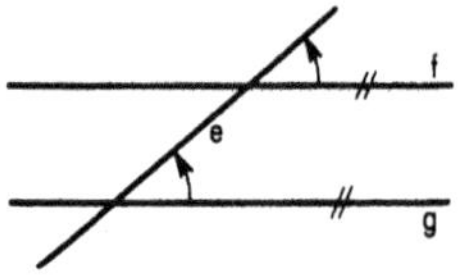

Fig. 3.46

Gibt es eine von der Zeichengenauigkeit unabhängige Beschreibung, wann ein Produkt von zwei Drehungen eine Translation ist?

Wir betrachten noch etwas die oben stehende Fig. 3.45 und wollen dabei die im vorigen Abschnitt begonnenen Überlegungen zu einem möglichen Winkelbegriff fortsetzen. Dort wurde schon festgestellt, daß jede sinnvolle Definition eines Winkels für Geraden a, b, c, d durch einen Punkt die Aussage

(*) $\measuredangle(a, b) = \measuredangle(c, d) \Longleftrightarrow \sigma_a\sigma_b = \sigma_c\sigma_d \qquad (E \text{ I } a, b, c, d)$

wahr machen muß. Mit (*) wurde gezeigt, daß aus $\measuredangle(a, b) = \measuredangle(c, d)$ auch $\measuredangle(b, a) = \measuredangle(d, c)$ folgt. In der obigen Figur ist also $\measuredangle(a, b) = \measuredangle(f, e)$ und $\measuredangle(c, d) = \measuredangle(e, g)$, bzw. auch $\measuredangle(d, c) = \measuredangle(g, e)$.

Von jedem Winkelbegriff erwarten wir, daß mit ihm auch der Satz von den „Stufenwinkeln an Parallelen" wahr wird, d. h., für alle e, f, g soll gelten (Fig. 3.46)

(**) $\measuredangle(f, e) = \measuredangle(g, e) \Longleftrightarrow f \parallel g.$

Mit (**) können wir die obigen Überlegungen fortsetzen und festellen, daß $\measuredangle(a, b)$ genau dann gleich $\measuredangle(d, c)$ ist, wenn $f \parallel g$, also $\sigma_a\sigma_b\sigma_c\sigma_d = \sigma_f\sigma_g$ eine Translation ist. Nennt man $\measuredangle(c, d)$ und $\measuredangle(d, c)$ invers zueinander, so gilt:

Die Hintereinanderausführung zweier Drehungen δ_1, δ_2 ist genau dann eine Translation, wenn die Darstellungswinkel von δ_1 und δ_2 inverse Winkel sind.

Kleine zusätzliche Überlegungen zu den bisherigen zeigen, daß bei einem Winkelbegriff, der die Eigenschaften (*) und (**) hat, für alle Geraden a, b, c, d gilt

$$(***) \qquad \measuredangle(a, b) = \measuredangle(c, d) \Longleftrightarrow \sigma_a\sigma_b\sigma_d\sigma_c \in T.$$

Erfüllt umgekehrt ein Winkelbegriff die Aussage (***), so sind auch (*) und (**) wahr. Wir könnten durch (***) eine Winkelgleichheit in unserer Theorie definieren. Dann hätten z. B. alle Paare paralleler Geraden den gleichen Winkel (0-Winkel), alle Paare senkrechter Geraden hätten den gleichen Winkel (rechter Winkel). Im 9-Punkte-Modell gäbe es genau 4 Winkel. Jedoch sind zu viele Fragen zum Winkelbegriff offen. Wir hoffen, daß der Leser auf den zweiten Band gespannt ist.

2. Die geraden Bewegungen werden oft auch „gleichsinnige" Bewegungen genannt, die ungeraden Bewegungen „gegensinnig". Unterschieden werden diese Eigenschaften einer Bewegung je nachdem, ob ein Dreieck auf ein Dreieck mit gleichem oder mit entgegengesetztem „Umlaufsinn" abgebildet wird. Mit dem Umlaufsinn haben jedoch selbst Erwachsene oft Schwierigkeiten. Einfacher ist die Beschreibung, daß bei der gewohnten Realisierung einer Bewegung der Zeichenebene bei einer geraden Bewegung das Pergamentpapier gerade oft umgewendet wird. Als „Indikator" kann man ein Stück Schrift wählen, das in „Spiegelschrift" erscheint oder nicht. Die Schüler kommen dann selbst darauf, daß die geraden Bewegungen genau diejenigen Bewegungen sind, bei denen das Pergamentpapier überhaupt nicht umgewendet wird. Nach dieser Feststellung kann man die Gruppeneigenschaften für die geraden Bewegungen leicht erkennen. Daß diese Gruppe nur aus Translationen und Drehungen besteht, ist äußerst überraschend. Wie man das Pergamentpapier auch „schraubt oder dreht oder verschiebt", das Ergebnis ist eine simple Translation, oder es gibt genau einen Fixpunkt, und um diesen wurde gedreht. Z. B. hat die Hintereinanderausführung einer Translation und einer Drehung $\neq \iota$ genau einen Fixpunkt. Welcher Punkt dieser Fixpunkt ist, ist überhaupt nicht offensichtlich, vielmehr eine spannende Frage.

Aufgaben zu Abschn. 3.6

1. Sei G eine Gruppe und S eine nichtleere Teilmenge von involutorischen Elementen von G. Dann ist die Menge der Gruppenelemente, die sich als Produkt einer geraden Anzahl von Elementen aus S darstellen lassen, eine Untergruppe von G.

2. Ist die Gruppe $T \cup \Delta$ kommutativ? Kann eine Drehung $\neq \iota$ mit einer Translation $\neq \iota$ kommutieren?

3. Man bestimme (in der Zeichenebene) für alle möglichen Fälle eines Zweierproduktes aus Translationen oder Drehungen, welcher Bewegungstyp sich ergibt. (Tabelle).

4. In der Menge $G \times G$ aller Geradenpaare ist die durch

$$(a, b) \cong (c, d) \Longleftrightarrow \sigma_a\sigma_b\sigma_d\sigma_c \in T$$

definierte Relation eine Äquivalenzrelation mit „vertauschbaren Innengliedern", d. h. mit

$$(a, b) \cong (c, d) \Rightarrow (a, c) \cong (b, d).$$

5. Seien E_1, E_2 verschiedene Punkte mit Verbindungsgerade e. Seien δ_1 und δ_2 Drehungen $\neq \iota$ um E_1 bzw. E_2.

a) $\delta_1\delta_2$ ist eine Translation längs e genau dann, wenn $\delta_1 = \sigma_{E_1}$ und $\delta_2 = \sigma_{E_2}$ ist.

b) Ist $\delta_1\delta_2$ eine Drehung, so liegt ihr Drehpunkt nicht auf e.

6. (Ergänzung zum Lotensatz Abschn. 3.5, Satz 4) Sei E I a, b, c und a $\neq$ c. Sei B I b und B $\neq$ E.
Sei A der Fußpunkt des Lotes a′ von B auf a und C der Fußpunkt des Lotes c′ von B auf c. Sei A, C I v. Dann ist $\sigma_a\sigma_b \cdot \sigma_{c'}\sigma_v$ eine Translation – nämlich $\sigma_D\sigma_C$, wobei D Fußpunkt des Lotes d von E auf v ist. (In der Winkelsprache: $\measuredangle$ (a, b) = $\measuredangle$ (v, c′))

7. a) Man zeige $|\Gamma^2| = |\Gamma^3|$.

b) Mit a) zähle man noch einmal die Bewegungen des 9-Punkte-Modells (vgl. Abschn. 3.5, Aufgabe 15).

8. Sei E ein beliebiger Punkt einer euklidischen Ebene. Dann läßt sich jede gerade Bewegung eindeutig darstellen als Produkt

a) einer Drehung um E und einer Punktspiegelung.

b) einer Drehung um E und einer Translation.

9. Die Standuntergruppe von zwei verschiedenen Punkten in der Gruppe der geraden Bewegungen ist $\{\iota\}$. Ebenso kann man von weiteren Standuntergruppen in B den Durchschnitt mit Γ^2 bestimmen.

3.7 Ungerade Bewegungen – Gleitwendungen

A In diesem Abschnitt wollen wir den letzten unbekannten Winkel der Bewegungsgruppe ausleuchten und die ungeraden Bewegungen, d. h. die Menge Γ^3 der Produkte von drei Geradenspiegelungen, untersuchen. Ganz unbekannt ist uns die Menge Γ^3 allerdings nicht, denn die ausführlich untersuchten Geradenspiegelungen sind darin enthalten. Andeutungsweise kamen in Abschn. 3.4 auch schon die Gleitwendungen vor, die ebenfalls in Γ^3 liegen.

Wir betrachten ein beliebiges Produkt $\sigma_a\sigma_b\sigma_c$ dreier Geradenspiegelungen. Gehen die Geraden a, b, c durch einen Punkt oder stehen sie auf einer Geraden senkrecht, so ist das Produkt nach den Sätzen von 3 Spiegelungen wieder eine Geradenspiegelung. Aber welche Bewegung ergibt sich, wenn die Geraden a, b, c ganz „kreuz und quer" liegen, etwa wie in Fig. 3.47? Hat dann $\sigma_a\sigma_b\sigma_c$ „vernünftige" Eigenschaften, gibt es Fixpunkte, Fixgeraden? So unmittelbar ist nichts zu sehen. – Unser erstes Ziel wird es sein, die Be-

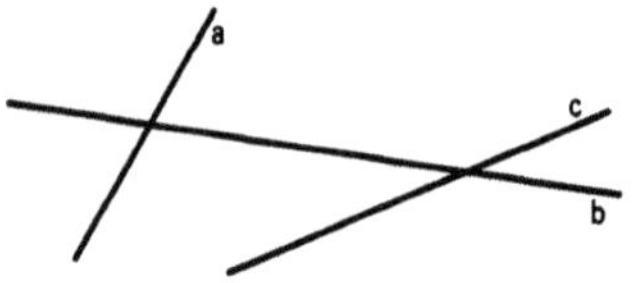

Fig. 3.47

wegungen aus Γ^3 als solche Produkte von drei Geradenspiegelungen darzustellen, bei denen die Geraden eine schönere geometrische Lage zueinander haben.

Es gibt verschiedene Möglichkeiten, dieses Ziel zu erreichen. In der obigen Figur kann man etwa das Lot a′ vom Schnittpunkt von b, c auf a fällen. Dann ist $\sigma_a\sigma_b\sigma_c = \sigma_a\sigma_{a'}\cdot\sigma_{a'}\sigma_b\sigma_c$. Da a′, b, c durch einen Punkt gehen, ist $\sigma_{a'}\sigma_b\sigma_c$ eine Geradenspiegelung. Also hat man $\sigma_a\sigma_b\sigma_c$ als ein Produkt von 3 Geradenspiegelungen dargestellt, wobei wenigstens zwei der Geraden (a und a′) senkrecht sind.

Im B-Teil werden wir einen anderen Weg beschreiben, der für alle Bewegungen aus Γ^3 ohne Fallunterscheidung auskommt.

Über die Darstellungsmöglichkeiten einer ungeraden Bewegung beweisen wir zunächst einen Hilfssatz. Seinen Vorteil wird man mit dem nächsten Hilfssatz erkennen. B

Hilfssatz 1 $\Gamma^3 \subseteq \Pi\Gamma\Pi$ [1].

B e w e i s. Seien a, b, c Geraden. Sei B I b und a′ das Lot von B auf a mit Fußpunkt A und c′ das Lot von B auf c mit Fußpunkt C (Fig. 3.48). Dann ist $\sigma_a\sigma_b\sigma_c = \sigma_a\sigma_{a'}\sigma_{a'}\sigma_b\sigma_{c'}\sigma_{c'}\sigma_c \in \sigma_A\Gamma_B^3\sigma_C \subseteq \sigma_A\Gamma_B\sigma_C \subseteq \Pi\Gamma\Pi$.

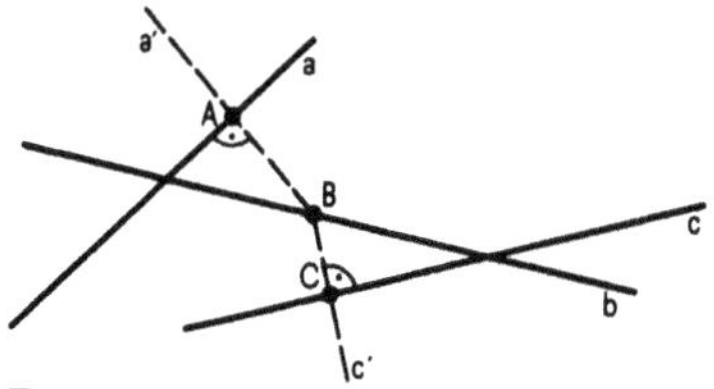

Fig. 3.48

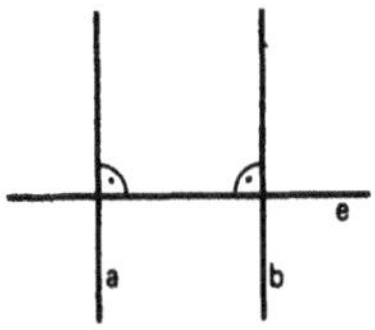

Fig. 3.50

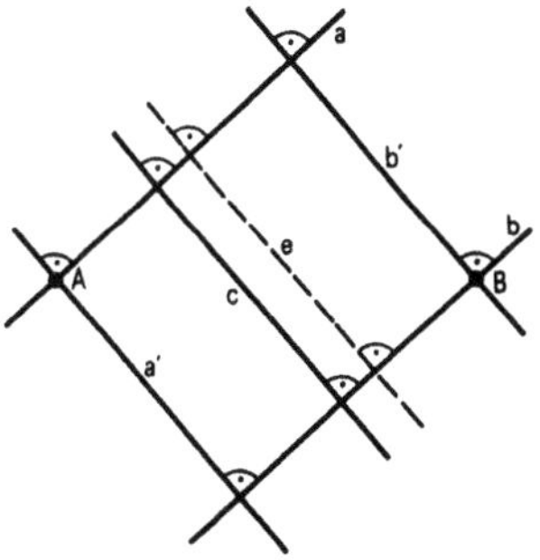

Fig. 3.49

Hilfssatz 2 $\Pi\Gamma\Pi \subseteq \{\sigma_a\sigma_e\sigma_b \mid a, b \perp e\}$.

B e w e i s. Ausgehend von Punkten A, B und einer Gerade c fällen wir die folgenden Lote: a von A auf c; b von B auf c; a′ von A auf a; b′ von B auf b (Fig. 3.49). Da c gemeinsames Lot von a, b ist, sind a, b lotgleich und damit a′, c, b′ ⊥ a, b. Es gibt nach dem Satz von 3 Spiegelungen mit gemeinsamer Gerade (Abschn. 3.4, Satz 5) eine Gerade e aus dem Lotbüschel von a, b mit $\sigma_{a'}\sigma_c\sigma_{b'} = \sigma_e$. Dann ist insgesamt $\sigma_A\sigma_c\sigma_B = \sigma_a\cdot\sigma_{a'}\sigma_c\sigma_{b'}\cdot\sigma_b = \sigma_a\sigma_e\sigma_b$ mit a, b ⊥ e.

Aus den Hilfssätzen 1 und 2 folgt offensichtlich

$$\Gamma^3 = \{\sigma_a\sigma_e\sigma_b \mid a, b \perp e\}.$$

[1]) Helpt dat nich, so schaadt dat nich.

Bei einem Produkt $\sigma_a\sigma_e\sigma_b$ mit a, b ⊥ e (s. Fig. 3.50) ist σ_e mit σ_a und mit σ_b vertauschbar, $\sigma_a\sigma_e$ und $\sigma_b\sigma_e$ sind Punktspiegelungen, $\sigma_a\sigma_b$ ist eine Translation längs e. Hieraus ergeben sich viele Darstellungsmöglichkeiten für die ungeraden Bewegungen, von denen wir einige in Satz 1 aufzählen.

Satz 1 (Darstellungssatz für ungerade Bewegungen) Die Menge der ungeraden Bewegungen läßt sich auf folgende Arten darstellen:

(1) Γ^3.

(2) $\{\sigma_a\sigma_e\sigma_b \mid a, b \perp e\}$.

(3) $\{\tau\sigma_e \mid e\tau = e\}$, die Menge aller Gleitwendungen. (Aus $e\tau = e$ folgt dabei $\tau\sigma_e = \sigma_e\tau$.)

(4) $\Pi\Gamma$. (4′) $\Gamma\Pi$.

Die Geradenspiegelungen sind ungerade Bewegungen, also nach Satz 1 spezielle Gleitwendungen. Man erkennt die Geradenspiegelungen unter den Gleitwendungen daran, daß sie involutorisch sind.

Satz 2 Die Geradenspiegelungen sind genau die involutorischen Gleitwendungen.

Beweis. Da die Translation ι jede Gerade festläßt, ist jede Geradenspiegelung $\sigma_e = \iota\sigma_e$ eine Gleitwendung längs e. Sei nun umgekehrt γ eine involutorische Bewegung aus Γ^3. Jede involutorische Bewegung ist eine Punkt- oder eine Geradenspiegelung (Abschn. 3.1, Satz 3), d. h. $\gamma \in \Gamma \cup \Pi$. Da keine Bewegung zugleich gerade und ungerade ist, folgt $\gamma \in \Gamma$. (Man kann Satz 2 auch leicht mit der Darstellung einer Gleitwendung in $\Pi\Gamma$ beweisen.)

Die Fixelemente einer Geradenspiegelung sind bekannt. Wir bestimmen jetzt die Fixelemente der Gleitwendungen, die keine Geradenspiegelungen, d. h., die nicht involutorisch sind.

Satz 3 (Fixelemente einer nichtinvolutorischen Gleitwendung) Sei $\gamma = \sigma_a\sigma_e\sigma_b$ mit a, b ⊥ e und a ≠ b. Dann hat γ keinen Fixpunkt, und e ist die einzige Fixgerade von γ.

Korollar Eine Gleitwendung mit Fixpunkt ist eine Geradenspiegelung.

Beweis von Satz 3. e ist Fixgerade von σ_a, σ_e und σ_b, also auch von $\gamma = \sigma_a\sigma_e\sigma_b$. Hätte γ einen Fixpunkt E, so läge γ in dessen Standuntergruppe $\Gamma_E \cup \Delta_E$ (Abschn. 3.5, Satz 7), wäre also involutorisch oder gerade. Hätte γ eine Fixgerade f ≠ e, so müßte f ∥ e sein, weil sonst der Schnittpunkt von e und f ein Fixpunkt wäre. γ läge dann in der Standuntergruppe $\Gamma_e \cup T_e$ von {e, f} (Abschn. 3.4, Satz 9), wäre also involutorisch oder gerade.

Jede Bewegung ist eine Translation, eine Drehung oder eine Gleitwendung, hat also mindestens einen Fixpunkt oder eine Fixgerade:

Fixelementfreie Bewegungen gibt es nicht.

Jede der verschiedenen Darstellungen einer Gleitwendung gemäß Satz 1 hat ihren besonderen Vorteil. Für die Darstellung einer Gleitwendung als Produkt $\tau\sigma_e$ mit $e\tau = e$ gilt

Satz 4 (Translationskomponente und Achse einer Gleitwendung) Die Darstellung einer Gleitwendung als Produkt $\tau\sigma_e$ mit $e\tau = e$ ist eindeutig bestimmt, d. h., aus $\tau_1\sigma_{e_1} = \tau_2\sigma_{e_2}$ und $e_1\tau_1 = e_1$ und $e_2\tau_2 = e_2$ folgt $e_1 = e_2$ und $\tau_1 = \tau_2$.

Beweis. Nach Voraussetzung ist $\tau_1 \in T_{e_1}$ und $\tau_2 \in T_{e_2}$. Aus $\tau_1\sigma_{e_1} = \tau_2\sigma_{e_2}$ folgt, daß $\sigma_{e_1}\sigma_{e_2} = \tau_1^{-1}\tau_2$ eine Translation und damit $e_1 \parallel e_2$ ist, so daß beide Geraden bei beiden Translationen fest bleiben. Dann ist $e_1\sigma_{e_2} = e_1\tau_2\sigma_{e_2} = e_1\tau_1\sigma_{e_1} = e_1\sigma_{e_1} = e_1$, also e_1 eine Fixgerade von σ_{e_2}. Wegen $e_1 \parallel e_2$ bleibt nur $e_1 = e_2$ übrig. $\tau_1 = \tau_2$ folgt dann sofort (vgl. Abschn. 3.4, Aufgabe 7).

Definition Von dem zu einer Gleitwendung γ eindeutig bestimmten Paar (τ, e) mit $\gamma = \tau\sigma_e$ und $e\tau = e$ heißt τ die Translationskomponente und e die Achse von γ.

Offensichtlich ist eine Gleitwendung genau dann involutorisch, wenn ihre Translationskomponente ι ist. Natürlich ist e genau dann die Achse einer Gleitwendung γ, wenn γ eine Gleitwendung längs e ist. Die Achse einer nichtinvolutorischen Gleitwendung ist ihre Fixgerade, die Achse einer involutorischen Gleitwendung, also einer Geradenspiegelung, ist ihre Spiegelgerade.
Nicht jedem Produkt $\tau\sigma_e$ ist die Gleitwendungsachse sofort anzusehen. e ist nur dann die Achse, wenn die Bedingung $e\tau = e$ erfüllt ist (s. Aufgabe 2). Dagegen kann die Gleitwendungsachse aus allen Produkten $\sigma_A\sigma_b$ bzw. $\sigma_a\sigma_B$ leicht abgelesen werden.

Satz 5 (von der Achse) Die Achse der Gleitwendung $\sigma_A\sigma_b$ ist das Lot von A auf b. Die Achse der Gleitwendung $\sigma_a\sigma_B$ ist das Lot von B auf a.

Die Darstellung einer Gleitwendung γ längs e als Produkt $\sigma_A\sigma_b$ ist nicht eindeutig. Durch die Eindeutigkeit der Achse e und Satz 5 gilt zwar A I e und $b \perp e$ für jede solche Darstellung, jedoch kann man unter dieser Bedingung entweder A oder b frei wählen.

Satz 6 (Darstellung einer Gleitwendung in $\Pi\Gamma$, $\Gamma\Pi$) Sei γ eine Gleitwendung längs e. Zu jedem Punkt A I e gibt es Geraden b, c mit $\gamma = \sigma_A\sigma_b = \sigma_c\sigma_A$. Zu jeder Geraden $a \perp e$ gibt es Punkte B, C mit $\gamma = \sigma_a\sigma_B = \sigma_C\sigma_a$.

Der Beweis ist eine Anwendung der Sätze von 3 Spiegelungen mit gemeinsamer Gerade (Abschn. 3.4, Satz 7(ii) und (iii)).

Als Ergänzung zu Satz 6 wollen wir noch bemerken, daß zwar die Mengen $\Pi\Gamma$ und $\Gamma\Pi$ gleich sind, jedoch $\sigma_A\sigma_b = \sigma_b\sigma_A$ nur dann gilt, wenn A auf b liegt. $\sigma_A\sigma_b$ und $\sigma_b\sigma_A$ sind zueinander inverse Gleitwendungen. Die Achsen sind jedoch stets gleich.
Die Achse ist das „Rückgrat" einer Gleitwendung. Dies zeigt sich in dem folgenden Satz besonders deutlich.

Satz 7 (Punkt-Bildpunkt-Mitten liegen auf der Achse) Bei einer Gleitwendung liegen die Mittelpunkte aller Paare Punkt-Bildpunkt auf der Achse.

B e w e i s. Sei c das Lot eines Punktes C auf die Achse e einer Gleitwendung γ (Fig. 3.51). Nach Satz 6 gibt es dann einen Punkt M I e mit $\gamma = \sigma_c \sigma_M$. Dann ist $C\gamma = C\sigma_c\sigma_M = C\sigma_M$, also M der Mittelpunkt von C, $C\gamma$.

Für die Konstruktion der Achse einer Gleitwendung in der Zeichenebene aus Paaren Punkt-Bildpunkt ist Satz 7 hervorragend zu gebrauchen.

Welche Bewegungen ergeben sich, wenn man Gleitwendungen mit anderen Bewegungen verknüpft? Eine sehr grobe Übersicht ist die folgende aus dem Reduktionssatz stammende Rechentafel

	Γ^2	Γ^3
Γ^2	Γ^2	Γ^3
Γ^3	Γ^3	Γ^2

.

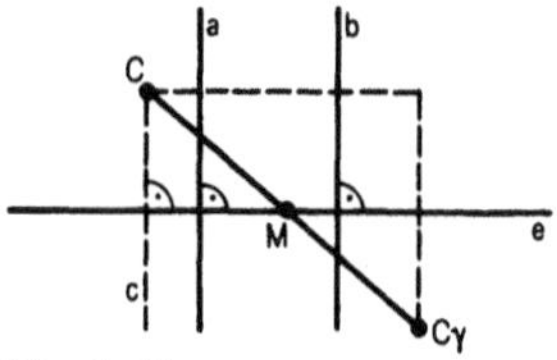

Fig. 3.51

Eine feinere Aufgliederung der Bewegungen unter Einbeziehung von Achsen, Drehpunkten, Richtungen führt auf eine Fülle interessanter Fragen. Exemplarisch wollen wir zwei Sätze unter dieser Überschrift beweisen.

Satz 8 Für jede Gleitwendung γ und jede Punktspiegelung σ_C ist $\sigma_C\gamma$ eine Gleitwendung, deren Achse auf der Achse von γ senkrecht steht.

Korollar Für jede Gleitwendung γ und jede Translation τ ist $\tau\gamma$ eine Gleitwendung, deren Achse zur Achse von γ parallel ist. (Denn $\tau \in \Pi^2$.)

B e w e i s von Satz 8. Sei e die Achse einer Gleitwendung γ und C ein Punkt. Sei c das Lot von C auf e und c′ das Lot von C auf c (Fig. 3.52). Dann ist c′ ∥ e. Nach Satz 6 gibt es A I e mit $\gamma = \sigma_c\sigma_A$. Dann ist $\sigma_C\gamma = \sigma_{c'}\sigma_c \cdot \sigma_c\sigma_A = \sigma_{c'}\sigma_A$ eine Gleitwendung, deren Achse, das Lot von A auf c′ (Satz 5 von der Achse), senkrecht zu e ist.

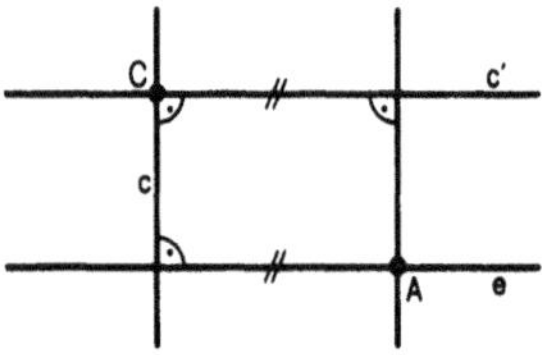

Fig. 3.52

Satz 9 (1) Zwei Gleitwendungen haben genau dann senkrechte Achsen, wenn ihr Produkt eine Punktspiegelung ist.

(2) Zwei Gleitwendungen haben genau dann parallele Achsen, wenn ihr Produkt eine Translation ist.

B e w e i s. Zu (1): Sei $\gamma_1\gamma_2 = \sigma_C$ für Gleitwendungen γ_1, γ_2. Dann ist $\gamma_1 = \sigma_C\gamma_2^{-1}$ und damit nach Satz 8 die Achse von γ_2^{-1}, die gleich der Achse von γ_2 ist, senkrecht zur Achse von γ_1. Seien nun umgekehrt die Achsen e_1, e_2 von γ_1 bzw. γ_2 senkrecht. Sei

E der Schnittpunkt von e_1, e_2 und $\gamma_1 = \sigma_a\sigma_E$ mit $a \perp e_1$ und $\gamma_2 = \sigma_E\sigma_b$ mit $b \perp e_2$ nach Satz 6 (Fig. 3.53). Dann ist $\gamma_1\gamma_2 = \sigma_a\sigma_E \cdot \sigma_E\sigma_b = \sigma_a\sigma_b$ mit $a \perp b$ eine Punktspiegelung.

Zu (2): Die eine Richtung folgt analog (1) aus dem Korollar von Satz 8. Seien nun γ_1 und γ_2 Gleitwendungen, deren Achsen ein gemeinsames Lot c besitzen. Nach (1) sind $\gamma_1\sigma_c, \sigma_c\gamma_2 \in \Pi$, also $\gamma_1\gamma_2 = \gamma_1\sigma_c \cdot \sigma_c\gamma_2 \in \Pi^2 = \mathrm{T}$.

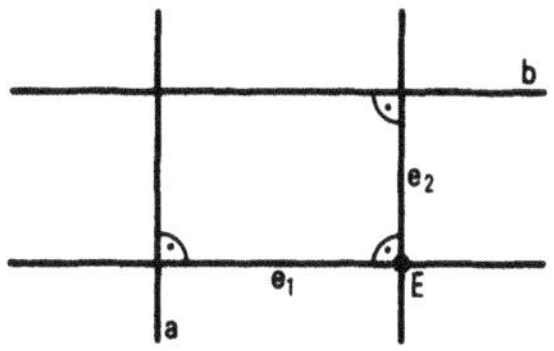

Fig. 3.53

Aus Satz 9(2) folgt insbesondere, daß das Quadrat einer Gleitwendung stets eine Translation ist. Aus der Darstellung der Gleitwendung als $\tau\sigma_e$ mit $e\tau = e$ folgt dies natürlich auch sofort, sogar mit noch genauerer Information.

Satz 10 Das Quadrat einer Gleitwendung ist stets eine Translation, das Quadrat ihrer Translationskomponente.

Gleitwendungen sind in der Schule die Stiefkinder unter den Kongruenzabbildungen (meistens werden sie gar nicht besprochen). Zu ihrer Aufwertung wollen wir drei „Maßnahmen" vorschlagen. C

1. Eine gute N a m e n s g e b u n g. Die Gleitwendungen werden üblicherweise „Gleitspiegelungen" genannt. Dies ist insofern schlecht, als diese Bewegungen keine speziellen Spiegelungen sind, wie man nach dieser Bezeichnung denken könnte. (Vielmehr sind die Spiegelungen spezielle Gleitwendungen, siehe Punkt 2.) Um diesen Mißstand zu beheben, sind schon mehrere Bezeichnungen vorgeschlagen worden, z. B. auch „Paddelung". (Die Wirbelspur eines Paddlers auf einem See besitzt – bei einigen Idealisierungen – eine Gleitwendung längs der Kiellinie als Symmetrie. Es ist jedoch zu befürchten, daß diese wassersportliche Bezeichnung die Gleitwendungen eher noch mehr diskriminiert.)

Wir haben die Bezeichnung Gleitwendung aus folgenden Gründen gewählt.

a) Die Umgewöhnungsmühe von Gleitspiegelung zu Gleitwendung ist nicht sehr groß.

b) Der Wortstamm Spiegelung ist vermieden; mit der Bezeichnung Gleitwendung assoziiert man nicht unbedingt eine involutorische Bewegung.

c) Diese Bezeichnung ist ebenso anschaulich und konkret wie die Bezeichnung Drehung oder Verschiebung für die anderen Bewegungstypen.

2. S p i e g e l u n g e n als s p e z i e l l e G l e i t w e n d u n g e n. In den meisten Schulbüchern werden die Geradenspiegelungen nicht zu den Gleitwendungen gezählt. Dies ist letztlich eine Geschmacksfrage. Doch ist es ein anerkanntes Prinzip in der Mathematik, die Teilmengenbeziehung zu betonen. Beispiel: Quadrate sind spezielle Rechtecke. Zählt man etwa die Punktspiegelungen nicht zu den Drehungen, oder ι nicht zu den

Translationen (was auch viele tun), so geht auch noch die Struktur der betreffenden Mengen (Gruppe, Involutionenbüschel) verloren. Viele Sätze unserer Theorie würden durch solche unnötigen Fallunterscheidungen zu „oder"-„oder"-Sätzen. Ein eigener Name für die Gleitwendungen, die keine Geradenspiegelungen sind, ist eigentlich nur im Zusammenhang mit den Fixelementen eine Erleichterung. Aber die zusätzliche Eigenschaft „nichtinvolutorisch" ist auch leicht ausgesprochen.

3. Der Satz P u n k t - B i l d p u n k t - M i t t e n a u f d e r A c h s e. Dieser Satz ist das „Sesam-öffne-Dich" für die Gleitwendungen im Unterricht. Sind von einer Gleitwendung zwei Paare Punkt-Bildpunkt gegeben, so kann man zu jedem Punkt den Bildpunkt mit dem Spiegellineal konstruieren.

Dazu ein Beispiel. Seien $\delta = \sigma_a\sigma_b$ mit $E \mathrel{I} a, b$ und $\gamma = \sigma_c\sigma_d\sigma_e$ mit $c, d \perp e$ in der Zeichenebene wie in Fig. 3.54a gegeben. $\alpha := \delta\gamma$ ist eine ungerade Bewegung, also eine Gleitwendung. Wie finden wir einen Pfeil $\nrightarrow$ der Gleitwendung α, der von einem Punkt der Gleitwendungsachse zu seinem Bildpunkt zeigt und damit zugleich die Achse f und die Translationskomponente τ von α erkennen läßt?

Wir konstruieren (s. Fig. 3.54b) $E\alpha = E\gamma$ und $E\alpha^2 = E\gamma\delta\gamma = E\tau^2$ und die Mittelpunkte M_1 von $E, E\gamma$ (liegt auf e) und M_2 von $E\alpha, E\alpha^2$. Dann ist die Verbindungsgerade von M_1, M_2 die Achse von α und $\overrightarrow{M_1M_2} = \tau$. (Man sieht ein Dreieck mit Mittelparallele).

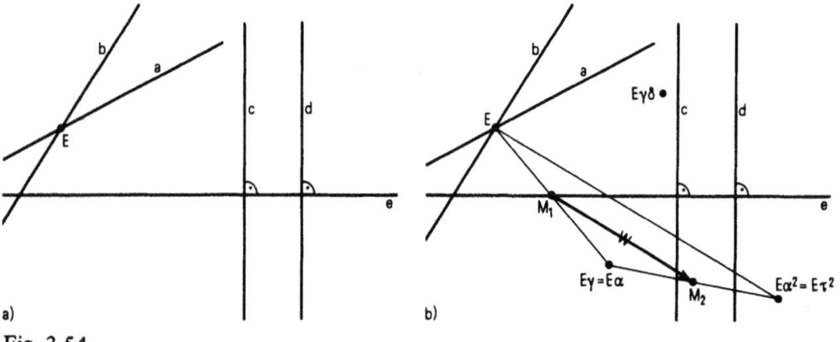

Fig. 3.54

B Wir haben einen gewissen Überblick über die Gruppe B aller Bewegungen einer euklidischen Ebene (P, G, I, ⊥, B) erreicht. Wann immer der Leser sich von nun an mit gruppentheoretischen Fragen auseinandersetzt, kann ihm die Bewegungsgruppe B mit ihren zahlreichen Untergruppen Beispielmaterial sein, das durch seine Anschaulichkeit und seinen Beziehungsreichtum immer wieder neue Einsichten vermittelt.

Als Beispiel hierzu wollen wir zeigen, wie einige Gesichtspunkte, unter denen wir die verschiedenen Bewegungstypen der Reihe nach betrachtet haben, als Teilaspekte einer der einfachsten gruppentheoretischen Fragen gesehen werden können: Wer kommutiert mit wem? Für welche Paare von Bewegungen α, β gilt $\alpha\beta = \beta\alpha$?

In Abschn. 2.6 untersuchten wir den Sonderfall $\alpha, \beta \in \Gamma \cup \Pi$. Wir erinnern an die Definition der Strichrelation für Involutionen ρ, σ:

$$\rho \mid \sigma \quad \Longleftrightarrow \quad \rho\sigma = \sigma\rho \ \text{ und } \ \rho \neq \sigma$$

Tab. 3.1 Übersicht über Typen von Bewegungen

		Darstellungen	Fixelemente	Unter den Bewegungen gleichen Typs festgelegt durch	Figuren mit diesen Symmetrien
ι	Identität		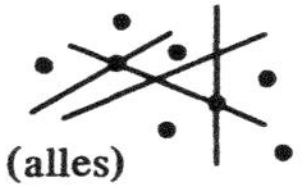 (alles)		
$\tau \neq \iota$	Translation $\neq \iota$	$\sigma_A \sigma_B$ mit $A \neq B$; $\sigma_a \sigma_b$ mit $a \parallel b$ und $a \neq b$	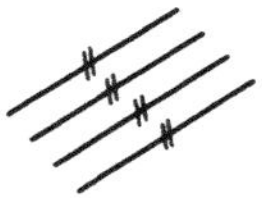	Ein Paar Punkt-Bildpunkt τ	
σ_A	Punktspiegelung	$\sigma_a \sigma_b$ mit $a \perp b$		Ein Paar Punkt-Bildpunkt. Sonderfall: Der Spiegelpunkt.	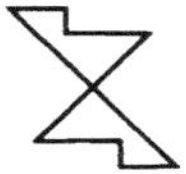
δ $\delta^2 \neq \iota$	Drehung mit Quadrat $\neq \iota$	$\sigma_a \sigma_b$ mit $a \not\perp b$ und $a \nparallel b$		Zwei Paare Punkt-Bildpunkt. Sonderfall: Drehpunkt und ein Paar Punkt-Bildpunkt.	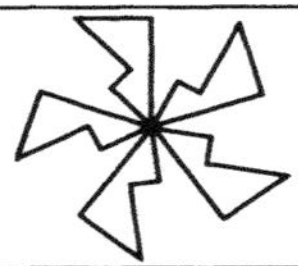
σ_a	Geradenspiegelung	σ_a		Ein ungleiches Paar Punkt-Bildpunkt	
$\tau\sigma_e$ $e\tau = e$ $\tau \neq \iota$	nicht-involutorische Gleitwendung	$\sigma_a \sigma_e \sigma_b$ mit $a, b \perp e$ und $a \neq b$; $\sigma_A \sigma_b$ mit $A \not I b$; $\sigma_a \sigma_B$ mit $B \not I a$;		Zwei Paare Punkt-Bildpunkt Sonderfall: Ein Paar Punkt-Bildpunkt auf der Achse	

B: Gruppe der geraden Bewegungen (Identität bis Drehung); Gruppe der Bewegungen mit $a \parallel a^\gamma$ für alle a (Identität bis Punktspiegelung); Gruppe der Translationen (Identität und Translation); ungerade Bewegungen (Geradenspiegelung und Gleitwendung)

und stellen die Ergebnisse noch einmal zusammen:

$$\sigma_a \mid \sigma_b \Longleftrightarrow a \perp b;$$

$$\sigma_C \mid \sigma_b \Longleftrightarrow C \, I \, b;$$

$$\sigma_A \nmid \sigma_B \quad \text{für alle A, B.}$$

In Abschn. 3.1 stellte sich heraus, daß $\Gamma \cup \Pi$ die Menge aller Involutionen von B ist, so daß damit die Frage nach dem Kommutieren der Involutionen beantwortet ist.

Wann kommutiert eine Involution σ_a oder σ_C mit einer beliebigen Bewegung γ? Nach Abschn. 2.5, Satz 10 (von den bewegten Spiegelungen) können wir die Gleichungen $\sigma_a\gamma = \gamma\sigma_a$ und $\sigma_C\gamma = \gamma\sigma_C$ bzw. $\gamma^{-1}\sigma_a\gamma = \sigma_a$ und $\gamma^{-1}\sigma_C\gamma = \sigma_C$ gleichwertig umformen in $\sigma_{a\gamma} = \sigma_a$ und $\sigma_{C\gamma} = \sigma_C$, also in $a\gamma = a$ und $C\gamma = C$. Eine Bewegung γ kommutiert also mit der Spiegelung an einer Geraden a bzw. einem Punkt C genau dann, wenn a bzw. C Fixelement von γ ist, oder anders ausgedrückt, wenn γ Element der Standuntergruppe von a bzw. C ist (vgl. Abschn. 3.1, Galois-Fußnote). Die Fixelemente einer Bewegung γ sind der tabellarischen Übersicht (Tab. 3.1) über die Bewegungstypen mit einem Blick zu entnehmen (alles; Parallelbüschel „Richtung"; Spiegelpunkt mit seinem Geradenbüschel; Drehzentrum; Spiegelungsachse mit ihren Punkten und Loten; Gleitwendungsachse).

Die Standuntergruppe der Geraden a ist

$$\{\gamma \mid \sigma_a\gamma = \gamma\sigma_a\} = \{\gamma \mid a\gamma = a\} = T_a \cup \Pi_a \cup \Gamma_a \cup T_a\sigma_a,$$

die Gruppe der Translationen und Gleitwendungen längs a sowie der Spiegelungen an den Punkten und Loten von a. Die Standuntergruppe des Punktes C ist

$$\{\gamma \mid \sigma_C\gamma = \gamma\sigma_C\} = \{\gamma \mid C\gamma = C\} = \Gamma_C \cup \Delta_C,$$

die Gruppe der Drehungen um C und der Spiegelungen an den Geraden durch C.

Bleibt noch zu untersuchen, wann zwei nichtinvolutorische Bewegungen α, β vertauschbar sind. Wir schließen den Paragraphen mit einem diesbezüglichen Satz, dessen Beweis wir dem Leser als Übungsaufgabe überlassen.

Satz 11 (Kommutieren nichtinvolutorischer Bewegungen) Für jede Translation $\tau \neq \iota$ längs einer Geraden e ist

$$\{\gamma \mid \tau\gamma = \gamma\tau\} = T \cup T\sigma_e,$$

die Gruppe aller Translationen und der Gleitwendungen längs Parallelen zu e.

Für jede Drehung δ mit Drehzentrum E und $\delta^2 \neq \iota$ ist

$$\{\gamma \mid \delta\gamma = \gamma\delta\} = \Delta_E,$$

die Gruppe der Drehungen um E.

Für jede Gleitwendung $\alpha \notin \Gamma$ längs einer Geraden e ist

$$\{\gamma \mid \alpha\gamma = \gamma\alpha\} = T_e \cup T_e\sigma_e,$$

die Gruppe der Translationen und Gleitwendungen längs e.

Aufgaben zu Abschn. 3.7

1. Sei G eine Gruppe und S eine nichtleere Teilmenge von involutorischen Elementen von G. Ist die Menge der Elemente von G, die sich als Produkt einer ungeraden Anzahl von Elementen aus S darstellen lassen, eine Untergruppe von G? ein Involutionenbüschel?

2. Sei e eine Gerade und τ eine Translation. e ist die Achse von $\tau\sigma_e$ genau dann, wenn $e\tau = e$ ist.

3. a) Von einer Gleitwendung der Zeichenebene ist ein Paar Punkt-Bildpunkt auf der Achse gegeben (ein Pfeil $\rightarrow$). Zu einem beliebigen Punkt konstruiere man den Bildpunkt mit dem Spiegellineal.

b) Von einer Gleitwendung der Zeichenebene sind zwei Paare Punkt-Bildpunkt bekannt. Auftrag wie in a).

4. In der Zeichenebene entwerfe man Figuren mit einer Gleitwendungssymmetrie. Warum wird jede solche Figur translationssymmetrisch?

5. Im 9-Punkte-Modell bestimme man: a) alle Gleitwendungen mit der Achse p.

b) die Gleitwendung γ mit $\boxed{\frac{g}{b}}\,\gamma = \boxed{\frac{r}{r}}$ und $\boxed{\frac{b}{g}}\,\gamma = \boxed{\frac{b}{b}}$.

6. In einem Dreieck, dessen Ecken nicht auf einer Geraden liegen, geht die Achse jeder Gleitwendung, die man als Produkt der drei Spiegelungen an den Seiten erhält, durch wenigstens zwei Höhenfußpunkte. (Hinweis. Man wende $\sigma_a\sigma_b\sigma_c$ auf C und $A\sigma_a$ an.)

7. Ein Produkt von zwei Gleitwendungen, deren Achsen weder parallel noch senkrecht sind, ist eine Drehung δ mit $\delta^2 \neq \iota$.

8. a) Sei γ eine Bewegung und α eine Gleitwendung mit Achse e. Dann ist $\gamma^{-1}\alpha\gamma$ eine Gleitwendung mit Achse $e\gamma$.

b) Sei α eine Gleitwendung längs e und $C \mathrel{I} e$. Dann ist $\sigma_C\alpha\sigma_C = \alpha^{-1}$.

c) Zwei Gleitwendungen, die nicht beide involutorisch sind, kommutieren genau dann, wenn sie dieselbe Achse haben.

9. a) Seien α, β, γ Gleitwendungen, deren Achsen einen gemeinsamen Punkt haben. Geht dann auch die Achse von $\alpha\beta\gamma$ durch diesen Punkt?

b) Dasselbe für Achsen mit gemeinsamem Lot.

10. Die Menge der Gleitwendungen operiert transitiv auf der Punktmenge, aber nicht scharf transitiv.

11. a) Jede Bewegung läßt sich als Produkt von zwei Spiegelungen darstellen.

b) Mit a) beweise man erneut, daß jede involutorische Bewegung eine Punkt- oder eine Geradenspiegelung ist.

12. Sei γ eine Bewegung, A ein Punkt. In der Folge

$$\ldots A\gamma^{-2}, A\gamma^{-1}, A, A\gamma, A\gamma^2, A\gamma^3, \ldots$$

bilden je drei aufeinanderfolgende Punkte ein gleichschenkliges Dreieck mit dem mittleren der drei Punkte als Spitze. Man zeichne Stücke der Folge für Bewegungen verschiedener Typen in der Zeichenebene und im 9-Punkte-Modell.

13. a) (Mittelpunktliniensatz von Hjelmslev) Sei γ eine beliebige Bewegung. Zu jeder Geraden a gibt es eine Gerade m (eine Hjelmslevsche Mittelpunktlinie), auf der die Mittelpunkte aller Paare A, $A\gamma$ mit A I a liegen. (Hinweis. γ oder $\sigma_a\gamma$ ist ungerade.)

b) Die Hjelmslevsche Mittelpunktlinie ist für E I a und $\delta \in \Delta_E \setminus \{\sigma_E\}$ eindeutig bestimmt und Winkelhalbierende von a, $a\delta$.

14. Welche Bewegungen werden von den Spiegelungen an den Geraden zweier zueinander senkrechter Parallelbüschel erzeugt?

15. Man beweise Satz 11.

16. Für jede Untergruppe Υ der Bewegungsgruppe ist auch $T\Upsilon$ eine Untergruppe von B. Als Beispiele für Υ wähle man $\{\iota, \sigma_e\}$, $\{\iota, \sigma_A\}$, eine Kreuzgruppe, Δ_E, $\langle\Gamma_E\rangle$.

B
C

3.8 Schnittpunktsätze am Dreieck

Ein besonderes Anliegen dieses Buches ist es, Verbindungen zwischen der Elementargeometrie (im üblichen Sinn) und den Bewegungen herzustellen. Mit dieser Absicht sollen in den nächsten beiden Abschnitten zwei klassische Themen der Schulgeometrie in der Bewegungssprache vorgestellt werden: Die „Schnittpunktsätze am Dreieck“ und die „Hierarchie der Vierecke“.

Bereits in Abschn. 2.7, Aufgabe 3 sollte durch Betrachtung gleichschenkliger Dreiecke gezeigt werden, daß sich die Mittelgeraden eines Dreiecks in einem Punkt schneiden oder parallel sind. Mit Hilfe der Kenntnisse über Gleitwendungen wollen wir einen weiteren Beweis dieses Satzes angeben.

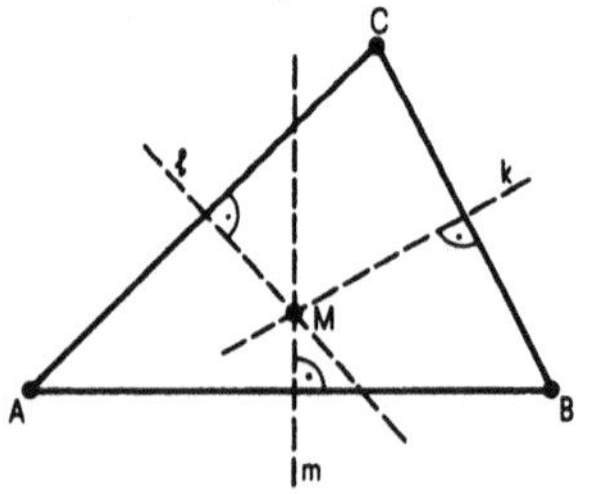

Fig. 3.55

Satz 1 (Mittelgeradenschnittpunkt) Sei (A, B, C) ein Dreieck, k Mittelgerade von B, C sowie ℓ Mittelgerade von A, C und m Mittelgerade von A, B. Dann gehen k, ℓ, m durch einen Punkt, oder sie sind parallel (Fig. 3.55).

Beweis. $\sigma_k\sigma_\ell\sigma_m$ ist eine Gleitwendung mit Fixpunkt B. Also ist nach Abschn. 3.7, Satz 3, Korollar (Fixelemente einer nichtinvolutorischen Gleitwendung) $\sigma_k\sigma_\ell\sigma_m$ eine Spiegelung an einer Geraden x (mit B I x), d. h. $\sigma_k\sigma_\ell\sigma_m\sigma_x = \iota$. Nach Abschn. 3.6, Satz 2 gibt es dann für k, ℓ, m, x einen gemeinsamen Punkt oder ein gemeinsames Lot.

Mit Hilfe des Satzes vom Mittelgeradenschnittpunkt werden wir den Satz vom Höhenschnittpunkt beweisen. Ein zweiter Beweis benutzt den Satz von der Achse einer Gleitwendung.

Satz 2 (Höhenschnittpunkt) Aus A I g, b, c; B I a, h, c; C I a, b, j und a ⊥ g; b ⊥ h; c ⊥ j folgt, daß die „Höhen" g, h, j des Dreiecks (A, B, C) durch einen Punkt gehen oder parallel sind (Fig. 3.56).

1. Beweis (s. Fig. 3.57). Wegen $\Pi^3 \subseteq \Pi$ ist $\sigma_C\sigma_A\sigma_B$ eine Spiegelung an einem Punkt A′, dem vierten Parallelogrammpunkt zu C, A, B. Ebenso sei $\sigma_A\sigma_B\sigma_C = \sigma_{B'}$ und $\sigma_B\sigma_C\sigma_A = \sigma_{C'}$. Dann ist $\sigma_{A'\sigma_C} = \sigma_C\sigma_{A'}\sigma_C = \sigma_C\sigma_C\sigma_A\sigma_B\sigma_C = \sigma_{B'}$, also $A'\sigma_C = B'$, d. h., C ist Mittelpunkt von A′, B′. Ebenso zeigt man, daß A Mittelpunkt von B′, C′ und B Mittelpunkt von A′, C′ ist. Sei c′ die Parallele zu c durch C. Dann gilt A′, B′ C I c′, – für A′ = C = B′ trivialerweise und für A′ ≠ B′ nach dem Satz über die Mittelparallele im Dreieck (Abschn. 3.4, Satz 3).

Wegen c′ ∥ c ist j ⊥ c′ und $\sigma_C = \sigma_{c'}\sigma_j$. Nun zeigt $B' = A'\sigma_C = A'\sigma_{c'}\sigma_j = A'\sigma_j$, daß j Mittelgerade von A′, B′ ist. Ebenso ist g Mittelgerade von B′, C′ und h Mittelgerade von A′, C′. Die Höhen des Dreiecks (A, B, C) sind also Mittelgeraden des „umbeschriebenen" Dreiecks (A′, B′, C′). Mit Satz 1 folgt die Behauptung.

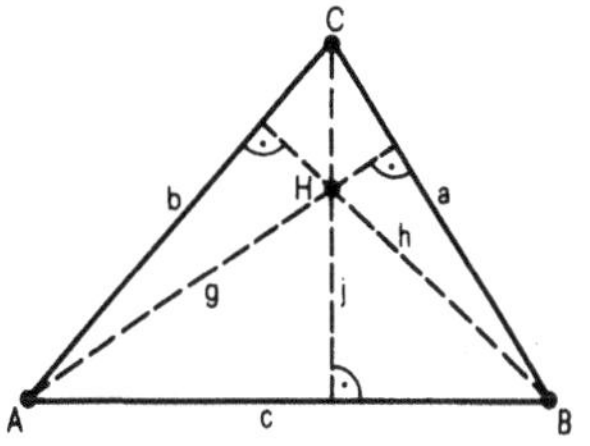

Fig. 3.56

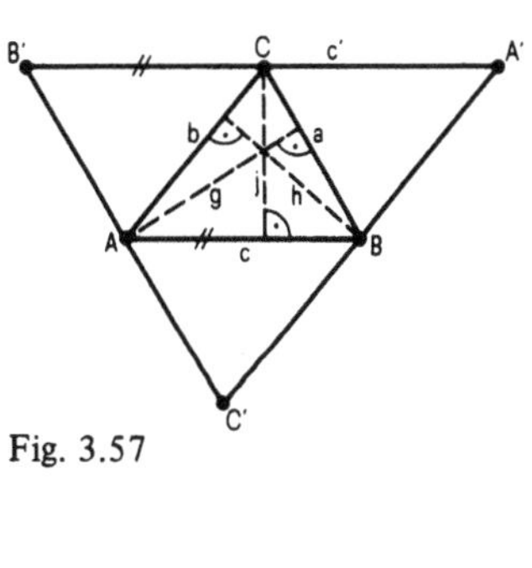

Fig. 3.57

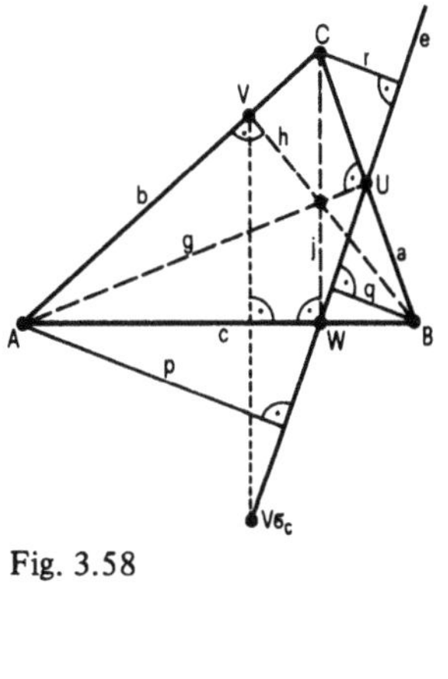

Fig. 3.58

2. B e w e i s (s. Fig. 3.58)[1]. Wegen $\sigma_g\sigma_b\sigma_c \in \Gamma_A^3 \subseteq \Gamma_A$ gibt es eine Gerade p mit $\sigma_g\sigma_b\sigma_c = \sigma_p$. Ebenso sei $\sigma_a\sigma_h\sigma_c = \sigma_q$ und $\sigma_a\sigma_b\sigma_j = \sigma_r$. Die Höhenfußpunkte seien mit U, V, W bezeichnet, d. h. $\sigma_a\sigma_g = \sigma_U$ und $\sigma_b\sigma_h = \sigma_V$ und $\sigma_c\sigma_j = \sigma_W$. Dann ist

$$\sigma_a\sigma_b\sigma_c = \sigma_a\sigma_g\sigma_g\sigma_b\sigma_c = \sigma_U\sigma_p, \text{ sowie}$$

$$\sigma_a\sigma_b\sigma_c = \sigma_a\sigma_b\sigma_j\sigma_j\sigma_c = \sigma_r\sigma_W \text{ und}$$

$$\sigma_a\sigma_b\sigma_c = \sigma_a\sigma_h\sigma_c\sigma_c\sigma_h\sigma_b\sigma_c = \sigma_q\sigma_c\sigma_V\sigma_c = \sigma_q\sigma_{V\sigma_c}.$$

Nach dem Satz von der Achse (Abschn. 3.7, Satz 5) steht die Achse e der Gleitwendung $\sigma_a\sigma_b\sigma_c$ senkrecht auf p, q, r. Daher ist $\sigma_p\sigma_q\sigma_r \in \Gamma_e^3 \subseteq \Gamma_e$. Wegen $\sigma_p\sigma_q\sigma_r = \sigma_g\sigma_b\sigma_c \cdot \sigma_c\sigma_h\sigma_a \cdot \sigma_a\sigma_b\sigma_j = \sigma_g\sigma_h\sigma_j$ folgt damit nach Abschn. 3.6, Satz 2 (Produkt von 4 Geradenspiegelungen = ι) die Behauptung.

Bei der Betrachtung von Winkelhalbierenden in einem Dreieck scheinen Schwierigkeiten zu erwarten zu sein. Zu einem Dreieck, dessen Ecken nicht auf einer Geraden liegen, gibt es im 9-Punkte-Modell durch zwei der drei Ecken keine Winkelhalbierenden. Andererseits wissen wir, daß Winkelhalbierende – wenn überhaupt – im allgemeinen paarweise auftreten (Abschn. 3.5, Satz 5). Dies ist auch in der Zeichenebene so. Jedenfalls kann man nicht von d e n 3 Winkelhalbierenden eines Dreiecks sprechen. Durch diese Schwierigkeiten wird man jedoch zu einer Formulierung eines Satzes über Winkelhalbierende in einem Dreieck geführt, der eigentlich schöner ist als der, den man zunächst als Zielvorstellung hatte.

Satz 3 (W i n k e l h a l b i e r e n d e n s c h n i t t p u n k t e) Seien a, b, c Geraden, u eine Winkelhalbierende von b, c sowie v eine Winkelhalbierende von a, c und E ein gemeinsamer Punkt von u, v. Dann gibt es eine Winkelhalbierende w von a, b durch E (Fig. 3.59).

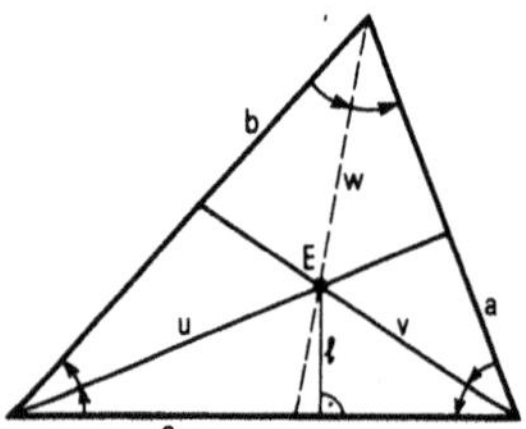

Fig. 3.59

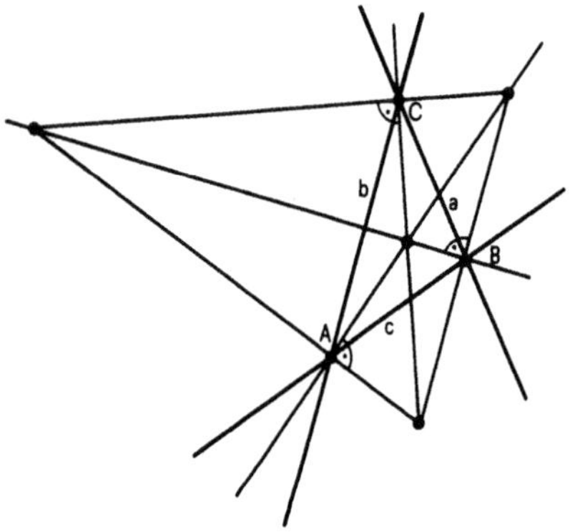

Fig. 3.60

[1]) vgl. B a c h m a n n , F.: Der Höhensatz in der Geometrie involutorischer Gruppenelemente. Canad. J. Math. **19** (1967) 895–903

B e w e i s. Sei also $b\sigma_u = c$ und $c\sigma_v = a$ und E I u, v. Sei ℓ das Lot von E auf c. Dann ist $\sigma_u \sigma_\ell \sigma_v \in \Gamma_E^3 \subseteq \Gamma_E$ die Spiegelung an einer Geraden w durch E, und es gilt $b\sigma_w = b\sigma_u \sigma_\ell \sigma_v = c\sigma_\ell \sigma_v = a$.

Korollar zu Satz 3 Gibt es in einem Dreieck, dessen Ecken nicht auf einer Geraden liegen, durch zwei der Ecken Winkelhalbierende mit einem gemeinsamen Punkt E, dann gibt es auch durch die dritte Ecke eine Winkelhalbierende durch E (Fig. 3.60).

In Fig. 3.60 erkennt man ein größeres Dreieck, in dem das „alte Dreieck (A, B, C) einbeschrieben" ist. Dabei sieht es so aus, als sei (A, B, C) das Dreieck der Höhenfußpunkte in dem größeren Dreieck. Das ist tatsächlich so. Ein ähnlich wunderbarer Zusammenhang wie zwischen Mittelgeraden und Höhen besteht auch zwischen Höhen und Winkelhalbierenden. Unter Vernachlässigung von Sonderfällen gilt, daß die Seiten und Höhen eines Dreiecks Winkelhalbierende seines Höhenfußpunkt-Dreiecks sind.

Geht man umgekehrt von einem Dreieck mit 6 Winkelhalbierenden aus (s. Fig. 3.60), so lassen sich diese auf vier Arten so in zwei Dreiermengen einteilen, daß die beiden Winkelhalbierenden einer jeden Ecke nicht in derselben Dreiermenge liegen. Bei jeder solchen Einteilung besteht die eine Dreiermenge aus den Seiten, die andere aus den Höhen eines Dreiecks.

Die Beweise, insbesondere auch die genaue Formulierung der Voraussetzungen, überlassen wir dem Leser. Hinweis für den entscheidenden Beweisschritt (mit den Bezeichnungen des zweiten Beweises für den Höhenschnittpunktsatz): Weil e die Achse der Gleitwendung $\alpha := \sigma_a \sigma_b \sigma_c$ ist, hat $\sigma_c \alpha \sigma_c = \sigma_c \sigma_a \sigma_b$ die Achse $e\sigma_c$ durch V, W (vgl. Abschn. 3.7, Aufgaben 6 und 8).

Nun zu den „Seitenhalbierenden" eines Dreiecks. Eine Gerade, auf der eine Ecke und der Mittelpunkt der beiden anderen Ecken eines Dreiecks liegen, soll eine S e i t e n h a l b i e r e n d e dieses Dreiecks heißen.

Bei einem Dreieck, dessen Ecken nicht auf einer Geraden liegen, gibt es wegen der Eindeutigkeit der Mittelpunkte und der Verbindungsgeraden genau drei Seitenhalbierende. Vom Geometrieunterricht der Schule her erwarten wir, daß sich diese drei Seitenhalbierenden in einem Punkt, dem „Schwerpunkt" des Dreiecks, schneiden. Betrachten wir jedoch zunächst Dreiecke und ihre Seitenhalbierenden im 9-Punkte-Modell. Überraschenderweise kann man hier feststellen, daß bei allen Dreiecken, deren Ecken nicht auf einer Geraden liegen, die Seitenhalbierenden parallel sind. Noch merkwürdiger sind die Dreiecke (A, B, C) mit paarweise verschiedenen und auf einer Geraden liegenden Ecken. Jede Ecke ist dann Mittelpunkt der beiden anderen Ecken, und alle Geraden durch A, B oder C sind Seitenhalbierende. Bei den Dreiecken (A, A, C) mit $A \neq C$ ist – wie auch in der Zeichenebene – nur die Verbindungsgerade von A, C Seitenhalbierende.

Trotz dieser Verschiedenartigkeit gibt es einen „gemeinsamen Hut".

Satz 4 (S e i t e n h a l b i e r e n d e n s c h n i t t p u n k t) D, E, F seien die Seitenmitten eines Dreiecks (A, B, C), also $A\sigma_F = B$, $B\sigma_D = C$, $C\sigma_E = A$. Sei S gemeinsamer Punkt von zwei Seitenhalbierenden d, e, also A, D, S I d und B, E, S I e (Fig. 3.61). Dann gibt es eine Gerade f mit C, F, S I f, also eine dritte Seitenhalbierende durch S.

Korollar Bei einem Dreieck, dessen Ecken nicht auf einer Geraden liegen, gehen die drei Seitenhalbierenden durch einen Punkt, oder sie sind parallel.

B e w e i s von Satz 4. Ein einfacher Fall ist d = e, in dem man f := d = e wählen kann. Dann geht f durch A, D, S, B, also auch durch $B\sigma_D = C$ und durch den Mittelpunkt F von A, B (Abschn. 2.7, Satz 3 vom Mittelkreuz).

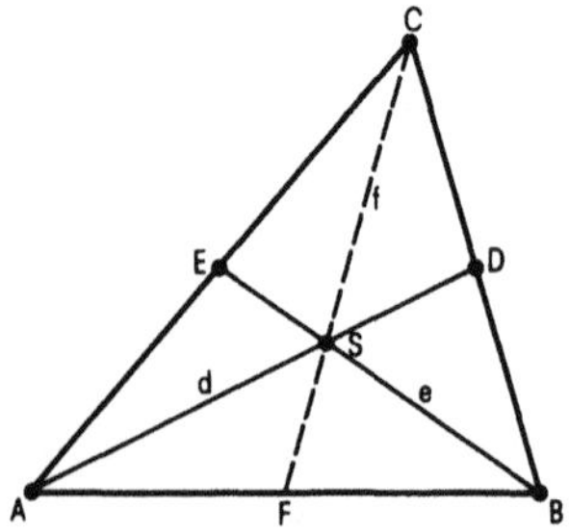

Fig. 3.61

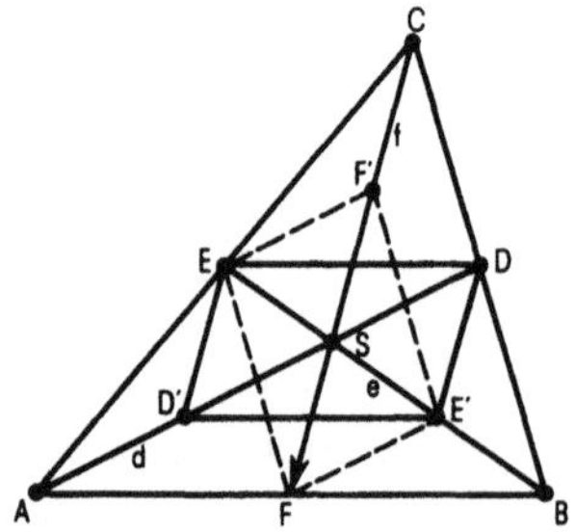

Fig. 3.62

Sei nun d ≠ e und C, S I f (Fig. 3.62). Für die Mittelpunkte D′, E′ und F′ von A, S I d, von B, S I e und von C, S I f gilt D′ I d und E′ I e und F′ I f (Abschn. 2.7, Satz 3 vom Mittelkreuz). Das Viereck (B, C, A, S) hat das Seitenmittenparallelogramm (D, E, D′, E′) (Abschn. 3.3, Satz 3), dessen Mittelpunkt auf den verschiedenen Diagonalen (D, D′ I) d und (E, E′ I) e liegt (Abschn. 2.7, Satz 3 vom Mittelkreuz), also gleich S (I d, e) ist. Als Mittelpunkt von E, E′ ist S Mittelpunkt des Seitenmittenparallelogramms (E, F, E′, F′) von (C, A, B, S), also auch Mittelpunkt von F, F′. Mit F′, S I f folgt $F = F'\sigma_S$ I f.

B e m e r k u n g e n zum Beweis. Da S gemeinsamer Mittelpunkt von D, D′, von E, E′ und von F, F′ ist, ist (E, D′, F, E′, D, F′) ein 6-Parallelogramm (vgl. Abschn. 3.3). Es ist sogar affin-regulär, denn sein Mittelpunkt S ist auch vierter Parallelogrammpunkt zu den Ecken D′, F, E′ – und damit zu je drei aufeinander folgenden Ecken –, da (D′, F, E′, S) Seitenmittenparallelogramm von (S, A, B, S) ist. Ein zu (E, D′, F, E′, D, F′) „ähnliches" affin-reguläres Sechseck ist $(S\sigma_E, A, S\sigma_F, B, S\sigma_D, C)$.

Im Fall d ≠ e sieht man in der Beweisfigur, daß der Punkt S die Seitenhalbierenden „drittelt". In unserer Sprache können wir dies wie folgt fassen. Wegen $A\sigma_{D'} = S$ und $D'\sigma_S = D$ ist

$$\tau_{AD'} = \tau_{D'S} = \tau_{SD}, \text{ ebenso } \tau_{BE'} = \tau_{E'S} = \tau_{SE} \text{ und } \tau_{CF'} = \tau_{F'S} = \tau_{SF}.$$

Nun kann man sich auch erklären, warum im 9-Punkte-Modell die Seitenhalbierenden eines jeden Dreiecks, dessen Ecken nicht auf einer Geraden liegen, parallel sind. Für jede Translation τ des 9-Punkte-Modells gilt nämlich $\tau^3 = \iota$ (vgl. Abschn. 2.5, Aufgabe 8). Wäre nun $\tau_{AD'} = \tau_{D'S} = \tau_{SD}$, so $\tau_{AD} = \tau_{AD'} \cdot \tau_{D'S} \cdot \tau_{SD} = \tau_{SD}^3 = \iota$, also A = D.

Aufgabe (S c h n i t t p u n k t M i t t e l g e r a d e u n d W i n k e l h a l b i e r e n d e a u f d e m U m k r e i s) Sei (A, B, C) ein Dreieck, dessen Ecken nicht auf einer Geraden liegen, so daß sich seine Mittelgeraden in einem Punkt M schneiden: M I k, ℓ, m mit

$A\sigma_m = B$, $B\sigma_k = C$, $C\sigma_\ell = A$ (Fig. 3.63). Dann geht durch jeden Punkt D von m, der auf dem „Umkreis" liegt, d. h., für den die Dreiecke (A, D, M), (B, D, M), (C, D, M) gleichschenklig mit Spitze M sind, eine Winkelhalbierende w von a, b, wobei B, C I a und A, C I b.

H i n w e i s zur Lösung. Man erledige zunächst den Trivialfall C I m. Im Fall $C \not{I} m$ bestimme man mit dem Lotensatz die vierte Spiegelungsgerade $a' \perp a$ zu d, m, w mit

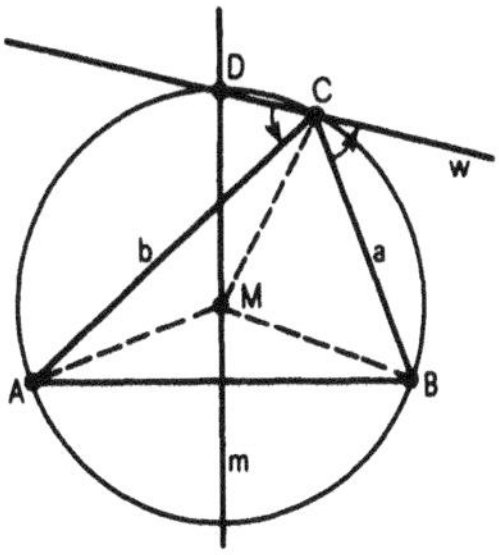

Fig. 3.63

B, D I d und C, D I w und analog die vierte Spiegelungsgerade $b' \perp b$ zu e, m, w mit A, D I e. Dann zeige man $\sigma_{a'}\sigma_w = \sigma_w\sigma_{b'}$ bzw. $a'\sigma_w = b'$ und schließlich $a\sigma_w = b$.

E r g ä n z u n g: Sei A, B I c. Durch jeden Punkt F von w, der auf dem „Kreis" um D durch A bzw. B liegt, geht eine Winkelhalbierende von b, c und eine Winkelhalbierende von a, c.

3.9 Die Hierarchie der Vierecke

B
C

Am Beispiel der sehr anschaulichen Vierecke soll eine typische mathematische Tätigkeit erlebt werden: Die Einteilung einer Menge in Teilmengen mit Hilfe von Eigenschaften ihrer Elemente und das Studium der Abhängigkeiten dieser Teilmengen. Bei den Vierecken eignen sich als Eigenschaften für diesen Zweck ihre Symmetrien, die Inbegriff ihrer „Regelmäßigkeit" sind, oder konfigurative Besonderheiten wie senkrechte Diagonalen, parallele Seiten o. ä. Dabei braucht man sich nicht zu entscheiden, ob die Symmetrien oder die konfigurativen Besonderheiten wichtiger sind. Erstrebenswert sind Sätze, die Zusammenhänge zwischen diesen Eigenschaften aufzeigen.

Definition Ein Viereck (A, B, C, D) heißt genau dann

P a r a l l e l o g r a m m, wenn es einen Punkt M gibt mit

$$(A, B, C, D) \xmapsto{\sigma_M} (C, D, A, B) \qquad \text{(Abschn. 3.3);}$$

R a u t e, wenn es orthogonale Geraden e, f gibt

$$\text{mit } (A, B, C, D) \xmapsto{\sigma_e} (A, D, C, B)$$

$$\text{und } (A, B, C, D) \xmapsto{\sigma_f} (C, B, A, D);$$

R e c h t e c k, wenn es orthogonale Geraden g, h gibt

$$\text{mit } (A, B, C, D) \overset{\sigma_g}{\longmapsto} (D, C, B, A)$$

$$\text{und } (A, B, C, D) \overset{\sigma_h}{\longmapsto} (B, A, D, C);$$

Q u a d r a t , wenn es Raute und Rechteck ist.

Satz 1 (R a u t e) Ein Viereck (A, B, C, D) ist genau dann Raute, wenn es ein Parallelogramm ist, zu dem es orthogonale Geraden e, f gibt mit A, C I e und B, D I f.

B e w e i s. „dann" (s. Fig. 3.64): Sei also (A, B, C, D) ein Parallelogramm mit senkrechten Diagonalen, d. h., es gebe $e \perp f$ mit A, C I e und B, D I f. Zu zeigen ist nur noch $B\sigma_e = D$ und $A\sigma_f = C$. Das Parallelogramm hat einen Mittelpunkt M. Aus $A\sigma_M = C$ und A, C I e folgt M I e, aus $B\sigma_M = D$ und B, D I f ebenso M I f. Daher ist $\sigma_M = \sigma_e\sigma_f$ und $B\sigma_e = B\sigma_M\sigma_f = D\sigma_f = D$; $A\sigma_f = A\sigma_e\sigma_f = A\sigma_M = C$.
„nur dann": Aus der Rautendefinition folgt sofort A, C I e und B, D I f. $\sigma_e\sigma_f$ ist eine Punktspiegelung σ_M mit $(A, B, C, D) \overset{\sigma_M}{\longmapsto} (C, D, A, B)$.

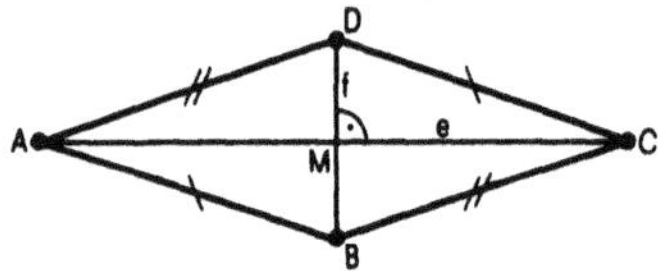

Fig. 3.64

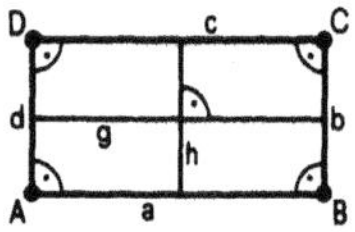

Fig. 3.65

Ähnlich wie Satz 1 wird der nächste Satz bewiesen; wir überlassen den Beweis dem Leser.

Satz 2 (R e c h t e c k) Ein Viereck (A, B, C, D) ist genau dann Rechteck, wenn es Geraden a, c $\perp$ b, d gibt mit A I a, d und B I b, a und C I c, b und D I d, c (s. Fig. 3.65). Jedes Rechteck ist ein Parallelogramm.

Zu den Sätzen 1 und 2 ergibt sich als

Korollar (Q u a d r a t) Ein Viereck (A, B, C, D) ist genau dann Quadrat, wenn es Geraden a, b, c, d, e, f gibt mit A I a, d, e und B I b, a, f und C I c, b, e und D I d, c, f und a, c $\perp$ b, d und e $\perp$ f (s. Fig. 3.66).

Für die bisher betrachteten Vierecksmengen, die Menge $\mathfrak{Pa}$ der Parallelogramme, die Menge $\mathfrak{Ra}$ der Rauten, die Menge $\mathfrak{Re}$ der Rechtecke und die Menge $\mathfrak{Qu}$ der Quadrate, kann man das Teilmengendiagramm in Fig. 3.67 aufstellen. In ihm kommen die Beziehungen $\mathfrak{Qu} \subseteq \mathfrak{Ra}, \mathfrak{Re} \subseteq \mathfrak{Pa}$ und $\mathfrak{Qu} = \mathfrak{Ra} \cap \mathfrak{Re}$ zum Ausdruck. Jedoch gilt nicht $\mathfrak{Pa} = \mathfrak{Ra} \cup \mathfrak{Re}$. Man sagt, das Diagramm ist d u r c h s c h n i t t s t r e u, aber nicht vereinigungstreu.

Fordert man für ein Viereck von den zwei Symmetrieachsen, die ein Rechteck bzw. eine Raute hat, nur eine, so erhält man die Vierecksmenge $\mathfrak{Ts}$ der symmetrischen Trapeze bzw. $\mathfrak{Ds}$ der symmetrischen Drachen.

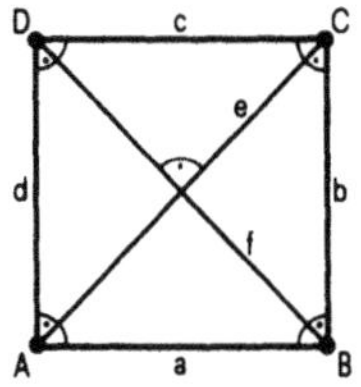

Fig. 3.66

Fig. 3.68

Allerdings tritt nun ein Problem auf: Die Vierecke, deren Ecken auf einer Geraden liegen. Die starken Symmetrien der Mengen $\mathfrak{Qu}$, $\mathfrak{Re}$, $\mathfrak{Ra}$, $\mathfrak{Pa}$ trennten auch diese „entarteten" Vierecke, so daß eine Unterscheidung der Vierecke danach, ob ihre Ecken auf einer Geraden liegen oder nicht, nicht nötig bzw. störend gewesen wäre (vgl. auch die Parallelogrammdefinition in Abschn. 3.3). Die schwächeren Symmetrien für die Vierecke aus $\mathfrak{Ts}$ bzw. $\mathfrak{Ds}$ trennen jedoch die Vierecke, deren Ecken auf einer Geraden liegen, nicht mehr gut genug. So ist ein Viereck (A, B, C, D) mit $A = C \neq B = D$ sowohl ein symmetrisches Trapez als auch ein symmetrischer Drachen, aber kein Parallelogramm (Fig. 3.68). Damit ist $\mathfrak{Ts} \cap \mathfrak{Ds}$ keine der bisher betrachteten Vierecksmengen. Um die Vierecksmengen $\mathfrak{Ts}$ und $\mathfrak{Ds}$ in das obige Diagramm einfügen zu können, werden sie so abgeändert, daß die Vierecke (A, B, C, D) mit $A = C \neq B = D$ nicht zu ihnen zählen.

Definition Ein Viereck (A, B, C, D) heißt genau dann

s y m m e t r i s c h e r D r a c h e n, wenn nicht $A = C \neq B = D$ gilt und wenn es eine Gerade e gibt mit $(A, B, C, D) \overset{\sigma_e}{\longmapsto} (A, D, C, B)$ oder eine Gerade f mit $(A, B, C, D) \overset{\sigma_f}{\longmapsto} (C, B, A, D)$;

s y m m e t r i s c h e s T r a p e z, wenn nicht $A = C \neq B = D$ gilt und wenn es eine Gerade g gibt mit $(A, B, C, D) \overset{\sigma_g}{\longmapsto} (D, C, B, A)$ oder eine Gerade h mit $(A, B, C, D) \overset{\sigma_h}{\longmapsto} (B, A, D, C)$.

Die Sätze 3, 4, 5 zeigen, daß mit diesen Definitionen das Teilmengen-Diagramm von Fig. 3.69 durchschnittstreu ist.

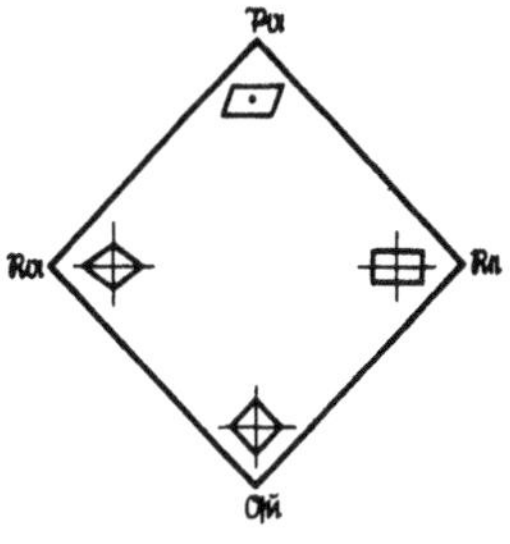

Fig. 3.67

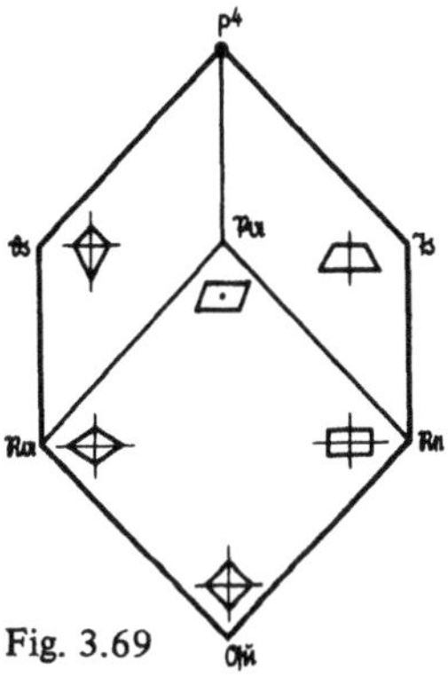

Fig. 3.69

Satz 3 $\mathfrak{Ds} \cap \mathfrak{Pa} = \mathfrak{Ra}$.

B e w e i s. „$\supseteq$". Nach Satz 1 ist $\mathfrak{Ra} \subseteq \mathfrak{Pa}$. Weil $\mathfrak{Pa}$ kein Viereck (A, B, A, B) mit $A \neq B$ enthält, gilt auch $\mathfrak{Ra} \subseteq \mathfrak{Ds}$.

„$\subseteq$". Sei $(A, B, C, D) \xmapsto{\sigma_M} (C, D, A, B)$ und $(A, B, C, D) \xmapsto{\sigma_e} (A, D, C, B)$. Dann gilt $(A, B, C, D) \xmapsto{\sigma_M\sigma_e} (C, B, A, D)$. Die Gleitwendung $\sigma_M\sigma_e$ hat den Fixpunkt B, ist also eine Spiegelung an einer zu e senkrechten Geraden f. Entsprechend geht man vor, wenn der symmetrische Drachen (A, B, C, D) eine Symmetrieachse f durch B, D hat.

Satz 4 $\mathfrak{Pa} \cap \mathfrak{Ts} = \mathfrak{Re}$.

Den B e w e i s überlassen wir dem Leser.

Korollar (zu den Sätzen 3 und 4) $\mathfrak{Ds} \cap \mathfrak{Re} = \mathfrak{Qu} = \mathfrak{Ra} \cap \mathfrak{Ts}$.

B e w e i s. $\mathfrak{Ds} \cap \mathfrak{Re} = \mathfrak{Ds} \cap \mathfrak{Pa} \cap \mathfrak{Re} = \mathfrak{Ra} \cap \mathfrak{Re} = \mathfrak{Qu}$.

$\mathfrak{Ra} \cap \mathfrak{Ts} = \mathfrak{Ra} \cap \mathfrak{Pa} \cap \mathfrak{Ts} = \mathfrak{Ra} \cap \mathfrak{Re} = \mathfrak{Qu}$.

Satz 5 $\mathfrak{Ds} \cap \mathfrak{Ts} = \mathfrak{Qu}$.

B e w e i s (s. Fig. 3.70). Sei etwa

$$(A, B, C, D) \xmapsto{\sigma_e} (A, D, C, B) \quad \text{und} \quad (A, B, C, D) \xmapsto{\sigma_g} (D, C, B, A)$$

und nicht $A = C \neq B = D$. Dann gilt $(A, B, C, D) \xmapsto{(\sigma_e\sigma_g)^2} (C, D, A, B)$, so daß (A, B, C, D) ein Parallelogramm ist, wenn $(\sigma_e\sigma_g)^2$ involutorisch und damit eine Punktspiegelung ist. (A, B, C, D) ist aber auch dann ein Parallelogramm, wenn die Bewegung $(\sigma_e\sigma_g)^2$ nicht involutorisch ist, obgleich sie A mit C und B mit D vertauscht; denn nach Abschn. 3.1, Aufgabe 4 (ii) → (i) muß dann $A = C$ und $B = D$ sein, und, weil wir $A = C \neq B = D$ ausgeschlossen haben, ist dann $A = C = B = D$, also $(A, B, C, D) \in \mathfrak{Pa}$. Entsprechend zeigt man $(A, B, C, D) \in \mathfrak{Pa}$, wenn nicht e, g gegeben sind, sondern e, h oder f, g oder f, h. Aus $\mathfrak{Ds} \cap \mathfrak{Ts} \subseteq \mathfrak{Pa}$ folgt nun weiter $\mathfrak{Ds} \cap \mathfrak{Ts} = \mathfrak{Ds} \cap \mathfrak{Pa} \cap \mathfrak{Ts} =$
$= \mathfrak{Ra} \cap \mathfrak{Ts} = \mathfrak{Qu}$.

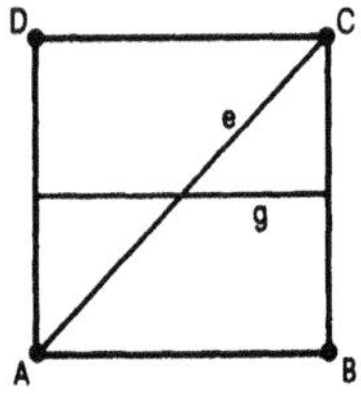

Fig. 3.70

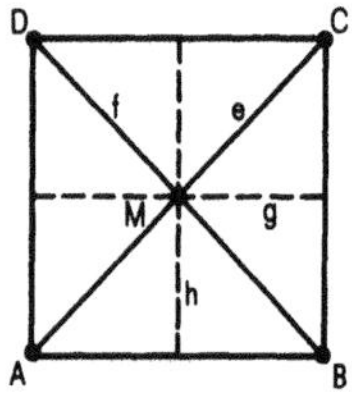

Fig. 3.72

Damit sind die Möglichkeiten, Mengen von Vierecken durch Forderungen über die Existenz von Symmetrien zu definieren, erschöpft.

Da wir symmetrische Drachen und symmetrische Trapeze betrachtet haben, liegt die Frage nach den Drachen und Trapezen auf der Hand. Man kann diese Vierecksmengen wie folgt konfigurativ definieren.

Definition Ein Viereck (A, B, C, D) heißt genau dann

D r a c h e n, wenn der Mittelpunkt von A, C mit B, D auf einer Geraden liegt oder wenn der Mittelpunkt von B, D mit A, C auf einer Geraden liegt;

T r a p e z, wenn es a || c gibt, mit A, B I a und C, D I c, oder wenn es b || d gibt mit B, C I b und A, D I d.

Will man diese Vierecksmengen in das letzte Diagramm durchschnittstreu einfügen, so muß man auf die Vierecke, deren Ecken auf einer Geraden liegen, verzichten. (Denn ein Viereck, dessen Ecken auf einer Geraden liegen, ist stets Trapez und Drachen, aber nicht immer ein Parallelogramm.) Bezeichnet man für jede Menge $\mathfrak{M}$ von Vierecken mit $\mathfrak{M}^*$ die Menge der Vierecke aus $\mathfrak{M}$, deren Ecken nicht auf einer Geraden liegen, so ist das Diagramm von Fig. 3.71 wieder durchschnittstreu.

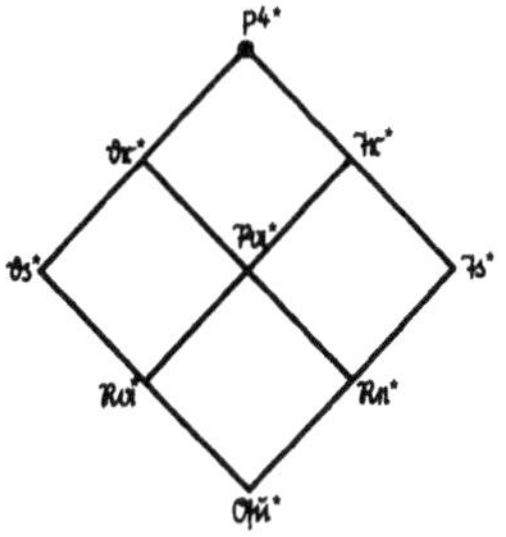

Fig. 3.71

Die fehlenden Beweise für $\mathfrak{Ds}^* \subseteq \mathfrak{Dr}^*$ und $\mathfrak{Ts}^* \subseteq \mathfrak{Tr}^*$ und $\mathfrak{Dr}^* \cap \mathfrak{Tr}^* = \mathfrak{Pa}^*$ überlassen wir dem Leser.

In manchen Schulbüchern finden sich noch weitere Anreicherungen dieses Diagramms, z. B. durch „Sehnenvierecke" und „Tangentenvierecke". Dabei geht die Durchschnittstreue dann endgültig verloren, weshalb wir diese Diagramme nicht für gut halten.

Im einleitenden Kapitel haben wir als Beispiel einer Gruppe mehrfach die $\mathfrak{D}_4$ betrachtet, eine aus 8 Permutationen bestehende Untergruppe der Gruppe $\mathfrak{S}_4$ aller Permutationen einer vierelementigen Menge. Für ihre Elemente haben wir geometrische Bezeichnungen verwendet, die wir jetzt rechtfertigen können.

Satz 6 (G r u p p e d e r S y m m e t r i e n e i n e s Q u a d r a t s) Sei (A, B, C, D) ein echtes Quadrat (nicht A = B = C = D, s. Fig. 3.72), d. h., es gebe $e \perp f$ und $g \perp h$ mit

$$(A, B, C, D) \xmapsto{\sigma_e} (A, D, C, B)$$

$$(A, B, C, D) \xmapsto{\sigma_f} (C, B, A, D)$$

$$(A, B, C, D) \xmapsto{\sigma_g} (D, C, B, A)$$

$$(A, B, C, D) \xmapsto{\sigma_h} (B, A, D, C).$$

Dann gehen e, f, g, h durch einen Punkt M, und die Gruppe

$$\{\gamma \mid \{A, B, C, D\}\gamma = \{A, B, C, D\}\}$$

der Symmetrien des Quadrats ist

$$\{\iota, \sigma_g\sigma_e, \sigma_M, \sigma_e\sigma_g, \sigma_e, \sigma_f, \sigma_g, \sigma_h\}.$$

(Die von den Drehungen $\sigma_g\sigma_e$ bzw. $\sigma_e\sigma_g$ um M bewirkten Permutationen von $\{A, B, C, D\}$ haben wir damals δ bzw. ϵ genannt.)

B e w e i s. Die Spiegelung σ_g vertauscht die Gerade e durch A, C mit der Geraden f durch B, D, läßt also den Schnittpunkt M von e, f fest, so daß M I g gilt. Ebenso folgt M I h. Wegen $e \perp f$ und $g \perp h$ ist $\sigma_e\sigma_f = \sigma_M = \sigma_g\sigma_h$. Offenbar liegen die 8 Bewegungen $\iota, \sigma_g\sigma_e \ldots$ in der Symmetriengruppe.

Sei umgekehrt $\{A, B, C, D\}\gamma = \{A, B, C, D\}$. Weil das Quadrat (A, B, C, D) ein Parallelogramm ist, gilt $\sigma_A\sigma_B\sigma_C\sigma_D = \iota$ und $\sigma_{A\gamma}\sigma_{B\gamma}\sigma_{C\gamma}\sigma_{D\gamma} = \gamma^{-1}\sigma_A\gamma \ldots \gamma^{-1}\sigma_D\gamma =$
$= \gamma^{-1}\sigma_A\sigma_B\sigma_C\sigma_D\gamma = \gamma^{-1}\iota\gamma = \iota$.

Für die Permutation

$$\begin{pmatrix} \sigma_A & \sigma_B & \sigma_C & \sigma_D \\ \sigma_{A\gamma} & \sigma_{B\gamma} & \sigma_{C\gamma} & \sigma_{D\gamma} \end{pmatrix}$$

der Menge $\{\sigma_A, \sigma_B, \sigma_C, \sigma_D\}$ gibt es nach Abschn. 2.6, Aufgabe 5 nur 8 Möglichkeiten. Diese 8 Permutationen werden durch die 8 aufgezählten Symmetrien des Quadrats bewirkt. Wenn aber zwei Bewegungen α, β die Punkte A, B, C, D in derselben Weise permutieren, so liegt ihr Quotient $\alpha^{-1}\beta$ in der Standuntergruppe von $\{A, B, C, D\}$, ist also ι (Abschn. 3.1), so daß $\alpha = \beta$ sein muß.

Eine andere Beweismöglichkeit besteht darin, daß man den Mittelpunkt M des Quadrats als Fixpunkt von γ erkennt und nach den Symmetrien des Quadrats in der Standuntergruppe $\Gamma_M \cup \Delta_M$ von M sucht.

Aufgaben zu Abschn. 3.9

1. a) Sei (A, B, C) ein rechtwinkliges Dreieck mit rechtem Winkel bei C, also A I b, c; B I c, a; C I a, b und $a \perp b$. Dann ist C Mittelpunkt der Fußpunkte des Lotes von C auf die parallelen Geraden $c\sigma_a$, $c\sigma_b$.

b) Sei (A, B, C, D) ein Trapez mit A, B I a; B, C I b; C, D I c; A, D I d und $a \parallel c$. Sei w_α eine Winkelhalbierende von a, d, entsprechend w_β, w_γ, w_δ. Ist E ein Punkt auf w_α und w_δ und F ein Punkt auf w_β und w_γ, so liegen E, F und die Mittelpunkte von A, D und von B, C auf einer Geraden.

2. Man ergänze die fehlenden Beweise des Textes.

3. Man betrachte die Viereckshierarchien im 9-Punkte-Modell (z. B. ist dort jedes Rechteck, dessen Ecken nicht auf einer Geraden liegen, ein Quadrat!).

4. Für die im Text definierten Vierecksmengen betrachte man jeweils die Seitenmittenvierecke. Welche Spezialisierungen ergeben sich?

5. Man bestimme die Gruppe der Symmetrien

a) einer Raute, die kein Quadrat ist,

b) eines Rechtecks, das kein Quadrat ist,

c) eines Parallelogramms, das weder Raute noch Rechteck ist,

d) eines symmetrischen Trapezes, das kein Parallelogramm ist,

e) eines symmetrischen Drachens, der kein Parallelogramm ist.

6. In einem Viereck (A, B, C, D) mit paarweise verschiedenen Ecken schneiden sich die Mittelgeraden der vier Seiten genau dann in einem Punkt (Sehnenviereck), wenn sich die Lote von den Seitenmitten auf die Gegenseiten in einem Punkt schneiden (Bundeswettbewerb Mathematik 1977).

7. Sind (A_1, B_1, C_1, D_1) und (A_2, B_2, C_2, D_2) verschiedene Quadrate mit $A = A_1 = A_2$, die denselben „Umlaufsinn" haben, d. h., zu denen eine Drehung $\delta \in \Delta_A$ existiert mit $B_1\delta = D_1$ und $B_2\delta = D_2$, so gehen die Verbindungsgeraden von B_1, B_2, von C_1, C_2 und von D_1, D_2 durch einen Punkt (Bundeswettbewerb Mathematik 1979).

3.10 Bewegung – ein Grundbegriff? B

Eine euklidische Ebene ist nach Abschn. 2.1 (das Axiomensystem) ein Fünf-Tupel $(P, G, I, \perp, B)$. Wenn wir – wie in Abschn. 2.2 (ein endliches Modell) – eine euklidische Ebene konstruieren wollen, müssen wir also zwei Mengen P, G, zwei Relationen $I \subseteq P \times G$ und $\perp \subseteq G \times G$ und eine Gruppe B angeben. Genauer muß B, die Bewegungsgruppe, aus Paaren $(\alpha^\cdot, \alpha')$ bestehen, wobei $\alpha^\cdot$ eine Permutation der Punktmenge P und α' eine Permutation der Geradenmenge G ist. Von jeder Bewegung $(\alpha^\cdot, \alpha')$ werden zwei Eigenschaften vorausgesetzt:

(1) $\quad A \mathrel{I} a \iff A\alpha^\cdot \mathrel{I} a\alpha' \quad$ für alle $A \in P$, $a \in G$;

(2) $\quad a \perp b \iff a\alpha' \perp b\alpha' \quad$ für alle $a, b \in G$.

Wir wollen nun alle Permutationenpaare $(\alpha^\cdot, \alpha')$, die die Bedingungen (1) und (2) erfüllen, Orthokollineationen von $(P, G, I, \perp)$ nennen[1]. (Permutationenpaare, die wenigstens Forderung (1) genügen, werden gewöhnlich Kollineationen genannt.) Die sämtlichen Orthokollineationen von $(P, G, I, \perp)$ bilden bezüglich des (komponentenweisen) Hintereinanderausführens offenbar eine Gruppe. In Abschn. 2.2 bezeichneten wir diese Gruppe beim 9-Punkte-Modell mit B''. Als Bewegungsgruppe kann man einem Quadrupel $(P, G, I, \perp)$, das die Axiome **V**, **O**, **L**, **E**, **M** erfüllt, jede Untergruppe B der Orthokollineationengruppe anhängen, sofern sie nur das Bewegungsaxiom **B** erfüllt – $(P, G, I, \perp, B)$ wird dann eine euklidische Ebene sein.

Das hört sich zunächst so an, als könne die Orthokollineationengruppe mehrere Untergruppen $B_1, B_2, \ldots$ haben, die das Bewegungsaxiom erfüllen, so daß $(P, G, I, \perp, B_1)$ und $(P, G, I, \perp, B_2)$ verschiedene euklidische Ebenen sind. Zusammen mit Abschn. 3.1, Satz 2 $(B = \langle\Gamma\rangle)$ wird der nächste Satz jedoch zeigen, daß $B_1 = B_2$ sein muß, wenn $(P, G, I, \perp, B_1)$ und $(P, G, I, \perp, B_2)$ euklidische Ebenen sind.

Satz 1 (Kennzeichnung der Geradenspiegelungen) Sei b eine Gerade einer euklidischen Ebene $(P, G, I, \perp, B)$. Die Standuntergruppe der Punktreihe

[1]) Es sind die Automorphismen der Struktur $(P, G, I, \perp)$.

$\{B \mid B \text{ I } b\}$ von b in der Gruppe aller Orthokollineationen von $(P, G, I, \perp)$ ist $\{\iota, \sigma_b\}$ (vgl. Abschn. 3.1, Satz 1, Korollar).

B e w e i s. ι und σ_b sind Orthokollineationen, die jeden Punkt von b festlassen. Sei jetzt umgekehrt φ eine Orthokollineation aus der Standuntergruppe von $\{B \mid B \text{ I } b\}$. Sei E ein Punkt auf b und a eine Gerade durch E mit $a \neq b$ und $a \not\perp b$ (Abschn. 2.3, Aufgabe 7a) (s. Fig. 3.73). Wir zeigen $\varphi \in \{\iota, \sigma_b\}$ in zwei Schritten:

(1) Jede Orthokollineation, die alle Punkte von b und zusätzlich die Gerade a festläßt, ist gleich ι.

(2) φ oder $\varphi\sigma_b$ läßt a und alle Punkte von b fest.

Aus (1) und (2) folgt dann $\varphi = \iota$ oder $\varphi\sigma_b = \iota$, also $\varphi \in \{\iota, \sigma_b\}$.

Zu (1): Das Bewegungsaxiom haben wir erstmalig beim Beweis von Abschn. 2.5, Satz 6 angewandt. In Abschn. 2.4 über Fixelemente der Bewegungen wurde von den Bewegun-

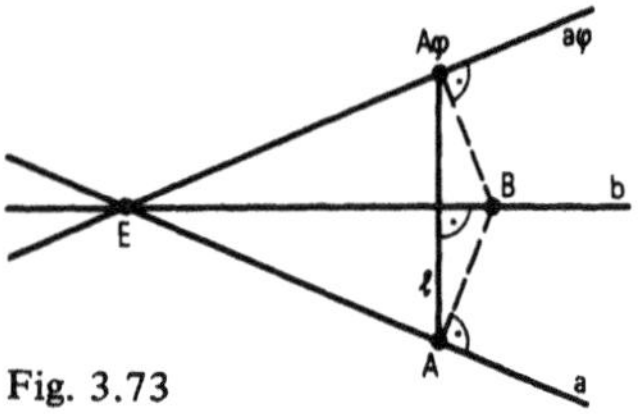

Fig. 3.73

gen nur benutzt, daß sie inzidenztreue und orthogonalitätstreue Permutationenpaare – also Orthokollineationen – sind. Daher gelten alle in Abschn. 2.4 über Bewegungen aufgestellten Behauptungen mit gleichem Beweis auch für beliebige Orthokollineationen, insbesondere der hier benötigte Teil (2) von Satz 2 (Schluß auf ι).

Zu (2): Sei B I b mit $B \neq E$ und A der Fußpunkt des Lotes von B auf a, also $A\varphi$ der Fußpunkt des Lotes von $B\varphi = B$ auf $a\varphi$. Dann ist das Lot ℓ von A auf b eine Fixgerade von φ (Abschn. 2.4, Satz 1 (ii'), s. o. zu (1)), also $A, A\varphi \text{ I } \ell = \ell\varphi$. Damit ist eine Lotensatzfigur entstanden (Abschn. 3.5, Satz 4), aus der man im Falle $a \neq a\varphi$ die vierte Spiegelungsgerade zu a, b, $a\varphi$ ablesen kann: $\sigma_a\sigma_b\sigma_{a\varphi} = \sigma_b$. Es folgt $\sigma_{a\varphi} = \sigma_b\sigma_a\sigma_b = \sigma_{a\sigma_b}$ (Abschn. 2.5, Satz 10 von den bewegten Spiegelungen), also $a\varphi = a\sigma_b$, $a\varphi\sigma_b = a$, so daß a bei φ oder bei $\varphi\sigma_b$ festbleibt, während die Punkte von b bei φ und bei $\varphi\sigma_b$ festbleiben.

Korollar 1 Die Menge Γ der Geradenspiegelungen einer euklidischen Ebene $(P, G, I, \perp, B)$ besteht aus den Orthokollineationen $\neq \iota$ von $(P, G, I, \perp)$, die mindestens eine Gerade punktweise festlassen.

Korollar 2 Die Bewegungsgruppe B einer euklidischen Ebene $(P, G, I, \perp, B)$ ist die Untergruppe der Gruppe aller Orthokollineationen von $(P, G, I, \perp)$, die erzeugt wird von denjenigen Orthokollineationen $\neq \iota$, die mindestens eine Gerade punktweise festlassen.

B e w e i s. Korollar 1 und Abschn. 3.1, Satz 2 (Hauptsatz über die Bewegungsgruppe) $B = \langle \Gamma \rangle$.

Korollar 3 Sind $(P_1, G_1, I_1, \perp_1, B_1)$ und $(P_2, G_2, I_2, \perp_2, B_2)$ euklidische Ebenen mit $P_1 = P_2$, $G_1 = G_2$, $I_1 = I_2$ und $\perp_1 = \perp_2$, dann ist auch $B_1 = B_2$.

Wie das Korollar 2 zeigt, könnte man auf den fünften G r u n d b e g r i f f „Bewegung" verzichten und Bewegungen mit Hilfe der vier anderen Grundbegriffe „Punkt", „Gerade", „Inzidenz" und „Orthogonalität" d e f i n i e r e n als Produkte von solchen (involutorischen) Orthokollineationen, die wenigstens eine Gerade Punkt für Punkt festlassen. Man hat dann allerdings Mühe, das Bewegungsaxiom allein mit den vier anderen Grundbegriffen auszusprechen. Ersetzt man das Bewegungsaxiom durch andere Axiome über (P, G, I, ⊥) (z. B. kleiner Satz von Desargues, Höhenschnittpunktsatz, „Fano"), so erhebt sich zum einen die Frage nach der Natürlichkeit dieser Axiome, und zum anderen hat man viele Details zu klären, bis man die Ebene unseres Einstiegs erreicht hat.

Wir haben uns entschlossen, den Begriff der Bewegung als fünften Grundbegriff an den Anfang der euklidischen Geometrie zu stellen, weil wir ihn für grundlegend und tragfähig auch für den Unterricht halten, und weil wir dem Titel des Buches gemäß die Bewegungsgruppe zum Hauptgegenstand der Betrachtung machen wollten, dem möglichst kein Hürdenlauf über Anordnungsfragen oder andere lästige Details den Zugang erschweren sollte.

4 Analytische Geometrie als Modell

Zum Verständnis der vorangegangenen Kapitel ist es nicht erforderlich, dieses Kapitel zu lesen. Jedoch paßt es in dieses Buch, denn nachdem der Leser die Zeichenebene und die „9 Türmchen" als Modelle der in Abschn. 2.1 definierten euklidischen Geometrie kennt, sollen nun Modelle mit Hilfe von „Zahlen" konstruiert werden. Die Vorstellung dieser Modelle ist ein Stück analytische Geometrie und wird in manchen Teilen dem Leser von der Schule her vertraut sein. Damit ergänzt dieses Kapitel frühere Ausführungen darüber, was ein Modell einer axiomatischen Geometrie sein kann, und zeigt die unterschiedlichen Standpunkte in der synthetischen und der analytischen Geometrie.

Das Rechnen mit Zahlen bzw. Verallgemeinerungen hiervon (vgl. den Gruppenbegriff) gehören zu dem Teilgebiet der Mathematik, das man Algebra nennt. Wenn wir ausgehend von Zahlen bzw. von algebraischen Strukturen geometrische Objekte konstruieren, d. h., analytische Geometrie treiben, so kann man diesen Weg auch beschreiben als „von der Algebra zur Geometrie". Nun ist auch die systematische Bedeutung dieses Kapitels in bezug auf den Folgeband zu ahnen, der „von der euklidischen Geometrie zur linearen Algebra" heißt. Dieses Kapitel ist die eine Richtung eines Hin und Her zwischen geometrischen und algebraischen Strukturen.

4.1 Körper im Sinne der Algebra

B

Die Definition des Gruppenbegriffs haben wir in Abschn. 1.3 ausführlich motiviert und kommentiert, so daß wir jetzt ohne Umschweife ähnliche Begriffe definieren können. Ausgehend von der Beobachtung, daß wir für das Rechnen mit Zahlen die Rechenvorschriften + und · kennen, kommen wir zu folgender

Definition Ein *Ring* ist ein Tripel $(R, +, \cdot)$. Dabei ist $(R, +)$ eine kommutative Gruppe, $(R, \cdot)$ ist ein assoziatives Rechengebilde, und es gelten die Distributivrechenregeln $(a + b) \cdot c = a \cdot c + b \cdot c$ und $a \cdot (b + c) = a \cdot b + a \cdot c$ für alle $a, b, c \in R$.

Das Neutralelement der Gruppe $(R, +)$ eines Ringes $(R, +, \cdot)$ bezeichnet man mit 0. Auch in bezug auf die Verknüpfung $\cdot$ hat 0 eine besondere Eigenschaft: Es ist $0 \cdot a = 0 = a \cdot 0$ für alle $a \in R$. Denn $0 \cdot a = (0 + 0) \cdot a = 0 \cdot a + 0 \cdot a$, und mit der Kürzungsregel in der Gruppe $(R, +)$ folgt $0 \cdot a = 0$. Ebenso zeigt man $a \cdot 0 = 0$ für alle $a \in R$.

Ein Ring $(R, +, \cdot)$ heißt *kommutativ*, wenn $a \cdot b = b \cdot a$ für alle $a, b \in R$ ist. Man sagt, ein Ring $(R, +, \cdot)$ hat ein *Einselement*, wenn es ein Element $1 \in R$ gibt mit $a \cdot 1 = a = 1 \cdot a$ für alle $a \in R$.

$(\mathbb{Z}, +, \cdot)$, $(\mathbb{Q}, +, \cdot)$, $(\mathbb{R}, +, \cdot)$ sind kommutative Ringe mit Einselement.

Wir wollen nun für jedes $m \in \mathbb{N}$ einen kommutativen Ring mit Einselement aus m Elementen konstruieren. Dazu erinnern wir zunächst an die Möglichkeit der Division mit Rest für natürliche Zahlen: Für $m \in \mathbb{N}$ und $a \in \mathbb{N}_0$ gibt es eindeutig bestimmte Zahlen $q, r \in \mathbb{N}_0$ mit $a = q \cdot m + r$ und $r < m$. Wir nennen r *den Rest von a bei Division durch* m.

Sei $m \in \mathbb{N}$ und $R_m := \{0, 1, 2, \ldots, m - 1\}$ die Menge der Reste, die bei Division durch m auftreten.

Für $a, b \in R_m$ sei $a \oplus b$ der Rest von $a + b$ bei Division durch m und $a \odot b$ der Rest von $a \cdot b$ bei Division durch m. Offenbar sind $\oplus$, $\odot$ Rechenvorschriften auf R_m. Das Rechengebilde $(R_{10}, \oplus)$ haben wir in Abschn. 1.3 unter der Bezeichnung $(E, \oplus)$ bereits betrachtet.

Beispiel m = 6:

$\oplus$	0	1	2	3	4	5
0	0	1	2	3	4	5
1	1	2	3	4	5	0
2	2	3	4	5	0	1
3	3	4	5	0	1	2
4	4	5	0	1	2	3
5	5	0	1	2	3	4

$\odot$	0	1	2	3	4	5
0	0	0	0	0	0	0
1	0	1	2	3	4	5
2	0	2	4	0	2	4
3	0	3	0	3	0	3
4	0	4	2	0	4	2
5	0	5	4	3	2	1

Wie zu erwarten gilt

Satz 1 (*Reste-Ringe modulo* m) Für jedes $m \in \mathbb{N}$ ist $(R_m, \oplus, \odot)$ ein kommutativer Ring mit Einselement.

Beweis. Die Kommutativität der Verknüpfungen $\oplus$ und $\odot$ ist offensichtlich. 0 ist Neutralelement bezüglich $\oplus$. Additiv invers zu $a \neq 0$ aus R_m ist $m - a$. Einselement in $(R_m, \oplus, \odot)$ ist für $m = 1$ die 0 und für $m \neq 1$ die 1.

Um die Assoziativität der Verknüpfungen $\oplus$, $\odot$ und eine der Distributivregeln (genügt wegen der Kommutativität von $\odot$) ohne Lästigkeiten nachweisen zu können, unterbrechen wir den Beweis für eine „Investition".

Für $a \in \mathbf{N}_0$ und $m \in \mathbf{N}$ wollen wir den Rest von a bei Division durch m mit $\underline{a}$ bezeichnen. Dann ist $\mathbf{N}_0 \to R_m$, $a \mapsto \underline{a}$ eine surjektive Abbildung. Weitere Eigenschaften dieser Abbildung tragen wir zusammen in einem

Hilfssatz (i) $a = \underline{a}$ gilt genau dann, wenn $a \in R_m$ ist.

(ii) $\underline{a + b} = \underline{a} \oplus \underline{b}$ für alle $a, b \in \mathbf{N}_0$.

(iii) $\underline{a \cdot b} = \underline{a} \odot \underline{b}$ für alle $a, b \in \mathbf{N}_0$.

B e w e i s des Hilfssatzes. (i) ist offensichtlich.

Zu (ii): Sei $a = q_1 \cdot m + r_1$ und $b = q_2 \cdot m + r_2$ mit $0 \leqslant r_1, r_2 < m$, d. h. mit $r_1 = \underline{a}$ und $r_2 = \underline{b}$. Dann ist $\underline{a + b} = \underline{(q_1 + q_2)\, m + r_1 + r_2} = \underline{r_1 + r_2}$, denn $(q_1 + q_2) \cdot m$ ist (ohne Rest) durch m teilbar, und $\underline{r_1 + r_2} = r_1 \oplus r_2 = \underline{a} \oplus \underline{b}$. Ebenso beweist man (iii).

F o r t s e t z u n g des Beweises von Satz 1. Mit dem Hilfssatz wird das Rechnen in $(R_m, \oplus, \odot)$ auf das Rechnen in $(\mathbf{N}_0, +, \cdot)$ zurückgeführt. Exemplarisch beweisen wir eine Distributivregel, die Assoziativität der Verknüpfungen überlassen wir dem Leser. Für $a, b, c \in R_m$ ist $a \odot (b \oplus c) = \underline{a} \odot (\underline{b} \oplus \underline{c}) = \underline{a} \odot \underline{b + c} = \underline{a \cdot (b + c)} = \underline{a \cdot b + a \cdot c} =$
$= \underline{a \cdot b} \oplus \underline{a \cdot c} = \underline{a} \odot \underline{b} \oplus \underline{a} \odot \underline{c} = a \odot b \oplus a \odot c$.

Obwohl $(\mathbf{Z}, +, \cdot)$ und $(\mathbf{Q}, +, \cdot)$ kommutative Ringe mit Einselement sind, gibt es doch noch einen bemerkenswerten strukturellen Unterschied. In $(\mathbf{Q}, +, \cdot)$ gibt es zu jedem $a \neq 0$ das Element $\frac{1}{a}$ mit $a \cdot \frac{1}{a} = 1$. Man sagt, in $\mathbf{Q}$ ist jedes Element $\neq 0$ i n v e r t i e r b a r. In $(\mathbf{Z}, +, \cdot)$ sind dagegen nur 1 und -1 invertierbar. Dies gibt Anlaß zu folgender

Definition Ein kommutativer Ring $(K, +, \cdot)$ mit Einselement $1 \neq 0$ heißt ein K ö r p e r, wenn jedes Element $\neq 0$ invertierbar ist, d. h., wenn es zu jedem $a \neq 0$ aus K ein $b \in K$ mit $a \cdot b = 1$ gibt.

Ist $(K, +, \cdot)$ ein Körper, dann ist $(K \setminus \{0\}, \cdot)$ eine kommutative Gruppe. Dafür genügt es zu zeigen, daß $(K \setminus \{0\}, \cdot)$ ein Rechengebilde ist, d. h., daß für $a, b \in K \setminus \{0\}$ stets $a \cdot b \in K \setminus \{0\}$ ist. Wir beweisen die logisch äquivalente Aussage: Für $a, b \in K$ mit $a \cdot b = 0$ und $a \neq 0$ folgt $b = 0$. Sei also $a \cdot b = 0$ und $a \neq 0$. Da a invertierbar ist, gibt es ein Element $c \in K$ mit $c \cdot a = 1$. Dann ist $b = 1 \cdot b = (ca) \cdot b = c \cdot (ab) = c \cdot 0 = 0$. Das inverse Element zu einem $a \neq 0$ in der Gruppe $(K \setminus \{0\}, \cdot)$ bezeichnen wir wieder mit a^{-1} oder auch mit $\frac{1}{a}$.

$(\mathbf{Q}, +, \cdot)$ und $(\mathbf{R}, +, \cdot)$ sind Körper.

Gibt es unter den Ringen $(R_m, \oplus, \odot)$ Körper? $(R_1, \oplus, \odot)$ ist kein Körper, da hier das Einselement gleich 0 ist. $(R_6, \oplus, \odot)$ ist kein Körper, da z. B. $(R_6 \setminus \{0\}, \odot)$ wegen $2 \odot 3 = 0$ kein Rechengebilde ist. Wenn m keine Primzahl ist, so ist $(R_m, \oplus, \odot)$ überhaupt niemals ein Körper, denn für $m > 1$ gibt es dann stets $a, b \neq 0$ aus R_m mit $a \odot b = \underline{m} = 0$.

Satz 2 (Reste-Körper modulo Primzahl) Für jede Primzahl p ist $(R_p, \oplus, \odot)$ ein Körper.

Beweis. Wir müssen zeigen, daß jedes $a \neq 0$ aus R_p invertierbar ist. Sei also $a \in R_p$ und $a \neq 0$. Die Abbildung $\lambda_a: R_p \to R_p, x \mapsto a \odot x$ ist injektiv. Denn seien $x_1, x_2 \in R_p$ mit $x_1 \geqslant x_2$ und $a \odot x_1 = a \odot x_2$. Dann ist $\overline{a \cdot x_1} = \overline{a \cdot x_2}$, d. h., ax_1 und ax_2 lassen bei Division durch p denselben Rest. Also teilt p ihre Differenz $a \cdot (x_1 - x_2)$. Wenn eine Primzahl ein Produkt teilt, so teilt sie einen der Faktoren, d. h., p teilt a oder p teilt $x_1 - x_2$. Wegen $a \in \{1, \ldots, p-1\}$ teilt p also $x_1 - x_2$, und wegen $x_1 - x_2 \in \{0, 1, \ldots, p-1\}$ bleibt nur $x_1 = x_2$ übrig. Eine injektive Abbildung einer endlichen Menge in sich ist aber auch surjektiv, d. h., es gibt ein $b \in R_p$ mit $b\lambda_a = 1$, d. h. mit $a \odot b = 1$.

Die Rechentafeln des Körpers $(R_3, \oplus, \odot)$ sind:

$\oplus$	0	1	2
0	0	1	2
1	1	2	0
2	2	0	1

$\odot$	0	1	2
0	0	0	0
1	0	1	2
2	0	2	1

Wir nehmen nun die Menge $F = \{r, b, g\}$ und definieren auf ihr zwei Verknüpfungen $+, \cdot$ durch die folgenden Tafeln:

+	r	b	g
r	r	b	g
b	b	g	r
g	g	r	b

·	r	b	g
r	r	r	r
b	r	b	g
g	r	g	b

Offenbar ist auch $(F, +, \cdot)$ ein Körper, denn in $(F, +, \cdot)$ wird genauso gerechnet wie in $(R_3, \oplus, \odot)$. Diese beiden Körper unterscheiden sich nur durch die Bezeichnung ihrer Elemente und ihrer Verknüpfungen. Der mathematische Begriff für dieses Phänomen ist die Isomorphie, die ein Gegenstand der Betrachtung im Folgeband sein wird.

Ausführlich wurde in Abschn. 1.3 auch der Begriff Untergruppe erarbeitet. Am Beispiel von $(\mathbb{R}, +, \cdot)$ und $(\mathbb{Q}, +, \cdot)$ sieht man, daß es auch Unterkörper gibt – hier sagt man aus naheliegenden Gründen lieber Teilkörper.

Definition Sei $(K, +, \cdot)$ ein Körper. Eine gegen + und · abgeschlossene Teilmenge L von K wird Teilkörper des Körpers $(K, +, \cdot)$ genannt, wenn $(L, +, \cdot)$ selbst ein Körper ist.

Satz 3 (Teilkörper-Kriterium) Sei $(K, +, \cdot)$ ein Körper und $L \subseteq K$. L ist genau dann ein Teilkörper von $(K, +, \cdot)$, wenn die folgenden drei Bedingungen erfüllt sind:

(1) $a, b \in L \Rightarrow a + b \in L$ und $a \cdot b \in L$;

(2) $0, 1 \in L$;

(3) $a \in L$ und $a \neq 0 \Rightarrow -a \in L$ und $a^{-1} \in L$.

Den Beweis überlassen wir dem Leser und betrachten statt dessen ein Beispiel eines Teilkörpers von $(\mathbb{R}, +, \cdot)$, das uns in Abschn. 4.3 weiter beschäftigen wird.
Sei $\mathbb{Q}[\sqrt{2}]$ die Menge der reellen Zahlen, die sich in der Form $a + b\sqrt{2}$ mit $a, b \in \mathbb{Q}$ darstellen lassen,

$$\mathbb{Q}[\sqrt{2}] := \{a + b\sqrt{2} \mid a, b \in \mathbb{Q}\}.$$

Da $\sqrt{2} = 0 + 1\sqrt{2} \in \mathbb{Q}[\sqrt{2}]$ und bekanntlich $\sqrt{2} \notin \mathbb{Q}$ ist, ist $\mathbb{Q}$ echte Teilmenge von $\mathbb{Q}[\sqrt{2}]$. Natürlich ist $\mathbb{Q}[\sqrt{2}]$ echte Teilmenge von $\mathbb{R}$.

Satz 4 $(\mathbb{Q}[\sqrt{2}], +, \cdot)$ ist ein Körper.

Beweis. Mit Hilfe des Teilkörperkriteriums zeigen wir, daß $\mathbb{Q}[\sqrt{2}]$ ein Teilkörper von $(\mathbb{R}, +, \cdot)$ ist.
Zu (1): Für alle $a_1, b_1, a_2, b_2 \in \mathbb{Q}$ gilt

$$(a_1 + b_1\sqrt{2}) + (a_2 + b_2\sqrt{2}) = (a_1 + a_2) + (b_1 + b_2)\sqrt{2} \in \mathbb{Q}[\sqrt{2}]$$

und $$(a_1 + b_1\sqrt{2}) \cdot (a_2 + b_2\sqrt{2}) = (a_1 a_2 + 2\,b_1 b_2) + (a_1 b_2 + b_1 a_2)\sqrt{2} \in \mathbb{Q}[\sqrt{2}].$$

Zu (2): $0 = 0 + 0\sqrt{2} \in \mathbb{Q}[\sqrt{2}]$ und $1 = 1 + 0\sqrt{2} \in \mathbb{Q}[\sqrt{2}]$.
Zu (3): Für alle $a, b \in \mathbb{Q}$ ist $-(a + b\sqrt{2}) = (-a) + (-b)\sqrt{2} \in \mathbb{Q}[\sqrt{2}]$, und wenn a, b nicht beide 0 sind, ist

$$\frac{1}{a + b\sqrt{2}} = \frac{1}{a + b\sqrt{2}} \cdot \frac{a - b\sqrt{2}}{a - b\sqrt{2}} = \frac{a - b\sqrt{2}}{a^2 - 2\,b^2}$$

$$= \frac{a}{a^2 - 2\,b^2} + \frac{-b}{a^2 - 2\,b^2}\sqrt{2} \in \mathbb{Q}[\sqrt{2}].$$

4.2 Punkte, Geraden, Inzidenz und Orthogonalität

B

Zu jedem Körper $(K, +, \cdot)$, in dem $1 + 1 \neq 0$ ist und in dem es ein Element k gibt, so daß $-k$ kein Quadrat in K ist, soll in den nächsten Abschnitten ein Modell $(P_K, G_K, I, \perp, B_K)$ unseres Axiomensystems konstruiert werden, davon die Struktur $(P_K, G_K, I, \perp)$ in diesem Abschnitt. Warum wir die oben genannten Forderungen an den Körper stellen, wird dann klar werden, wenn diese Eigenschaften gebraucht werden.

Dem Leser wird dringend empfohlen, die hier vorgestellte Konstruktion euklidischer Ebenen an konkreten Körpern nachzuvollziehen, z. B. mindestens an den Körpern $(R_3, \oplus, \odot)$ mit $k = 1$ und $(\mathbb{R}, +, \cdot)$ mit $k = 1$, vielleicht aber auch an $(R_5, \oplus, \odot)$ mit $k = 2$.

Sei also $(K, +, \cdot)$ ein Körper mit $1 + 1 \neq 0$, und sei k ein Element aus K, für das $x^2 + k$ keine Nullstelle in K hat. Für den Rest dieses Kapitels sollen diese Voraussetzungen stets aufgerufen sein, wenn es heißt: Sei $(K, +, \cdot, k)$ gegeben. Als Variable für Körperelemente benutzen wir außerdem $\ell, m, \ldots, x, y, z$.

Definition (P_K) $P_K := K \times K$.

Punkte A, B, C, ... sind also Paare (x, y) von Körperelementen.

Definition (G_K) Sei $\ell \in K$; unter der *vertikalen Geraden mit dem x-Achsenabschnitt* ℓ versteht man die Punktmenge

$$g_\ell := \{(x, y) \mid x = \ell\}.$$

Seien $m, n \in K$; unter der *Geraden mit der Steigung m und dem y-Achsenabschnitt n* versteht man die Punktmenge

$$g_{m,n} := \{(x, y) \mid y = mx + n\}.$$

Die Geraden $g_{0,n}$, also die Geraden mit der Steigung 0, heißen auch *horizontale* Geraden, und die Geraden $g_{m,n}$ mit $m \neq 0$ heißen auch *schräge Geraden*. Sei

$$G_K := \{g_{m,n} \mid m, n \in K\} \cup \{g_\ell \mid \ell \in K\}.$$

Als Variable für Geraden verwenden wir a, b, c, ..., g, h, j.

Der Definition der Geraden wollen wir einige klärende Bemerkungen anfügen. Der x-Achsenabschnitt ℓ der vertikalen Geraden g_ℓ ist offensichtlich eindeutig bestimmt, d. h., die Abbildung $K \to G_K$, $\ell \mapsto g_\ell$ ist injektiv, ebenso die Abbildung $K \times K \to G_K$, $(m, n) \mapsto g_{m,n}$, d. h., auch die Steigung m und der y-Achsenabschnitt n einer Geraden $g_{m,n}$ sind durch diese eindeutig bestimmt. Denn sei $g_{m_1,n_1} = g_{m_2,n_2}$. Dann ist wegen $(0, n_1) \in g_{m_1,n_1} = g_{m_2,n_2}$ also $n_1 = m_2 \cdot 0 + n_2 = n_2$, und wegen $(1, m_1 + n_1) \in g_{m_1,n_1} = g_{m_2,n_2}$ ist dann auch $m_1 + n_1 = m_2 \cdot 1 + n_1$, also $m_1 = m_2$.

Keine Gerade $g_{m,n}$ ist einer Geraden g_ℓ gleich, denn wegen $(\ell, 0), (\ell, 1) \in g_\ell$ folgte aus $g_\ell = g_{m,n}$ dann $0 = m \cdot \ell + n = 1$.

Die Einteilung der Geradenmenge G_K in vertikale, horizontale bzw. schräge Geraden ist eine Klasseneinteilung von G_K.

Da die Geraden Punktmengen sind, liegt die Definition der Inzidenz auf der Hand.

Definition (I) Für alle $A \in P_K$, $a \in G_K$ sei $A \, I \, a :\Longleftrightarrow A \in a$.

Zwei Geraden g_{m_1,n_1} und g_{m_2,n_2} haben im Fall $m_1 \neq m_2$ genau einen Schnittpunkt. Denn für $m_1 \neq m_2$ sind die folgenden Aussagen paarweise gleichwertig:

$$(x, y) \in g_{m_1,n_1} \cap g_{m_2,n_2};$$

$$y = m_1 x + n_1 \quad \text{und} \quad y = m_2 x + n_2;$$

$$(m_1 - m_2)\, x = n_2 - n_1 \quad \text{und} \quad y = m_1 x + n_1;$$

$$x = \frac{n_2 - n_1}{m_1 - m_2} \quad \text{und} \quad y = m_1 \cdot \frac{n_2 - n_1}{m_1 - m_2} + n_1.$$

Zwei steigungsgleiche Geraden g_{m,n_1} und g_{m,n_2} mit $n_1 \neq n_2$ haben keinen gemeinsamen Punkt (x, y), denn aus $y = mx + n_1$ und $y = mx + n_2$ folgt $n_1 = n_2$.

Wie man leicht nachrechnet, haben eine Gerade g_ℓ und eine Gerade $g_{m,n}$ genau den Punkt $(\ell, m\ell + n)$ gemeinsam.

Zwei verschiedene vertikale Geraden haben keinen Schnittpunkt. Wir fassen diese Ergebnisse zusammen in einem

Hilfssatz 1 Zwei verschiedene Geraden haben höchstens einen Schnittpunkt. Zwei Geraden sind gleich oder elementfremd (also parallel) genau dann, wenn sie beide die gleiche Steigung haben oder beide vertikal sind.

Satz 1 (P_K, G_K, I) erfüllt das A x i o m **V** von der V e r b i n d u n g s g e r a d e.

B e w e i s. Seien $(x_1, y_1), (x_2, y_2)$ zwei verschiedene Punkte. Ist $x_1 = x_2 = \ell$, so ist g_ℓ eine Verbindungsgerade. Für $x_1 \neq x_2$ ist eine Verbindungsgerade

$$\{(x, y) \mid y - y_1 = \frac{y_2 - y_1}{x_2 - x_1} (x - x_1)\} \qquad (\text{„2-Punkte-Form“}).$$

Da nach Hilfssatz 1 zwei verschiedene Geraden höchstens einen Punkt gemeinsam haben, ist die Verbindungsgerade zweier verschiedener Punkte auch eindeutig.

Wie man gesehen hat, konnte man die bisherigen, von der analytischen Geometrie der Schule her vertrauten Definitionen und Schlüsse wie über den reellen Zahlen über jedem Körper ausführen, es wurden eben nur die Körperrechenregeln benutzt.

Die Definition der Orthogonalität erfordert bei der Verallgemeinerung auf beliebige Körper einen kleinen Moment der Aufmerksamkeit. Man ist gewohnt, daß zwei Geraden g_{m_1, n_1} und g_{m_2, n_2} senkrecht sind, wenn $m_1 \cdot m_2 = -1$ ist. Über dem Körper $(R_5, \oplus, \odot)$ würde dies jedoch bedeuten, daß wegen $2 \odot 2 = 4 = -1$ die Gerade $\{(x, y) \mid y = 2x\}$ zu sich selbst senkrecht ist. Mit Hilfe des Elementes $k \in K$, dessen Bedeutung sich nun zeigt, ändern wir die Bedingung für die Orthogonalität zweier Geraden g_{m_1, n_1} und g_{m_2, n_2} zu $m_1 \cdot m_2 \cdot k = -1$ ab. Jedenfalls ist dann keine Gerade zu sich selbst senkrecht, denn aus $m^2 \cdot k = -1$ folgte $(mk)^2 = -k$, und $-k$ wäre ein Quadrat in K. Über dem Körper $(\mathbf{R}, +, \cdot)$ kann man $k = 1$ wählen und hat die gewohnten Verhältnisse. (Allerdings kann es auch über $(\mathbf{R}, +, \cdot)$ sinnvoll sein, ein $k \neq 1$ zu wählen, nämlich dann, wenn man auf der x-Achse „einen anderen Maßstab“ als auf der y-Achse festgelegt hat.)
Nun noch einmal im Zusammenhang:

Definition ($\perp$) Zwei Geraden, von denen eine vertikal und eine horizontal ist, sind senkrecht. Zwei schräge Geraden g_{m_1, n_1} und g_{m_2, n_2} sind senkrecht, wenn $m_1 m_2 k = -1$ ist. Andere Geradenpaare sind nicht senkrecht.

Die Relation $\perp$ auf G_K ist offenbar symmetrisch und irreflexiv. Das O r t h o g o n a l i t ä t s a x i o m **O** ist also erfüllt.

Satz 2 $(P_K, G_K, I, \perp)$ erfüllt das A x i o m **L** vom g e f ä l l t e n L o t.

B e w e i s. Sei $A = (x_1, y_1) \in P_K$ und $a \in G_K$. Ist a eine vertikale Gerade g_ℓ, so sind zu g_ℓ genau die horizontalen Geraden $g_{0,n}$ senkrecht, und von diesen geht genau g_{0,y_1} durch (x_1, y_1). Entsprechend schließt man, wenn a horizontal ist. Ist a eine schräge Gerade $g_{m,n}$ mit $m \neq 0$, so sind auf $g_{m,n}$ genau die Geraden mit der Steigung $\frac{-1}{mk}$ senkrecht, und von diesen geht durch (x_1, y_1) genau die Gerade

$$\{(x, y) \mid y - y_1 = \frac{-1}{mk}(x - x_1)\} \qquad \text{(„Punkt-Steigungs-Form“).}$$

(Als Übung bestimme man für $(K, +, \cdot, k) = (R_5, \oplus, \odot, 2)$ den Fußpunkt des Lotes vom Punkt (1, 3) auf die Gerade $g_{2,4}$.)

Satz 3 $(P_K, G_K, I, \perp)$ erfüllt das euklidische Parallelenaxiom **E**.

Beweis. a, b seien Geraden ohne gemeinsamen Punkt, und es sei $a \perp c$. Zu zeigen ist $b \perp c$. Nach Hilfssatz 1 gibt es zwei Möglichkeiten:

(i) a, b sind vertikal. Wegen $a \perp c$ ist dann c horizontal und also auch $b \perp c$.

(ii) a, b haben dieselbe Steigung m. Ist $m = 0$, so schließt man wie bei (i). Für $m \neq 0$ sind a, b, c schräge Geraden. Ob zwei schräge Geraden senkrecht sind oder nicht, hängt nur von ihren Steigungen ab (und nicht von den Achsenabschnitten). Also folgt auch in diesem Fall $b \perp c$.

Das Axiom **M** von der Mindestexistenz wird durch die Geraden $g_{0,0}$, g_0 und den Punkt (1, 1) erfüllt.

Für Abschn. 4.4 beweisen wir noch einen

Hilfssatz 2 Zwei von (0, 0) verschiedene Punkte $A_1 = (x_1, y_1)$ und $A_2 = (x_2, y_2)$ haben genau dann aufeinander senkrechte Verbindungsgeraden a_1, a_2 mit (0, 0), wenn

$$x_1 x_2 + y_1 y_2 k \qquad \text{(das „Skalarprodukt“ von } A_1 \text{ und } A_2)$$

gleich 0 ist (Fig. 4.1).

Beweis. Die Verbindungsgeraden sind

$$a_1 = \{(x, y) \mid x_1 y = y_1 x\} \quad \text{und} \quad a_2 = \{(x, y) \mid x_2 y = y_2 x\}.$$

Ist $x_1 = 0$, d. h. a_1 vertikal, dann sind die folgenden Aussagen gleichwertig:
$x_1 x_2 + y_1 y_2 k = 0$; $y_1 y_2 k = 0$; $y_2 = 0$; a_2 ist horizontal; $a_1 \perp a_2$.
Ebenso schließt man für $x_2 = 0$.

Für $x_1 \neq 0$ und $x_2 \neq 0$ ist $a_1 \perp a_2 \Longleftrightarrow \frac{y_1}{x_1} \cdot \frac{y_2}{x_2} \cdot k = -1 \Longleftrightarrow x_1 x_2 + y_1 y_2 k = 0$.

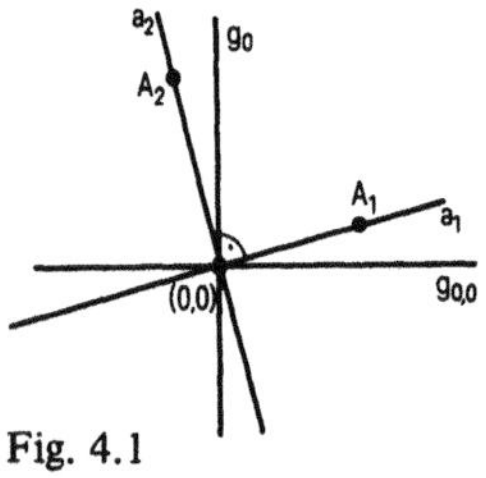

Fig. 4.1

Zu den Bewegungen. Das Ziel ist klar: Wir müssen eine Untergruppe der Gruppe aller Orthokollineationen von $(P_K, G_K, I, \perp)$ auswählen (s. Definition von Orthokollineation in Abschn. 3.10), und wir müssen dann das Bewegungsaxiom für diese Gruppe beweisen, d. h., spezielle Bewegungen wirklich angeben. Die Punktabbildungen der Bewegungen – und nur auf diese wird es ankommen, da die Geraden Punktmengen sind – werden algebraische Operationen mit den Punkten, also den Paaren von Elementen aus K sein müssen. Solche algebraische Operationen werden im nächsten Abschnitt bereitgestellt. Schöner kann es nicht sein: Die Paare von Elementen aus K werden selbst wieder Elemente eines Körpers sein. Man rechnet also mit den Punkten nach den Körperrechenregeln. In Abschn. 4.4 kommen wir dann wieder auf den Bewegungsbegriff zurück. Der nächste Abschnitt wird in der Schwierigkeit ein kleiner Anstieg sein. Vielleicht erhöht es das Durchhaltevermögen des Lesers, wenn ihm mitgeteilt wird, daß er den Körper der komplexen Zahlen kennenlernen wird.

4.3 Das komplexe Zahlensystem über (K, +, ·, k) B

Dieser rein algebraische Abschnitt über spezielle Körpererweiterungen kann im Anschluß an Abschn. 4.1 über Körper unabhängig von allen anderen Teilen des Buches gelesen werden. Abschn. 4.3 enthält als Sonderfall die Erweiterung des Körpers $(\mathbb{R}, +, \cdot)$ der reellen Zahlen zum Körper der komplexen Zahlen.

Wir erinnern uns wieder an den Körper $(\mathbb{Q}[\sqrt{2}], +, \cdot)$ aus Abschn. 4.1, Satz 4. Da $\sqrt{2}$ nicht aus $\mathbb{Q}$ ist, ist die Darstellung der Elemente von $\mathbb{Q}[\sqrt{2}]$ in der Form $a + b\sqrt{2}$ mit $a, b \in \mathbb{Q}$ eindeutig. Seien nämlich $a_1, b_1, a_2, b_2 \in \mathbb{Q}$ mit $a_1 + b_1\sqrt{2} = a_2 + b_2\sqrt{2}$. Wären die Paare $(a_1, b_1), (a_2, b_2)$ verschieden, so wäre $(b_1 - b_2)\sqrt{2} = a_2 - a_1 \neq 0$, also $\sqrt{2} = \frac{a_2 - a_1}{b_1 - b_2} \in \mathbb{Q}$. Die Abbildung $\mathbb{Q} \times \mathbb{Q} \to \mathbb{Q}[\sqrt{2}]$, $(a, b) \mapsto a + b\sqrt{2}$ ist also bijektiv. Statt mit den Elementen $a + b\sqrt{2}$ kann man genausogut mit den Paaren $(a, b) \in \mathbb{Q} \times \mathbb{Q}$ rechnen. Im Beweis von Abschn. 4.1, Satz 4 kann man ablesen, wie das zu machen ist:

$$(a_1, b_1) + (a_2, b_2) = (a_1 + a_2, b_1 + b_2)$$

und

$$(a_1, b_1) \cdot (a_2, b_2) = (a_1a_2 + 2\,b_1b_2, a_1b_2 + b_1a_2)$$

für alle $a_1, a_2, b_1, b_2 \in \mathbb{Q}$.

Stellt man den Körper $(\mathbb{Q}[\sqrt{2}], +, \cdot)$ in diesem „Gewand" vor, so sieht man, daß zur Konstruktion dieses Körpers die Obermenge der reellen Zahlen gar nicht erforderlich gewesen wäre. Benötigt haben wir nur $(\mathbb{Q}, +, \cdot)$ und die Tatsache, daß das quadratische Polynom $x^2 - 2$ keine Nullstellen in $\mathbb{Q}$ hat. Wenn wir nun -2 mit k und $\mathbb{Q}$ mit K bezeichnen, so liegt die Verallgemeinerung der bisherigen Überlegungen für beliebige Körper auf der Hand.

Sei also (K, +, ·) ein Körper mit $1 + 1 \neq 0$ und k ein Element von K, für das $x^2 + k$ keine Nullstelle in K hat, d. h. (K, +, ·, k) wie in Abschn. 4.2 gegeben.

Beispiele, die diese Voraussetzungen erfüllen, sind $(\mathbb{Q}, +, \cdot, -2)$; $(\mathbb{R}, +, \cdot, 1)$; $(\mathbb{Q}, +, \cdot, 1)$; $(R_3, \oplus, \odot, 1)$; $(R_5, \oplus, \odot, 2)$.

Zunächst beweisen wir einen

Hilfssatz („N u l l n o r m r e g e l") Für alle $a, b \in K$ ist

$$a^2 + b^2 \cdot k = 0 \iff (a, b) = (0, 0).$$

B e w e i s. Eine Richtung ist trivial. Sei nun $a^2 + b^2 \cdot k = 0$. Wäre $b \neq 0$, so folgte $\left(\frac{a}{b}\right)^2 + k = 0$, und $x^2 + k$ hätte $\frac{a}{b} \in K$ als Nullstelle – entgegen der Voraussetzung. Also ist $b = 0$ und damit auch $a = 0$.

Definition In der Paarmenge $K \times K$ wird eine Addition + und eine Multiplikation · definiert durch

$$(a_1, b_1) + (a_2, b_2) := (a_1 + a_2, b_1 + b_2),$$
$$(a_1, b_1) \cdot (a_2, b_2) := (a_1a_2 - b_1b_2 \cdot k, a_1b_2 + b_1a_2).$$

Satz 1 $(K \times K, +, \cdot)$ ist ein kommutativer Ring mit Einselement $(1, 0)$ und Nullelement $(0, 0)$.

B e w e i s. Daß $(K \times K, +)$ eine kommutative Gruppe ist, kann man Abschn. 1.3 entnehmen. Die übrigen Aussagen von Satz 1 rechnet man nach. Am längsten wird dabei die Rechnung für das Distributivgesetz:

$$((a_1, b_1) + (a_2, b_2)) \cdot (a_3, b_3) = (a_1 + a_2, b_1 + b_2) \cdot (a_3, b_3)$$
$$= ((a_1 + a_2) a_3 - (b_1 + b_2) b_3 \cdot k, (a_1 + a_2) b_3 + (b_1 + b_2) a_3)$$
$$= (a_1a_3 - b_1b_3 \cdot k, a_1b_3 + b_1a_3) + (a_2a_3 - b_2b_3 \cdot k, a_2b_3 + b_2a_3)$$
$$= (a_1, b_1) \cdot (a_3, b_3) + (a_2, b_2) \cdot (a_3, b_3).$$

Um zu zeigen, daß $(K \times K, +, \cdot)$ sogar ein Körper ist, müssen wir die Invertierbarkeit aller Elemente $(a, b) \neq (0, 0)$ zeigen. Leicht ist zu sehen, daß zu $(a, 0)$ mit $a \neq 0$ das Element $\left(\frac{1}{a}, 0\right)$ invers ist. Um zu einem beliebigen Paar $(a, b) \neq (0, 0)$ ein Inverses zu finden, erinnern wir uns, daß wir bei diesem Problem in $\mathbb{Q}[\sqrt{2}]$ erfolgreich das Paar $(a, -b)$ verwendet haben. Es ist $(a, b) \cdot (a, -b) = (a^2 + b^2 \cdot k, 0)$ und dabei nach dem Hilfssatz (Nullnormregel) $a^2 + b^2 \cdot k \neq 0$. Also ist

$$\left(\frac{1}{a^2 + b^2 \cdot k}, 0\right) \quad \text{invers zu } (a, b) \cdot (a, -b),$$

und $\quad (a, -b) \cdot \left(\frac{1}{a^2 + b^2 \cdot k}, 0\right) \quad$ invers zu (a, b).

Satz 2 $(K \times K, +, \cdot)$ ist ein Körper.

Die einem Paar $(a, b) \in K \times K$ „zugehörigen" Elemente $(a, -b) \in K \times K$ und $(a^2 + b^2 \cdot k, 0) \in K \times \{0\}$ wollen wir mit Namen versehen:

Definition $(a, -b)$ heißt d a s z u (a, b) k o n j u g i e r t e Körperelement, es wird mit $\overline{(a, b)}$ bezeichnet.
$(a^2 + b^2 \cdot k, 0)$ heißt die N o r m v o n (a, b), sie wird mit $\| (a, b) \|$ bezeichnet.

Mit diesen Bezeichnungen gilt, wie bereits nachgerechnet,

$$\| z \| = z \cdot \overline{z} \quad \text{für alle } z \in K \times K.$$

Die Abbildungen $z \mapsto \overline{z}$ und $z \mapsto \| z \|$ von $K \times K$ in sich haben sehr „praktische“ Eigenschaften, die wir in den nächsten beiden Sätzen zusammentragen wollen.

Satz 3 (Konjugierten-Regeln) Für alle $z_1, z_2, z \in K \times K$ gilt:

$$\overline{z_1 + z_2} = \overline{z}_1 + \overline{z}_2; \qquad \overline{z_1 \cdot z_2} = \overline{z}_1 \cdot \overline{z}_2;$$

$$\overline{\overline{z}} = z; \qquad z = \overline{z} \Longleftrightarrow z \in K \times \{0\}.$$

Beweis durch Nachrechnen. Für die letzte Aussage wird dabei die Voraussetzung $1 + 1 \neq 0$ benötigt.

Satz 4 (Normen-Regeln) Für alle $z_1, z_2, z \in K \times K$ gilt:

$$\| z \| = (0, 0) \Longleftrightarrow z = (0, 0);$$

$$\overline{\| z \|} = \| \overline{z} \| = \| z \|;$$

$$\| z_1 \cdot z_2 \| = \| z_1 \| \cdot \| z_2 \|;$$

$$\| z^{-1} \| = \| z \|^{-1} \text{ für } z \neq (0, 0).$$

Beweis. Die erste Aussage ist der Hilfssatz (Nullnormregel). Mit Satz 3 gilt weiter $\overline{\| z \|} = \overline{z \cdot \overline{z}} = \overline{z} \cdot \overline{\overline{z}} = \| \overline{z} \| = \overline{z} \cdot z = z \cdot \overline{z} = \| z \|$ und $\| z_1 \cdot z_2 \| = z_1 \cdot z_2 \cdot \overline{z_1 \cdot z_2}$ $= z_1 \cdot z_2 \cdot \overline{z}_1 \cdot \overline{z}_2 = z_1 \cdot \overline{z}_1 \cdot z_2 \cdot \overline{z}_2 = \| z_1 \| \cdot \| z_2 \|$. Für $z \neq (0, 0)$ folgt hieraus $\| z \| \cdot \| z^{-1} \|$ $= \| z \cdot z^{-1} \| = \| (1, 0) \| = (1, 0)$, also $\| z^{-1} \| = \| z \|^{-1}$.

Wegen $\overline{\overline{z}} = z$ ist die Abbildung $z \mapsto \overline{z}$ eine Permutation von $K \times K$ (vgl. Abschn. 1.2, Aufgabe 5). Mit Worten kann man damit Satz 3 so vorlesen: Die Abbildung $\overline{}$ („quer“) ist eine verknüpfungstreue, involutorische Permutation von $K \times K$ mit der Fixelementmenge $K \times \{0\}$.

Definition $(K \times K, +, \cdot, \overline{})$ soll das komplexe Zahlensystem über $(K, +, \cdot, k)$ heißen.

Verabredung zur Vereinfachung des Schriftbildes. Es ist üblich, für ein Paar $(x, 0)$ der „x-Achse“ $K \times \{0\}$ als Kurznamen einfach x zu verwenden – gewissermaßen die Mitglieder der „Familie“ $K \times \{0\}$, die alle den „Nachnamen“ 0 tragen, statt beim vollen Namen $(x, 0)$ kurz beim „Vornamen“ x zu nennen.
Insbesondere wird also, wie in Körpern üblich,

$$(0, 0) = 0 \quad \text{und} \quad (1, 0) = 1$$

gesetzt. Das Paar $(0, 1)$ soll auch mit J bezeichnet werden:

$$(0, 1) = J.$$

Unter Verwendung dieser Abkürzungen kann man jedes Paar $(a, b) \in K \times K$ in der Form

$$(a, b) = (a, 0) + (0, b) = (a, 0) + (b, 0) \cdot (0, 1) = a + b \cdot J$$

schreiben. Ferner ist

$$J^2 = (0, 1)^2 = (-k, 0) = -k \text{ und } \overline{J} = -J,$$

also $\quad \| J \| = J \cdot \overline{J} = -J^2 = k.$

Stark vereinfacht kann man daher feststellen, daß man im komplexen Zahlensystem $(K \times K, +, \cdot, \overline{})$ rechnet, indem man mit den Elementen a, b, ... von K und einem weiteren Element J nach den Körperregeln und den Regeln

$$J^2 = -k \qquad \text{und} \qquad \overline{a + b \cdot J} = a - b \cdot J$$

rechnet.

Für das komplexe Zahlensystem über $(R_3, \oplus, \odot, 1)$ gebe man die Verknüpfungstafeln und die Paare konjugierter Elemente an. (Es ist das kleinste Beispiel eines komplexen Zahlensystems.)

Komplexe Zahlen

Falls $(K, +, \cdot)$ der reelle Zahlkörper $(\mathbb{R}, +, \cdot)$ und $k = 1$ ist, nennt man $(K \times K, +, \cdot) = (\mathbb{R} \times \mathbb{R}, +, \cdot)$ den komplexen Zahlkörper $(\mathbb{C}, +, \cdot)$. Komplexe Zahlen sind also Paare reeller Zahlen. Die komplexe Zahl (0, 1) wird gewöhnlich mit i bezeichnet (unser J). Damit wird

$$(a, b) = a + bi \qquad (a, b \in \mathbb{R}) \qquad \text{und} \qquad i^2 = -1.$$

Invers zu $a + bi \neq 0$ ist

$$\frac{1}{a+bi} = \frac{1}{a+bi} \cdot \frac{a-bi}{a-bi} = \frac{a-bi}{a^2+b^2} = \frac{a}{a^2+b^2} + \frac{-b}{a^2+b^2}\, i.$$

Beispielsweise ist

$$\frac{1}{3-4i} = \frac{3}{25} + \frac{4}{25}\, i.$$

Quadratzahlen sind in $\mathbb{R}$ nur 0 und die positiven Zahlen. Ohne Beweis sei mitgeteilt, daß jede komplexe Zahl eine Quadratzahl ist.

Beispiele.

$-7 - 24i$ ist Quadrat von $3 - 4i$ und von $-3 + 4i$

25 ist Quadrat von 5 und von -5

-1 ist Quadrat von i und von $-i$

$-i$ ist Quadrat von $-\frac{1}{2}\sqrt{2} + \frac{1}{2}\sqrt{2}\, i$ und von $\frac{1}{2}\sqrt{2} - \frac{1}{2}\sqrt{2}\, i$

i ist Quadrat von $\frac{1}{2}\sqrt{2} + \frac{1}{2}\sqrt{2}\, i$ und von $-\frac{1}{2}\sqrt{2} - \frac{1}{2}\sqrt{2}\, i$.

Der von C. F. Gauß bewiesene sogenannte Fundamentalsatz der Algebra besagt, daß sogar alle Gleichungen

$$u_0 + u_1 x + u_2 x^2 + \ldots + u_n x^n = 0 \quad \text{mit } n \in \mathbf{N},\ u_i \in \mathbf{C},\ u_n \neq 0$$

mindestens eine Lösung in **C** besitzen.

Bemerkung zu $i = \sqrt{-1}$? Für eine reelle Zahl $a > 0$ bezeichnet $\sqrt{a}$ die positive und $-\sqrt{a}$ die negative Lösung der Gleichung $x^2 - a = 0$.
Es gibt keine Teilmenge der komplexen Zahlen, die man sinnvollerweise positiv nennen könnte. Daher hat auch für eine komplexe Zahl $z \neq 0$ das Zeichen $\sqrt{z}$ keinen Sinn.

Die Veranschaulichung der komplexen Zahlen **C** mit Hilfe eines Koordinatensystems nennt man auch Gaußsche Zahlenebene. Sie ist z. B. auf der Sonderbriefmarke der Deutschen Bundespost zum 200. Geburtstag von C. F. Gauß angedeutet.
Zu einer Zahl der Gaußschen Zahlenebene findet man ihre konjugierte, indem man sie „an der x-Achse spiegelt". Die Norm einer Zahl (a, b) ist $(a, b) = (a + bi) \cdot (a - bi) = a^2 + b^2$, „das Quadrat ihres Abstandes vom Nullpunkt."

4.4 Die Bewegungen der euklidischen Koordinatenebene B

Weiterhin sei $(K, +, \cdot, k)$ gegeben. In Abschn. 4.2 definierten wir $(P_K, G_K, I, \perp)$ und wiesen nach, daß darauf die Axiome **V, O, L, E, M** zutreffen. Bevor wir uns den Bewegungen zuwenden, wollen wir G_K und $\perp$ mit den Mitteln des komplexen Zahlensystems $(K \times K, +, \cdot, \bar{\ })$ aus Abschn. 4.3 neu beschreiben.

Satz 1 (Parameterdarstellung der Geraden) Die Verbindungsgerade zweier verschiedener Punkte A, B ist $\{t \cdot (B - A) + A \mid t \in K\}$, kurz $K \cdot (B - A) + A$. Daher ist $G_K = \{K \cdot D + C \mid C, D \in P_K \text{ und } D \neq 0\}$.

Beweis. Die Punktmenge $K \cdot (B - A) + A$ enthält $0 \cdot (B - A) + A = A$ und $1 \cdot (B - A) + A = B$. Sei $A = (x_1, y_1)$ und $B = (x_2, y_2)$. Im Fall $x_1 = x_2$ ist $y_1 \neq y_2$, also

$$\begin{aligned} K \cdot (B - A) + A &= \{(t, 0) \cdot (0, y_2 - y_1) + (x_1, y_1) \mid t \in K\} \\ &= \{(x_1, t \cdot (y_2 - y_1) + y_1) \mid t \in K\} \\ &= \{(x, y) \mid x = x_1 \text{ und } y \in K \cdot (y_2 - y_1) + y_1 = K\} = g_{x_1} \in G_K. \end{aligned}$$

Im Fall $x_1 \neq x_2$ ist

$$\begin{aligned} K \cdot (B - A) + A &= \{(t, 0) \cdot (x_2 - x_1, y_2 - y_1) + (x_1, y_1) \mid t \in K\} \\ &= \{(x, y) \mid x = t \cdot (x_2 - x_1) + x_1 \text{ und } y = t(y_2 - y_1) + y_1 \text{ und } t \in K\} \\ &= \{(x, y) \mid x \in K \text{ und } y = \frac{x - x_1}{x_2 - x_1} \cdot (y_2 - y_1) + y_1\} = g_{m,n} \in G_K \end{aligned}$$

mit $\quad m = \dfrac{y_2 - y_1}{x_2 - x_1} \quad$ und $\quad n = y_1 - x_1 \cdot m.$

Jede Gerade g_ℓ ist als Verbindungsgerade ihrer Punkte $(\ell, 0)$, $(\ell, 1)$ gleich $K \cdot (0, 1) + (\ell, 0)$ mit $(0, 1) \neq (0, 0)$. Jede Gerade $g_{m,n}$ ist als Verbindungsgerade ihrer Punkte $(0, n)$, $(1, m + n)$ gleich $K \cdot (1, m) + (0, n)$ mit $(1, m) \neq (0, 0)$. Umgekehrt ist $K \cdot D + C$ mit $D \neq 0$ Verbindungsgerade der verschiedenen Punkte C, $D + C$.

In Abschn. 4.2 bewiesen wir als Hilfssatz, daß zwei von $(0, 0)$ verschiedene Punkte $A_1 = (x_1, y_1)$ und $A_2 = (x_2, y_2)$ genau dann aufeinander senkrechte Verbindungsgeraden a_1, a_2 mit $(0, 0)$ haben, wenn ihr „Skalarprodukt“

$$x_1x_2 + y_1y_2 \cdot k$$

gleich 0 ist. Dieser Ausdruck erinnert an das Produktpaar

$$A_1A_2 = (x_1, y_1) \cdot (x_2, y_2) = (x_1x_2 - y_1y_2 \cdot k, x_1y_2 + y_1x_2).$$

Das passende Vorzeichen zeigen die Produkte

$$A_1\overline{A}_2 = (x_1, y_1) \cdot (x_2, -y_2) = (x_1x_2 + y_1y_2 \cdot k, -x_1y_2 + y_1x_2)$$

und $$\overline{A}_1A_2 = (x_1, -y_1) \cdot (x_2, y_2) = (x_1x_2 + y_1y_2 \cdot k, x_1y_2 - y_1x_2)$$

mit der Summe

$$A_1\overline{A}_2 + \overline{A}_1A_2 = (2 \cdot (x_1x_2 + y_1y_2 \cdot k), 0) = 2 \cdot (x_1x_2 + y_1y_2 \cdot k).$$

Da wir $2 \doteq 1 + 1 \neq 0$ vorausgesetzt haben, folgt daraus

$$x_1x_2 + y_1y_2 \cdot k = \frac{1}{2}(A_1\overline{A}_2 + \overline{A}_1A_2).$$

Für die Verbindungsgeraden a_1, a_2 können wir nach Satz 1 KA_1 bzw. KA_2 schreiben. Damit lautet der Hilfssatz neu:

$$KA_1 \perp KA_2 \iff A_1\overline{A}_2 + \overline{A}_1A_2 = 0$$

für alle Punkte $A_1, A_2 \neq 0$.

Satz 2 Für alle $A_1, B_1, A_2, B_2 \in P_K$ mit $A_1, A_2 \neq 0$ gilt

$$KA_1 + B_1 \perp KA_2 + B_2 \iff A_1\overline{A}_2 + \overline{A}_1A_2 = 0.$$

B e w e i s. Geraden $KA + B$ und KA sind im Fall $B \in KA$ gleich, im anderen Fall elementfremd, stehen also nach dem Parallelenaxiom E auf denselben Geraden senkrecht. Daher gilt

$$KA_1 + B_1 \perp KA_2 + B_2 \iff KA_1 \perp KA_2,$$

und mit dem Hilfssatz folgt die Behauptung.

Aus der reellen analytischen Geometrie (Sonderfall $K = \mathbb{R}$, $k = 1$, $P_K = K \times K = \mathbb{C}$) kennt man als Abstand zweier Punkte $A = (x_1, y_1)$ und $B = (x_2, y_2)$ die nicht negative reelle Zahl

$$\sqrt{(x_2 - x_1)^2 + (y_2 - y_1)^2}\,.$$

Punkte $A' = (x_1', y_1')$ und $B' = (x_2', y_2')$ haben also genau dann denselben Abstand wie A und B, wenn

$$\sqrt{(x_2 - x_1)^2 + (y_2 - y_1)^2} = \sqrt{(x_2' - x_1')^2 + (y_2' - y_1')^2}$$

gilt. Etwas einfacher aber gleichwertig ist die Bedingung

$$(x_2 - x_1)^2 + (y_2 - y_1)^2 = (x_2' - x_1')^2 + (y_2' - y_1')^2.$$

Mit Hilfe der Norm für komplexe Zahlen aus **C** lautet diese Gleichung

$$\| A - B \| = \| A' - B' \|.$$

In dieser Form wollen wir sie zur Definition der Bewegungen von $(P_K, G_K, I, \perp)$ benutzen.

Definition Eine Orthokollineation γ von $(P_K, G_K, I, \perp)$ soll genau dann Bewegung genannt werden, wenn

$$\| A_\gamma - B_\gamma \| = \| A - B \|$$

für alle Punkte A, B gilt. Die Menge aller Bewegungen werde mit B_K bezeichnet.

Satz 3 B_K ist eine Untergruppe der Gruppe aller Orthokollineationen von $(P_K, G_K, I, \perp)$.

Beweis. Für die Orthokollineation ι gilt $\| A\iota - B\iota \| = \| A - B \|$, also $\iota \in B_K$. Aus $\alpha, \beta \in B_K$ folgt $\| A(\alpha\beta) - B(\alpha\beta) \| = \| (A\alpha)\beta - (B\alpha)\beta \| = \| A\alpha - B\alpha \| = \| A - B \|$, also $\alpha\beta \in B_K$. Aus $\gamma \in B_K$ folgt schließlich $\| A - B \| = \| (A\gamma^{-1})\gamma - (B\gamma^{-1})\gamma \| = \| A\gamma^{-1} - B\gamma^{-1} \|$, also $\gamma^{-1} \in B_K$.

Beim Beweis des Bewegungsaxioms **B** für $(P_K, G_K, I, \perp, B_K)$ müssen wir gleichschenklige Dreiecke betrachten, also Punkttripel (A, B, C), zu denen eine Bewegung γ existiert mit $A\gamma = B$ und $C\gamma = C$. Es ist dann

$$\| A - C \| = \| A\gamma - C\gamma \| = \| B - C \|.$$

Für solche Dreiecke ist eine involutorische Bewegung $\sigma \in B_K$ mit $A\sigma = B$ anzugeben, die alle Punkte einer Geraden durch C festläßt.

Dafür beschränken wir uns zunächst auf gleichschenklige Dreiecke (1, D, 0) mit Spitze 0. Die für die Gleichschenkligkeit notwendige Bedingung lautet dann $\| 1 - 0 \| = \| D - 0 \|$ bzw. $\| D \| = 1$.

Satz 4 Für jeden Punkt D mit $\| D \| = 1$ ist

$$P_K \to P_K, \quad X \mapsto \overline{X} \cdot D$$

die Punktabbildung $\rho_{\dot{D}}$ einer involutorischen Bewegung $\rho_D = (\rho_{\dot{D}}, \rho_D') \in B_K$ mit $1\rho_D = D$, die alle Punkte einer Geraden durch 0 festläßt.

Beweis. Wegen $X\rho_{\dot{D}}^2 = (\overline{X} \cdot D)\rho_{\dot{D}} = \overline{\overline{X} \cdot D} \cdot D = \overline{\overline{X}} \cdot \overline{D} \cdot D = X \cdot \| D \| = X$ ist $\rho_{\dot{D}}$ eine involutorische Permutation oder die identische Abbildung von P_K. Letzeres kann jedoch nicht sein; denn der Punkt 1 hat den Bildpunkt $1\rho_{\dot{D}} = \overline{1} \cdot D = D$, und im Fall D = 1 ist $\rho_{\dot{D}} = \rho_{\dot{1}}$ die involutorische Konjugiertenbildung $X \mapsto \overline{X}$.

Für jede Gerade $g = K \cdot A + B$ $(A \neq 0)$ ist $\{X\rho_{\dot{D}} \mid X \in g\} = \{\overline{t \cdot A + B} \cdot D \mid t \in K\}$ $= \{t \cdot \overline{A}D + \overline{B}D \mid t \in K\} = K \cdot \overline{A}D + \overline{B}D \in G_K$, denn aus $A \neq 0$ und $\| D \| = 1$ folgt $\overline{A}D \neq 0$. Daher ist $\rho_D' : G_K \to G_K, g \mapsto \{X\rho_{\dot{D}} \mid X \in g\}$ eine Permutation von G_K. Sie ist orthogonalitätstreu:

$$(K \cdot A_1 + B_1)\,\rho'_D \;\perp\; (K \cdot A_2 + B_2)\,\rho'_D$$
$$\Longleftrightarrow K \cdot \bar{A}_1 D + \bar{B}_1 D \;\perp\; K \cdot \bar{A}_2 D + \bar{B}_2 D \qquad \text{(Definition von } \rho'_D)$$
$$\Longleftrightarrow \bar{A}_1 D \cdot \overline{\bar{A}_2 D} + \overline{\bar{A}_1 D} \cdot \bar{A}_2 D = 0 \qquad \text{(Satz 2)}$$
$$\Longleftrightarrow (\bar{A}_1 A_2 + A_1 \bar{A}_2) \cdot D\bar{D} = 0 \qquad \text{(Abschn. 4.3, Satz 3)}$$
$$\Longleftrightarrow \bar{A}_1 A_2 + A_1 \bar{A}_2 = 0 \qquad (D\bar{D} = \| D \| = 1)$$
$$\Longleftrightarrow K \cdot A_1 + B_1 \;\perp\; K \cdot A_2 + B_2 \qquad \text{(Satz 2).}$$

Insgesamt hat sich damit $\rho_D := (\dot{\rho}_D, \rho'_D)$ als involutorische Orthokollineation herausgestellt. Sie ist sogar Bewegung, denn mit $\| D \| = 1$ und den Rechenregeln für die Norm folgt

$$\| A\rho_D - B\rho_D \| = \| \bar{A} \cdot D - \bar{B} \cdot D \| = \| \overline{A - B} \cdot D \| = \| A - B \| \cdot \| D \| = \| A - B \|.$$

Jetzt fehlt noch eine Gerade, deren Punkte sämtlich festbleiben.

Im Sonderfall $D = -1$ ist das die „y-Achse" $g_0 = \{0\} \times K$, denn $(0, y)\rho_{-1} = \overline{(0, y)} \cdot (-1) = (0, -y) \cdot (-1, 0) = (0, y)$ für alle $y \in K$.

Sei nun $C := D + 1 \neq 0$ (Fig. 4.2). Dann ist $K \cdot C$ eine Gerade durch 0, und für alle $t \in K$ gilt $(t \cdot C)\,\rho_D = \overline{t \cdot (D + 1)} \cdot D = t \cdot (\bar{D} + 1) \cdot D = t \cdot (\bar{D}D + D) = t \cdot (\| D \| + D) = t \cdot (1 + D) = t \cdot C$. Damit ist Satz 4 bewiesen.

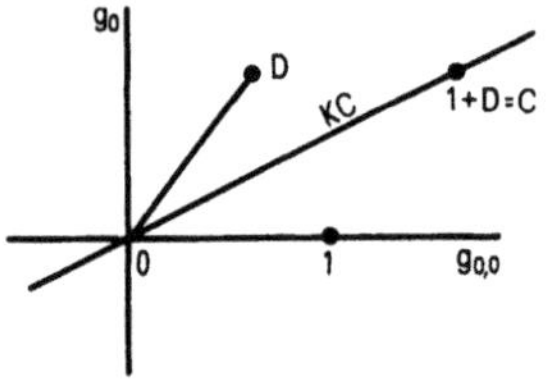

Fig. 4.2

Wir betrachten jetzt allgemeine gleichschenklige Dreiecke (A, B, 0) mit Spitze 0. Die notwendige Gleichschenkligkeitsbedingung heißt für diese $\| A - 0 \| = \| B - 0 \|$ bzw.

$$\| A \| = \| B \|.$$

Gesucht ist wieder eine involutorische Bewegung $\sigma \in B_K$ mit $A\sigma = B$, die alle Punkte einer Geraden durch 0 festläßt. Wir untersuchen, ob eine der involutorischen Bewegungen ρ_D mit $\| D \| = 1$ aus Satz 4 als σ in Frage kommt. Es müßte dann $B = A\rho_D = \bar{A} \cdot D$ sein. Im Fall $A \neq 0$ setzen wir daher $D := \bar{A}^{-1} \cdot B$ und finden sowohl $\| D \| = \| \bar{A}^{-1} \| \cdot \| B \| = \| \bar{A} \|^{-1} \cdot \| B \| = \| A \|^{-1} \cdot \| B \| = 1$ als auch $A\rho_D = \bar{A} \cdot D = \bar{A} \cdot \bar{A}^{-1} \cdot B = B$, wie gewünscht. Ist aber $A = 0$, so ist wegen $\| B \| = \| A \| = \| 0 \| = 0$ auch $B = 0$, und man kann etwa ρ_1 als σ nehmen. Ergebnis:

Satz 5 Zu je zwei Punkten A, B mit $\| A \| = \| B \|$ gibt es eine involutorische Bewegung σ mit $A\sigma = B$, die alle Punkte einer Geraden durch 0 festläßt.

Schließlich setzen wir über Dreiecke (A, B, C) nur noch die Gleichschenkligkeit in der Form $\| A - C \| = \| B - C \|$ voraus. Dann gibt es nach Satz 5, angewandt auf die normgleichen Punkte $A - C$, $B - C$, eine involutorische Bewegung σ mit $(A - C)\sigma = B - C$, die alle Punkte einer Geraden KD durch 0 festläßt ($D \neq 0$) (s. Fig. 4.3). $KD + C$ ist eine Gerade durch C. Um σ von KD nach $KD + C$ „verpflanzen" zu können, beweisen wir

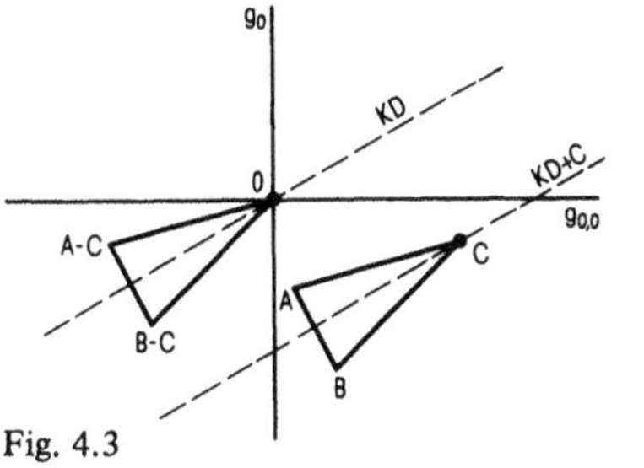

Fig. 4.3

Satz 6 Für jeden Punkt C ist

$$P_K \to P_K, \qquad X \mapsto X + C$$

die Punktabbildung $\tau_{\dot{C}}$ einer Bewegung $\tau_C = (\tau_{\dot{C}}, \tau'_C) \in B_K$.

B e w e i s. Weil $(P_K, +)$ eine Gruppe ist, ist $\tau_{\dot{C}}$ eine Permutation von P_K. Für jede Gerade $g = KA + B$ ($A \neq 0$) ist $\{X\tau_{\dot{C}} \mid X \in g\} = KA + (B + C) \in G_K$. Daher ist τ'_D: $G_K \to G_K, g \mapsto \{X\tau_{\dot{C}} \mid X \in g\}$ eine Permutation von G_K. Sie ist orthogonalitätstreu:

$$(KA_1 + B_1)\,\tau'_C \perp (KA_2 + B_2)\,\tau'_C$$

$$\Longleftrightarrow KA_1 + (B_1 + C) \perp KA_2 + (B_2 + C) \qquad \text{(Definition von } \tau'_C\text{)}$$

$$\Longleftrightarrow A_1\bar{A}_2 + \bar{A}_1A_2 = 0 \qquad \text{(Satz 2)}$$

$$\Longleftrightarrow KA_1 + B_1 \perp KA_2 + B_2 \qquad \text{(Satz 2).}$$

$\tau_C := (\tau_{\dot{C}}, \tau'_C)$ ist also eine Orthokollineation von $(P_K, G_K, I, \perp)$. Sie ist Bewegung, denn es ist $\| A\tau_C - B\tau_C \| = \| (A + C) - (B + C) \| = \| A - B \|$. Damit ist Satz 6 bewiesen.

Wir kehren zu den gleichschenkligen Dreiecken zurück. $\tau_C^{-1}\sigma\tau_C$ ist eine involutorische Bewegung mit $A(\tau_C^{-1}\sigma\tau_C) = (A - C)\,\sigma\tau_C = (B - C)\,\tau_C = B$, die alle Punkte der Geraden $(KD)\,\tau_C = KD + C$ durch C festläßt.

Ergebnis: $(P_K, G_K, I, \perp, B_K)$ erfüllt das B e w e g u n g s a x i o m **B**.

Hauptsatz (von Abschn. 4) Für jeden Körper $(K, +, \cdot)$ mit $1 + 1 \neq 0$ und jedes $k \in K \setminus \{-x^2 \mid x \in K\}$ ist $(P_K, G_K, I, \perp, B_K)$ eine euklidische Ebene.

Definition Wir nennen $(P_K, G_K, I, \perp, B_K)$ d i e e u k l i d i s c h e K o o r d i n a t e n - e b e n e $\mathfrak{E}(K, +, \cdot, k)$ ü b e r $(K, +, \cdot, k)$.

Wir haben damit neben das 9-Punkte-Modell und die Zeichenebene nicht nur ein weiteres Modell, sondern eine ganze Klasse von Modellen gestellt, unendlich viele sogar, da es ja zu jeder Primzahl $p \neq 2$ den Körper $(R_p, \oplus, \odot)$ der Reste modulo p mit $1 + 1 \neq 0$ gibt, in dem nicht alle Elemente Quadrate sind ($R_p \to R_p, x \mapsto x^2$ ist wegen $(-1)^2 = 1^2$ nicht injektiv, also auch nicht surjektiv).

Im Folgeband werden wir zeigen, daß j e d e euklidische Ebene (P, G, I, ⊥, B) als euklidische Koordinatenebene $\mathfrak{C}$ (K, +, ·, k) dargestellt werden kann (zu einer solchen „isomorph" ist). Das Studium der euklidischen Koordinatenebenen ist deshalb von systematischem Interesse auch für die „synthetische" euklidische Geometrie.

Schon jetzt ist klar, daß sich – umgekehrt – alle Sätze und Begriffe der synthetischen euklidischen Geometrie (Abschn. 2 und 3) in den euklidischen Koordinatenebenen $\mathfrak{C}$(K, +, ·, k) wiederfinden lassen, so daß man sich nach ihrer algebraischen Darstellung fragen kann. Da die Bewegungsgruppe einer euklidischen Ebene ein Hauptanliegen unserer Untersuchungen war, beweisen wir als Beispiel hierfür abschließend

Satz 7 (D a r s t e l l u n g d e r B e w e g u n g e n) Zu jeder g e r a d e n B e w e g u n g α der euklidischen Koordinatenebene $\mathfrak{C}$ (K, +, ·, k) gibt es D, C $\in P_K$ mit

$$X\alpha = X \cdot D + C \quad \text{für alle } X \in P_K \quad \text{und} \quad \| D \| = 1.$$

Zu jeder u n g e r a d e n B e w e g u n g β von $\mathfrak{C}$(K, +, ·, k) gibt es D, C $\in P_K$ mit

$$X\beta = \overline{X} \cdot D + C \quad \text{für alle } X \in P_K \quad \text{und} \quad \| D \| = 1.$$

B e w e i s. Sei $\gamma \in B_K$. Sei $C := 0\,\gamma$ und $D := 1\,\gamma - 0\,\gamma$. Dann ist $\| D \| = \| 1\,\gamma - 0\,\gamma \| = \| 1 - 0 \| = 1$. Nach Satz 4 und Satz 6 ist $\rho_D \tau_C$ eine Bewegung mit $X\rho_D\tau_C = \overline{X} \cdot D + C$ für alle $X \in P_K$, speziell

$$0\,\rho_D\tau_C = C = 0\,\gamma \quad \text{und} \quad 1\,\rho_D\tau_C = D + C = 1\,\gamma.$$

$\rho_D\tau_C\gamma^{-1}$ hat deshalb die Fixpunkte 0 und 1, ist also nach Abschn. 3.1, Satz 1 entweder ι oder die Spiegelung an der Verbindungsgeraden von 0 und 1, d. h. entweder ι oder ρ_1 (Satz 4). Im Fall $\rho_D\tau_C\gamma^{-1} = \iota$ ist γ ungerade und $X\gamma = X\rho_D\tau_C = \overline{X} \cdot D + C$ für alle $X \in P_K$. Im Fall $\rho_D\tau_C\gamma^{-1} = \rho_1$ ist $\gamma = \rho_1\rho_D\tau_C$ gerade und $X\gamma = X\rho_1\rho_D\tau_C = \overline{X}\rho_D\tau_C = X \cdot D + C$ für alle $X \in P_K$.

Der Leser kann jetzt folgende Fragen selbst beantworten: Welche besondere Gestalt haben

die Translationen?

die Spiegelung σ_C an einem Punkt C?

die Spiegelung σ_{KC} an einer Geraden KC durch 0?

die Drehungen um 0?

die sämtlichen Drehungen?

Symbolverzeichnis

Sachverzeichnis

Teubner Studienbücher

Mathematik

Ahlswede/Wegener: **Suchprobleme**
328 Seiten. DM 28,80

Ansorge: **Differenzenapproximationen partieller Anfangswertaufgaben**
298 Seiten. DM 29,80 (LAMM)

Böhmer: **Spline-Funktionen**
Theorie und Anwendungen. 340 Seiten. DM 28,80

Bröcker: **Analysis in mehreren Variablen**
einschließlich gewöhnlicher Differentialgleichungen und des Satzes von Stokes
VI, 361 Seiten. DM 29,80

Clegg: **Variationsrechnung**
138 Seiten. DM 17,80

Collatz: **Differentialgleichungen**
Eine Einführung unter besonderer Berücksichtigung der Anwendungen
5. Aufl. 226 Seiten. DM 24,80 (LAMM)

Collatz/Krabs: **Approximationstheorie**
Tschebyscheffsche Approximation mit Anwendungen. 208 Seiten. DM 28,–

Constantinescu: **Distributionen und ihre Anwendung in der Physik**
144 Seiten. DM 19,80

Fischer/Sacher: **Einführung in die Algebra**
2. Aufl. 240 Seiten. DM 18,80

Grigorieff: **Numerik gewöhnlicher Differentialgleichungen**
Band 1: Einschrittverfahren. 202 Seiten. DM 18,80
Band 2: Mehrschrittverfahren. 411 Seiten. DM 29,80

Hainzl: **Mathematik für Naturwissenschaftler**
2. Aufl. 311 Seiten. DM 29,– (LAMM)

Hässig: **Graphentheoretische Methoden des Operations Research**
160 Seiten. DM 26,80 (LAMM)

Hilbert: **Grundlagen der Geometrie**
12. Aufl. VII, 271 Seiten. DM 25,80

Jaeger/Wenke: **Lineare Wirtschaftsalgebra**
Eine Einführung
Band 1: vergriffen
Band 2: IV, 160 Seiten. DM 19,80 (LAMM)

Jeggle: **Nichtlineare Funktionalanalysis**
Existenz von Lösungen nichtlinearer Gleichungen. 255 Seiten. DM 24,80

Kall: **Mathematische Methoden des Operations Research**
Eine Einführung. 176 Seiten. DM 24,80 (LAMM)

Kochendörffer: **Determination und Matrizen**
IV, 148 Seiten. DM 17,80

Kohlas: **Stochastische Methoden des Operations Research**
192 Seiten. DM 24,80 (LAMM)

Teubner Studienbücher Fortsetzung

Mathematik Fortsetzung

Krabs: **Optimierung und Approximation**
208 Seiten. DM 26,80

Müller: **Darstellungstheorie von endlichen Gruppen**
IX, 211 Seiten. DM 24,80

Rauhut/Schmitz/Zachow: **Spieltheorie**
Eine Einführung in die mathematische Theorie strategischer Spiele
400 Seiten. DM 28,80 (LAMM)

Schwarz: **Methode der finiten Elemente**
320 Seiten. DM 29,80 (LAMM)

Stiefel: **Einführung in die numerische Mathematik**
5. Aufl. 292 Seiten. DM 26.80 (LAMM)

Stiefel/Fässler: **Gruppentheoretische Methoden und ihre Anwendung**
Eine Einführung mit typischen Beispielen aus Natur- und Ingenieurwissenschaften
256 Seiten. DM 25,80 (LAMM)

Stummel/Hainer: **Praktische Mathematik**
299 Seiten. DM 28,80

Topsøe: **Informationstheorie**
Eine Einführung. 88 Seiten. DM 14,80

Velte: **Direkte Methoden der Variationsrechnung**
Eine Einführung unter Berücksichtigung von Randwertaufgaben bei partiellen Differentialgleichungen. 198 Seiten. DM 26,80 (LAMM)

Walter: **Biomathematik für Mediziner**
2. Aufl. 206 Seiten. DM 19,80

Witting: **Mathematische Statistik**
Eine Einführung in Theorie und Methoden. 3. Aufl. 223 Seiten. DM 26,80 (LAMM)

Informatik

Berstel: **Transductions and Context-Free Languages**
278 Seiten. DM 38,– (LAMM)

Dal Cin: **Fehlertolerante Systeme**
206 Seiten. DM 23,80 (LAMM)

Ehrig et al.: **Universal Theory of Automata**
A Categorical Approach. 240 Seiten. DM 24,80

Giloi: **Principles of Continuous System Simulation**
Analog, Digital and Hybrid Simulation in a Computer Science Perspective
172 Seiten. DM 25,80 (LAMM)

Hotz: **Informatik: Rechenanlagen**
Struktur und Entwurf. 136 Seiten. DM 17,80 (LAMM)

Kandzia/Langmaack: **Informatik: Programmierung**
234 Seiten. DM 24,80 (LAMM)

Teubner Studienbücher Fortsetzung

Informatik Fortsetzung

Kupka/Wilsing: **Dialogsprachen**
168 Seiten. DM 19,80 (LAMM)

Maurer: **Datenstrukturen und Programmierverfahren**
222 Seiten. DM 26,80 (LAMM)

Mehlhorn: **Effiziente Algorithmen**
240 Seiten. DM 24,80 (LAMM)

Oberschelp/Wille: **Mathematischer Einführungskurs für Informatiker**
Diskrete Strukturen. 236 Seiten. DM 19,80 (LAMM)

Paul: **Komplexitätstheorie**
247 Seiten. DM 25,80 (LAMM)

Richter: **Betriebssysteme**
Eine Einführung. 152 Seiten. DM 22,80 (LAMM)

Richter: **Logikkalküle**
232 Seiten. DM 24,80 (LAMM)

Schlageter/Stucky: **Datenbanksysteme: Konzepte und Modelle**
261 Seiten. DM 22,80 (LAMM)

Schnorr: **Rekursive Funktionen und ihre Komplexität**
191 Seiten. DM 25,80 (LAMM)

Spaniol: **Arithmetik in Rechenanlagen**
Logik und Entwurf. 208 Seiten. DM 24,80 (LAMM)

Vollmar: **Algorithmen in Zellularautomaten**
Eine Einführung. 192 Seiten. DM 21,80 (LAMM)

Wirth: **Algorithmen und Datenstrukturen**
2. Aufl. 376 Seiten. DM 26,80 (LAMM)

Wirth: **Compilerbau**
Eine Einführung. 94 Seiten. DM 16,80 (LAMM)

Wirth: **Systematisches Programmieren**
Eine Einführung. 3. Aufl. 160 Seiten. DM 21,80 (LAMM)

Preisänderungen vorbehalten

GPSR Compliance

The European Union's (EU) General Product Safety Regulation (GPSR) is a set of rules that requires consumer products to be safe and our obligations to ensure this.

If you have any concerns about our products, you can contact us on ProductSafety@springernature.com

In case Publisher is established outside the EU, the EU authorized representative is:

Springer Nature Customer Service Center GmbH
Europaplatz 3
69115 Heidelberg, Germany

Batch number: 08566423

Printed by Printforce, the Netherlands